李漢勇，侯燕，張偉，徐超 等編

氫能概論

Introduction to
Hydrogen Energy

目　　錄

第 1 章　緒論 ………………………………………………………………（ 1 ）

第 2 章　多元製氫 …………………………………………………………（ 7 ）

第 3 章　氫能的儲存與應用 ………………………………………………（ 35 ）

第 4 章　氫氣的高效輸送與加注 …………………………………………（ 59 ）

第 5 章　氫燃燒的原理與產業發展 ………………………………………（ 83 ）

第 6 章　燃料電池的原理與產業發展 ……………………………………（109）

第 7 章　氫氣在能源化工領域的實踐 ……………………………………（133）

第 8 章　跨領域氫能 ………………………………………………………（151）

第 9 章　氫能安全與風險管理 ……………………………………………（173）

參考文獻 ……………………………………………………………………（199）

第1章 緒 論

當前,以化石能源為主體的傳統能源生產和消費方式已無法滿足人類社會可持續發展要求,必須積極尋求能源供給與消費方式轉型。這是由於:一方面,煤、石油、天然氣等化石能源的燃燒利用造成了如 CO_2、NO_x、CH_4 及 O_3 等大量溫室氣體的排放,導致全球氣候變暖,對人類賴以生存的地球生態環境構成嚴重威脅;另一方面,隨著人類經濟社會發展,能源消耗量持續增長與傳統的化石能源儲量有限之間矛盾凸顯,能源短缺問題日趨嚴峻。為實現人類經濟和社會可持續發展,保障全球能源安全和保護人類賴以生存的地球生態環境,大力開發可再生能源,積極發展低碳、清潔、高效的能源利用技術已成為破解能源以及環境問題的主要途徑。

隨著世界各國對可再生能源利用的重視,各種不同形式的可再生能源如太陽能、風能、海洋能、核能等在過去幾十年間取得了高速發展,其開發利用成本持續降低,如太陽能發電成本目前已接近傳統的化石能源發電。然而,如太陽能、風能及海洋能等可再生能源都具有典型的空間地域分布或時間波動性,並非可以隨時隨地穩定擷取。為解決可再生能源波動帶來的供能不穩定等問題,儲能近年來已成為能源利用的重要研究領域和產業方向之一。氫既是一種重要的清潔能源,又是一種重要的能量儲存介質,大力發展氫能已成為全球氣候變暖和能源轉型背景下現代能源技術革命的重要方向,被國際上多國列入國家能源發展規劃,美國、日本、德國等已開發國家更是將氫能規劃上升到國家能源策略高度。

1.1 氫與氫能的特點

1.1.1 氫的性質

氫,化學符號 H,是地球上最簡單的元素,也是宇宙中存在最豐富的元素,據統計,氫元素占整個宇宙質量的 75%。1 個氫原子包含 1 個質子和 1 個電子,氫氣(H_2)是氫能的主要載體,是一種雙原子分子,每個分子都由 2 個氫原子組成(見圖 1-1)。

氫的主要物理性質見表 1-1,氫氣的熔點和沸點分別為 -259.13℃ 和 -252.89℃。氫氣在常規狀態下為無色、無味,密度為 $0.0899 kg/m^3$,是已知氣體中最輕的氣體。氫氣具有最高的質量

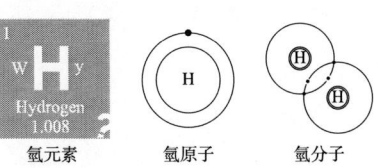

圖 1-1 氫元素、氫原子與氫分子

能量密度和最低的體積能量密度，其單位質量的能量密度是石油和天然氣的 3～4 倍，煤炭的 7～8 倍。

表 1-1　氫的主要性質

名稱	參數
熔點	14.03K（-259.13℃）
沸點	20.27K（-252.89℃）
三相點	13.80K（-259℃），7.042kPa
臨界點	32.97K（-240℃），1.293MPa
莫耳體積	22.4L/mol
汽化熱	0.44936kJ/mol
燃燒熱值	143MJ/kg
比熱容	14000J/(kg·K)
密度、硬度	0.0899kg/m^3（273K）、NA
導熱係數	180.5W/(m·K)
常溫常壓下在空氣中可燃極限（體積分數）	4%～75%
常溫常壓下在空氣中爆轟極限（體積分數）	18.3%～59%

常溫下，氫氣的性質很穩定，不容易與其他物質發生化學反應。但是，當條件發生變化時，如加熱、點燃、使用催化劑等，氫氣就會發生燃燒、爆炸或者化合反應。當空氣中所含氫氣的體積佔混合體積的 18.3%～59% 時，點燃都會產生爆轟，這個體積分數範圍叫做爆轟極限。氫氣和氟、氯、氧及空氣混合均有爆炸的危險，其中，氫與氟混合物在低溫和黑暗環境就能發生自發性爆炸，與氯的混合比為 1:1 時，在光照下也可爆炸。氫由於無色無味，燃燒時火焰是透明的，因此其存在不易被感官發現。氫具有可燃性，作為一種可直接燃燒的燃料，用於氫鍋爐、氫內燃機和燃氣輪機等；氫氣具有較強的還原性，在高溫下用氫將金屬氧化物還原，可以用於冶煉某些金屬材料，廣泛用於鎢、鉬、鈷、鐵等金屬粉末和鍺、矽的生產；氫作為能源化工領域的基本原料之一，廣泛應用於石油煉製、合成氨等能源化工領域；氫氣作為一種高效清潔二次能源，通過氫燃料電池將化學能轉化為電能，廣泛應用於氫燃料電池車等交通工具，也可直接用氫燃料電池電堆來發電。此外，基於氫分子醫學和氫分子選擇性抗氧化作用，氫在生命健康和醫學領域也引起了工業界和學術界的廣泛關注。

1.1.2　氫能的特點

氫能是指氫發生物理或化學變化時與外界交換的能量。氫能既是一種清潔能源，又可作為一種能源載體，與電能類似，屬於二次能源。氫能具有以下典型特點：

(1) 氫能具有資源豐富、清潔低碳、靈活高效、燃燒熱值高、能量密度大、應用廣泛及可儲可輸等獨特優勢。

(2) 氫能來源廣泛，在工業生產中存在大量的工業副產氫，氫能還可通過大規模可再

生能源發電進行電解水製取，為促進太陽能、風能等可再生能源的規模化應用、消納可再生能源波動提供穩定可靠的儲能介質。

（3）氫氣的儲運較為方便，可通過氣態、液態及固態化合物等形式儲運。

（4）在氫能利用過程中，既可通過氫的直接燃燒產生熱能，又可通過燃料電池將化學能轉化為電能，無論是通過氫的直接燃燒還是燃料電池，生成的產物均為水，氫能利用過程屬於清潔、零碳的能源利用過程。

1.2　氫能全產業鏈簡介

儘管氫是宇宙中最豐富的元素，但它在地球上並不自然地以元素的形式存在。純氫必須從其他含氫化合物中製取。氫製取和來源的多樣性是其成為極具前景的能源載體的一個重要原因。氫來源廣泛，可通過煤炭、天然氣、生物質能和其他可再生能源製取，根據氫的來源不同，可將氫分為藍氫、灰氫和綠氫，通過化石能源包括煤炭或者天然氣等裂解得到的氫氣，俗稱「藍氫」；工業副產製氫則是對焦炭、純鹼等行業的副產物進行提純擷取氫氣，俗稱「灰氫」；通過光催化、可再生能源電解水製取的純淨氫氣，被稱為「綠氫」。

如圖1-2所示，除氫的製取外，氫能涉及的全產業鏈技術還包括氫能儲存、輸運、加氫站及氫燃料電池技術等。在氫能儲存方面，根據氫的形態及儲氫原理不同，主要儲氫方式可分為氣態儲氫、低溫液化儲氫、液態有機化合物儲氫及固態儲氫等。在氫能的輸運技術方面，主要包括純氫或摻氫天然氣管道長距離輸運、長管拖車高壓氣態輸運、低溫氫罐車輸運以及常溫罐車氫的有機液體輸運等。加氫站是氫能供應的重要保障，加氫站對於燃料電池汽車，猶如加油站對於傳統燃油汽車、充電站對於純電動汽車，是支撐燃料電池汽車產業發展必不可少的基石。按照氫氣來源不同，加氫站可分為自製氫加氫站和外供氫加氫站；按照氫氣加注工藝方式不同，加氫站可分為氣氫加氫站和液氫加氫站。在氫能利用方面，氫能主要有直接燃燒利用和電化學轉化2種利用模式，典型的氫燃燒利用領域包括氫內燃機、純氫及摻氫鍋爐、氫火箭引擎等；氫燃料電池是將氫和氧的化學能直接轉化為電能的發電裝置，是當前氫能利用的主要終端技術之一，氫燃料電池在分散式發電系統、客車、重卡等交通領域具有廣闊的應用前景。

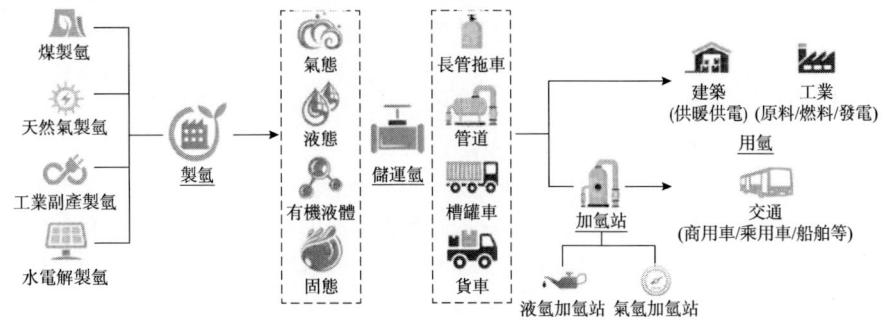

圖1-2　氫能全產業鏈

1.3 氫安全

氫氣屬於危險化學品，氫安全包括氫洩漏擴散、氫脆、可燃、爆炸等安全性問題。氫是自然界最輕的元素，相對分子質量最小，因此比其他氣體或液體更容易發生洩漏，甚至滲漏。氫氣是一種無色無味氣體，其微量洩漏不易被發覺，氫氣可燃範圍寬、燃燒熱值高、爆炸能量大。氫氣的燃燒爆炸會產生較高的溫度場或壓力場，對周圍的人員財產產生巨大危害；氫氣洩漏燃燒時，由於氫的高擴散性，極易形成噴射火焰。此外，氫對金屬材料產生的氫脆效應會對材料產生劣化作用，加速材料的失效斷裂，也是氫利用系統中重點關注的問題之一。

國際氫事故報告資料庫資料顯示，在 285 次氫安全相關的事故記錄中，30%基本無損失，40%為財產損失，人身傷害佔比僅 5.26%；在 339 次氫事故中，設備故障、人為失誤、設計缺陷、維護不足 4 大原因合計佔比過半。因此，在實際工作中要加強對相關從業人員的氫安全宣傳和教育工作，這是保障人員安全的重要舉措，也是促進氫能技術和相關產業健康、可持續發展的重要保障。

1.4 氫能發展前景

發展氫能是現代能源技術革命的重要方向。氫能發展前景廣闊，根據國際能源總署(IEA)發布的最新版《世界能源投資報告》，自 2019 年底以來，聚焦氫能的籌資持續增加，IEA 估計到 2030 年，全球累計氫領域投資將達到 6000 億美元。國際氫能委員會預計到 2050 年，氫能將承擔全球 18%的能源終端需要，可能創造超過 2.5 萬億美元的市場價值，減少 60 億 t CO_2 排放，燃料電池汽車將佔據全球車輛的 20%～25%，屆時將成為與汽油、柴油並列的終端能源體系消費主體。

美國在其能源部(DOE)發布的《氫能計劃發展規劃》中提出了未來 10 年及更長時期氫能研究、開發和示範的總體策略框架。該方案更新了 DOE 早在 2002 年發布的《國家氫能路線圖》以及 2004 年啟動的「氫能計劃」提出的策略規劃，綜合考慮了 DOE 多個辦公室先後發布的氫能相關計劃文件，如化石燃料辦公室的氫能策略、能效和可再生能源辦公室的氫能和燃料電池技術多年研發計劃、核能辦公室的氫能相關計劃、科學辦公室的《氫經濟基礎研究需要》報告等，明確了氫能發展的核心技術領域、需要和挑戰及研發重點，並提出了氫能計劃的主要技術經濟指標。DOE 基於近年來氫能關鍵技術的成熟度和預期需要，提出了近、中、長期的技術開發選項，具體包括：

(1)近期。①製氫：配備 CCUS 的煤炭、生物質和廢棄物氣化製氫技術；先進的化石燃料和生物質重整/轉化技術；電解製氫技術(低溫、高溫)。②輸運氫：現場製氫配送；氣氫長管拖車；液氫槽車。③儲氫：高壓氣態儲氫；低溫液態儲氫。④氫轉化：燃氣輪機；燃料電池。⑤氫應用：氫製燃料；航空；便攜式電源。

(2)中期。①輸運氫：化學氫載體。②儲氫：地質儲氫(如洞穴、枯竭油氣藏)。③氫轉化：先進燃燒；下一代燃料電池。④氫應用：注入天然氣管道；分散式固定電源；交通

運輸；分散式燃料電池熱電聯產；工業和化學過程；國防、安全和後勤應用。

(3)長期。①製氫：先進生物/微生物製氫；先進熱/光電化學水解製氫。②輸運氫：大規模管道運輸和配送。③儲氫：基於材料的儲氫技術。④氫轉化：燃料電池與燃燒混合系統；可逆燃料電池。⑤氫應用：公用事業系統；綜合能源系統。

歐洲燃料電池和氫能聯合組織於2019年主導發布了《歐洲氫能路線圖：歐洲能源轉型的可持續發展路徑》報告，提出大規模發展氫能是歐盟實現脫碳目標的必由之路。該報告描述了一個雄心勃勃的計劃：在歐盟部署氫能以實現控制2℃溫升的目標，到2050年歐洲能夠產生約2250TW·h的氫氣，相當於歐盟總能源需要的1/4。2020年，歐盟委員會正式發布了《氣候中性的歐洲氫能策略》政策文件，宣布建立歐盟清潔氫能聯盟。該策略制定了歐盟發展氫能的路線圖，分3個階段推進氫能發展：第1階段(2020—2024年)，安裝至少6GW的可再生氫電解槽，產量達到100萬t/a；第2階段(2025—2030年)，安裝至少40GW的可再生氫電解槽，產量達到1000萬t/a，成為歐洲能源系統的固有組成部分；第3階段(2031—2050年)，可再生氫技術應達到成熟並大規模部署，以覆蓋所有難以脫碳的行業。

日本於2014年發布了《氫能/燃料電池策略發展路線圖》，並於2016年和2019年進行了更新，從《氫能/燃料電池策略發展路線圖》可知，日本擬構建「氫能社會」依託於3個階段的策略路線規劃。第1階段為推廣燃料電池應用場景，促進氫能應用，在這一階段主要利用副產氫氣，或石油、天然氣等化石能源製氫；第2階段為使用未利用能源製氫、運輸、儲存與發電；第3階段旨在依託可再生能源，未利用能源結合碳回收與捕集技術，實現全生命週期零排放供氫系統。計劃到2025年建設320個加氫站。韓國、加拿大、澳洲等國家也先後制定了促進氫能發展的國家級能源策略。

習題

1. 能源生產和消費方式必須積極尋求轉型的原因包含哪兩個方面？
2. 為什麼說氫能屬於二次能源？氫能有哪些特點？
3. 什麼是藍氫、灰氫和綠氫？
4. 氫能的全產業鏈技術包含哪些方面？
5. 氫的儲存包含哪幾種方式？
6. 氫的輸運方式包含哪幾類？
7. 氫安全主要涉及哪些類型的安全性問題？

第 2 章　多元制氫

中國氫氣來源以煤為主，產能約 2388 萬 t/a，佔比 58.9%；其次是焦化煤氣中的氫，產能約 811 萬 t/a，佔比 20.0%；再次是天然氣製氫和煉廠乾氣製氫，產能約 662.5 萬 t/a，佔比16.3%；其餘是氯鹼電解副產氫、輕質烷烴制烯烴副產尾氣含氫、氨分解製氫、甲醇製氫、水電解製氫等，產能約 195.5 萬 t/a，佔比 4.8%。氫製取的最終目標是利用可再生能源來進行，但真正實現需要漫長的努力。本章從煤氣化製氫、天然氣製氫、水電解製氫、甲醇製氫、太陽能製氫、工業副產氫氣等方面，分別對上述製氫技術進行扼要闡述。

2.1 煤氣化製氫

專門用煤氣化製氫的裝置較少，只有少數煉廠用來彌補氫氣的不足，大部分都製合成氣用來生產化工產品。煤氣化製氫(或者合成氣)是以煤為能源來源的化工系統中最關鍵的核心技術。煤氣化已有超過 200 年的歷史，但仍是能源和化工領域的高新技術。截至 2021 年底，中國合成氨產能 6488 萬 t/a，其中採用先進煤氣化技術的產能為 3284 萬 t/a，占總產能的 50.6%。中國尿素產能合計 6540 萬 t/a，其中先進煤氣化技術的尿素產能為 3263 萬 t/a，占總產能的 49.9%。中國甲醇總產能為 9929 萬 t/a，其中煤製甲醇產能為 8049 萬 t/a，占總產能的 81.1%。中國煤製油產能 931 萬 t/a，煤(甲醇)製烯烴產能 1672 萬 t/a，煤製天然氣產能 61.25 億 m³/a，煤(合成氣)製乙二醇產能 675 萬 t/a。

圖 2-1 所示為煤氣化製氫及合成氣的主要應用領域。

煤氣化是一種先對煤炭進行特殊處理(如磨碎、烘乾、製漿)，之後將煤炭送入反應器中，在一

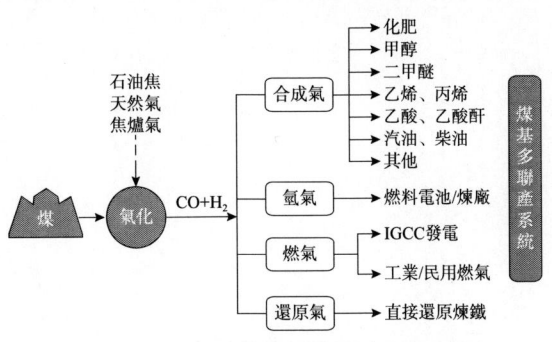

圖 2-1　煤氣化製氫及合成氣的主要應用領域

定高溫和壓力條件下與氣化劑作用，以一定的流動方式讓固體的煤炭轉化為粗製水煤氣。

按照煤與氣化劑在氣化爐內運動狀態可分為固定床(移動床)、流化床和氣流床 3 類。

圖 2-2 所示為煤氣化工藝分類及海內外代表性技術。

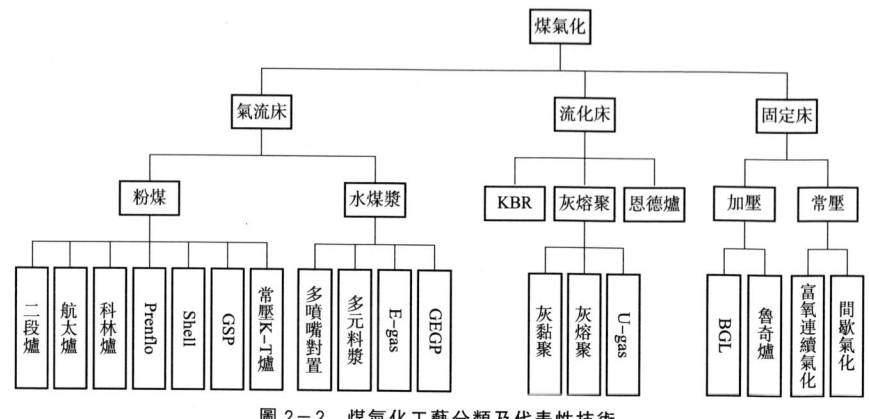

圖 2-2　煤氣化工藝分類及代表性技術

2.1.1　固定床煤氣化製氫

固定床氣化也稱為移動床氣化。固定床以煤焦或塊煤（10～50mm）為原料。塊煤從氣化爐頂部加入，氣化劑由爐底加入。控制流動氣體的氣速不致使固體顆粒的相對位置發生變化，即固體顆粒處於相對固定狀態，床層高度基本上維持不變，因而稱為固定床氣化。

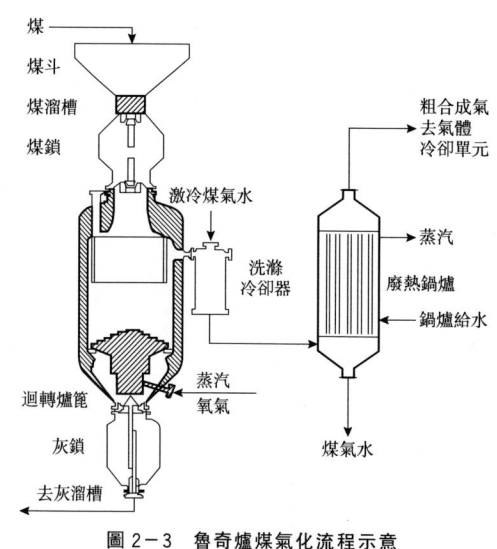

圖 2-3　魯奇爐煤氣化流程示意

另外，從宏觀角度來看，氣化過程中煤粒在氣化爐內緩慢往下移動，因而又稱為移動床氣化。

固定床氣化是最早開發和實現工業化生產的氣化技術。固定床工藝有 UGI 爐（以美國 United Gas Improvement Company 命名）、魯奇（Lurgi）爐、賽鼎爐、BGL 爐（British Gas Lurgi），其中 UGI 爐基本被淘汰。

魯奇爐碎煤加壓氣化技術是以碎煤為原料的固定床氣化工藝，以蒸汽和氧氣為氣化劑，在較低溫度（1100℃）下氣化，煤氣中的 CH_4 及有機物含量較高，煤氣的熱值高。魯奇爐煤氣化流程見圖 2-3。

賽鼎爐氣化溫度一般在 1200～1400℃，固態排渣。賽鼎爐獨特的逆流床氣化，熱效率高，氣化過程中生產高含量的甲烷，副產焦油、輕油、酚、氨等副產品。

2.1.2　流化床煤氣化製氫

流化床煤氣化又稱沸騰床煤氣化。煤以小顆粒（小於 10mm）進入反應器，與自下而上

的氧化劑接觸。控制氧化劑的流速，使煤粒持續保持無秩序懸浮和沸騰運動狀態，迅速與氧化劑進行混合和熱交換，以使整個床層溫度和物料組成均一。氣、固兩相呈流化狀態，煤與氧化劑在一定溫度和壓力條件下完成反應生成煤氣。

流化床煤氣化工藝有 U－gas(Utility－gas)氣化技術、恩德爐、灰熔聚氣化技術、灰黏聚氣化技術、高溫溫克勒氣化技術、KBR(Kellogg, Brown and Root)輸運床氣化爐等。流化床氣化壓力低、單爐生產能力小、氣化效率低、煤氣中粉塵含量高、渣中殘碳高、碳轉化率低，不適合大型化裝置。

U－gas 在灰熔點的溫度下操作，使灰黏聚成球，可以選擇性脫去灰塊。氣化溫度在 1000～1100℃。屬流化床加壓氣化。

灰熔聚流化床粉煤氣化工藝流程見圖 2－4。適用煤種從高活性褐煤、次煙煤，再到煙煤、無煙煤均可。床層溫度在 950～1100℃下進行煤氣化。灰熔聚流化床粉煤氣化技術為「三高」劣質煤[高硫含量(2.0%～4.5%)，高灰分含量(22%～40%)，高灰熔點(大於1500℃)]的潔淨化利用提供了一條切實可行的道路。

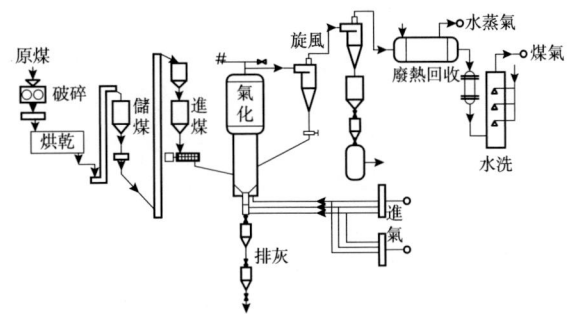

圖 2－4 灰熔聚流化床粉煤氣化工藝流程

2.1.3 氣流床煤氣化製氫

氣流床氣化過程將一定壓力的粉煤(或者水煤漿)與氣化劑通過燒嘴高速噴射入氣化爐中，原料快速完成升溫、裂解、燃燒及轉化等過程，生成以 CO 和 H_2 為主的合成氣。通常，原料在氣流床中的停留時間很短。為保證高氣化轉化率，要求原料煤的粒度盡可能小(90μm 以下大於 90%)，確保氣化劑與煤充分接觸和快速反應。因此原料煤可磨性要好，反應活性要高。同時，大部分氣流床氣化技術採用「以渣抗渣」的原理，要求原料煤具有一定的灰含量，具有較好的黏溫特性，且灰熔點適中。

氣流床煤氣化根據進料狀態的不同，分為粉煤氣流床氣化和水煤漿氣流床氣化 2 類。

K－T 爐(Koppers－Totzek 氣流床氣化爐)是第 1 個實現工業化的流化床氣化技術。K－T 爐進行高溫氣流床熔融排渣。採用氣－固相併流接觸，粉煤和氣化劑在爐內停留僅幾秒。操作壓力是常壓，溫度大於1300℃。

(1)粉煤加壓氣化

西方粉煤氣化有代表性的工藝有 Shell 乾粉煤氣化、GSP(Gaskombinat Schwarze Pumpe)乾粉煤氣化、Prenflo 氣化技術(Pressurized Entrained－Flow Gasification)等。Shell 氣化爐操作壓力為 2.0～4.2MPa，氣化溫度為 1300～1700℃。4 個噴嘴均勻布置於爐子下部同一水平面上，藉助撞擊流強化傳熱傳質過程，確保爐內橫截面氣速相對均一。

中國的粉煤氣化技術有 HT－LZ(航太爐)乾粉煤氣化技術、五環爐、二段加壓氣化技

術、SE-東方爐粉煤加壓氣化技術、科林爐、神寧爐、四噴嘴粉煤氣化技術。其中四噴嘴粉煤氣化技術適用煤種範圍寬：石油焦、焦炭、煙煤、無煙煤等均可作氣化原料，氣化溫度為1500℃。設有原料煤輸送、粉煤製備、氣化、除塵和餘熱回收等工序。氣化爐結構採用對置式水冷壁，無耐火磚襯裡。其工藝流程見圖2-5。

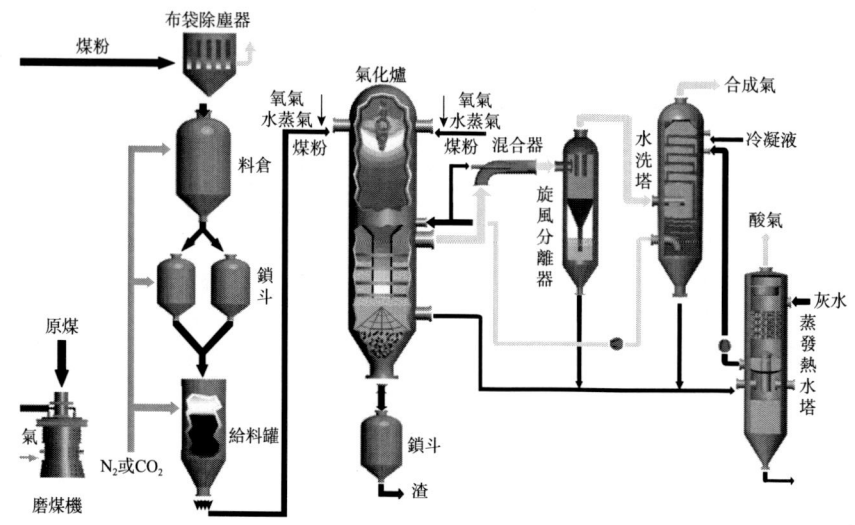

圖2-5 四噴嘴粉煤氣化技術流程

(2)水煤漿加壓氣化

水煤漿加壓氣化代表性的工藝有Texaco水煤漿加壓氣化工藝、華東理工大學的多噴嘴對置技術、多元料漿加壓氣化技術、四噴嘴水煤漿加壓氣化、晉華爐、清華爐水冷壁水煤漿加壓氣化和E-gas(Entrained Flow Gasification)水煤漿氣化等。

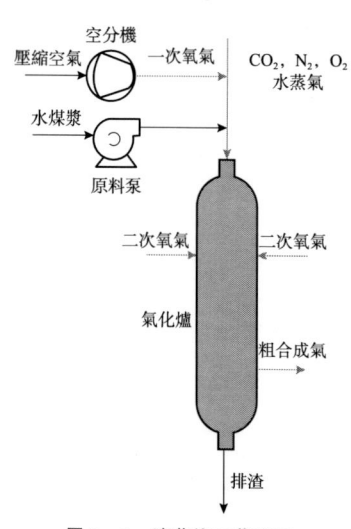

圖2-6 清華爐工藝流程

Texaco水煤漿加壓氣化工藝[2004年Texaco被General Electric Company收購，故又稱GE水煤漿加壓氣化技術，又稱GEGP工藝（GE gasification process）]是美國Texaco石油公司在重油氣化的基礎上發展起來的。Texaco氣化爐有直接激冷式和廢鍋-激冷式2種設計形式。氣化爐是由耐火磚砌成的高溫空間，水煤漿和純度為95%的O_2從爐頂燃燒噴嘴噴入，在其中發生連續非催化噴流式部分氧化反應，反應溫度在1500℃以下。

清華爐工藝流程見圖2-6。清華爐氣化溫度為1300～1700℃。清華爐改善了煤種適應性，提高了氣化系統的可靠性和穩定性，使氣化島的能耗降低，形成了以清華爐為技術核心的氣流床氣化技術體系。

未增加CCUS（Carbon Capture, Utilization and

Storage)的煤製氫(合成氣)屬於灰氫範疇。首先，煤製氫不可避免會產生廢渣，2019年中國產生煤氣化廢渣超過 3300 萬 t。其次，煤氣化行業最大的特點是耗水量和廢水量巨大，廢水水質組成複雜，攜帶的汙染物濃度高，淨化處理難度大。最後，煤製氫生產 1kg H_2 排放 20kg CO_2。儘管存在諸多不足和缺陷，由於國情與資源稟賦的關係，煤製氫在中國仍然佔據著製氫的半壁江山。隨著技術的進步，廢渣可用於建築材料、土壤水體改良劑、高價值固體材料等多個方面；廢水方面開發出種類繁多的處理技術，可以進行處理使之達到環保標準；高 CO_2 排放可以結合 CCUS 技術使之撕下「灰氫」的標籤，邁向「藍氫」。

2.2 天然氣製氫

天然氣是用量大、用途廣的優質燃料和化工原料。天然氣化工是化學工業分支之一，是以天然氣為原料生產化工產品的工業。天然氣通過淨化分離和裂解、蒸汽轉化、氧化、氯化、硫化、硝化、脫氫等反應可製成合成氨、甲醇及其加工產品(甲醛、醋酸等)、乙烯、乙炔、二氯甲烷、四氯化碳、二硫化碳、硝基甲烷等。全球每年有約 7000 萬 t 氫氣產量，約 48% 來自天然氣製氫，大多數歐美國家以天然氣製氫為主。中國由於天然氣進口量巨大，使用天然氣製氫的比例低於煤製氫。天然氣製氫技術路線包含天然氣水蒸氣重整製氫、甲烷部分氧化法製氫、天然氣催化裂解製氫及 CH_4/CO_2 乾重整製氫等。

2.2.1 天然氣蒸汽重整製氫

甲烷是天然氣的主要成分。甲烷化學結構穩定，在高溫下才具有反應活性。天然氣蒸汽重整(Steam Methane Reforming，SMR)是指在催化劑的作用下，高溫水蒸氣與甲烷進行反應生成 H_2、CO_2、CO。蒸汽重整工藝是目前工業上應用最廣泛、最成熟的天然氣製氫工藝。發生的主要反應如下：

蒸汽重整反應：$CH_4 + H_2O \rightleftharpoons CO + 3H_2$ ($\Delta H = +206.3 \text{kJ/mol}$) (2—1)

變換反應：$CO + H_2O \rightleftharpoons CO_2 + H_2$ ($\Delta H = -41.2 \text{kJ/mol}$) (2—2)

重整反應為強吸熱反應，所需熱量由燃料天然氣及變壓吸附解吸氣燃燒反應提供。對甲烷含量高的天然氣蒸汽轉化過程，當水碳比太小時，可能會導致積炭，反應式如下：

$$2CO \rightleftharpoons C + CO_2 \quad (\Delta H = -172 \text{kJ/mol}) \quad (2—3)$$

$$CH_4 \rightleftharpoons C + 2H_2 \quad (\Delta H = +74.9 \text{kJ/mol}) \quad (2—4)$$

$$CO + H_2 \rightleftharpoons C + H_2O \quad (\Delta H = -175 \text{kJ/mol}) \quad (2—5)$$

大規模的工業化裝置中，為節省裝置成本，主要採用高溫高壓反應模式；中國製氫裝置普遍採用的重整壓力為 0.6~3.5MPa，反應溫度為 600~850℃。天然氣蒸汽重整工藝流程包括天然氣預處理脫硫、蒸汽重整反應、CO 變換反應、氫氣提純等，其工藝流程見圖 2—7。

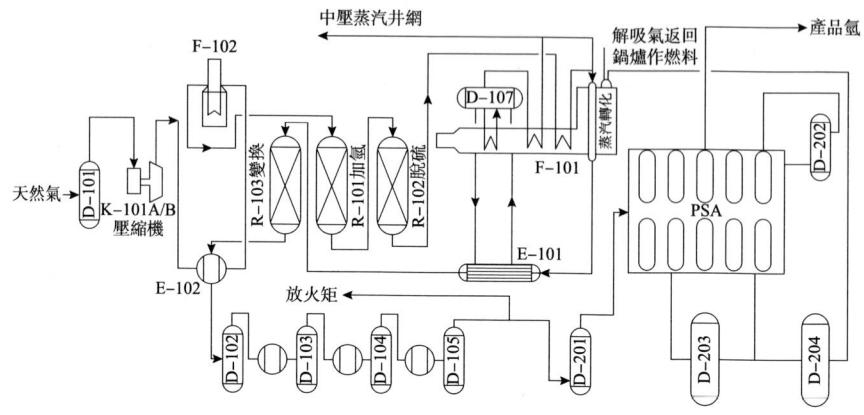

图 2-7 天然氣重整製氫工藝流程

此工藝流程為某煉油廠 $4×10^4 m^3/h$ 天然氣製氫裝置。界區外輸入的天然氣進入儲罐 D-101，經過壓縮機 K-101A/B 增壓後進入加熱爐 F-102 換熱升溫，之後進入加氫反應器 R-101，在加氫脫硫催化劑上將有機硫化物變為硫化氫，同時烯烴被加氫飽和。預處理脫硫後的天然氣進入氧化鋅反應器 R-102 中去除硫化氫。脫硫後的原料天然氣與蒸汽混合後，混合氣進入轉化爐 F-101 進行蒸汽重整反應，生成 H_2、CO、CO_2。高溫轉化氣經廢熱鍋爐 E-101 換熱到 320~380℃ 後進入中溫變換反應器 R-103 中進行 CO 與蒸汽的變換反應。中變氣經換熱、汽-水分離後進入 PSA 變壓吸附單位進行淨化。從 PSA 得到 99.9% 的 H_2。副產品解吸氣送入轉化反應爐 F-101 燃燒，給甲烷蒸汽重整轉化反應提供熱量。

由於天然氣形成過程中的地質作用，原料天然氣中一般含有硫化氫、硫醇、噻吩等含硫化合物。管輸天然氣中硫含量一般為 $20×10^{-6}$ 左右，達不到轉化催化劑所需要的低硫含量（總硫含量≤$1×10^{-6}$）。因此，在天然氣製氫工藝中，都會設置脫硫工序。根據原料天然氣含硫量、下游氫氣使用工況的不同，常設置鈷鉬加氫脫硫→氧化鋅脫硫→氧化銅精脫硫工序。

工業上使用的商品蒸汽轉化催化劑是負載在陶瓷材料（X-Al_2O_3、MgO、$MgMAlO_x$、尖晶石、Zr_2O_3）上的 NiO 型催化劑，NiO 負載量為 7%~79%（質量分數）。

天然氣蒸汽轉化製氫工藝中傳統的高溫變換催化劑為 Fe-Cr 催化劑，變換反應溫度為 330~480℃。鐵鉻系變換催化劑活性相為 γ-Fe_3O_4，晶型為尖晶石結構的 Cr_2O_3 均勻地分散於 Fe_3O_4 晶粒之間，防止抑制 Fe_3O_4 晶粒長大，Fe_3O_4-Cr_2O_3 組合稱為尖晶石型固溶體。典型的鐵基高溫變換催化劑中 Fe_2O_3 為 74.2%，Cr_2O_3 為 10%，其餘為揮發分。銅基變換催化劑具有良好的選擇性、較好的低溫活性、蒸汽/轉化氣莫耳比下反應無費托副反應發生，起到一定的節能降耗作用，且消除了 Cr^{3+} 的汙染問題。但該催化劑最大的缺點是耐溫性差、活性組分易發生燒結去活化。因此，通過添加有效助劑，提高銅基高溫變換催化劑的抗燒結能力。研究發現，添加一定量的 K_2O、MgO、MnO_2、Al_2O_3、SiO_2 等，以及稀土氧化物等助劑，其抗燒能力得到提高。與鐵鉻系催化劑相比，該類催化劑的性能有較大的提高。能在較寬的蒸汽/轉化氣莫耳比條件下無任何烴類產物生成，適合低

蒸汽/轉化氣莫耳比的節能工藝。

2.2.2 天然氣部分氧化製氫

目前工業上主流是採用天然氣蒸汽重整法製備氫氣。但蒸汽重整屬於強吸熱反應，能耗高、設備投資大，且產物中 $V_{H_2}:V_{CO}\geqslant 3:1$，不適合甲醇合成和費托合成。而部分氧化法製氫具有能耗低、效率高、選擇性好和轉化率高等優點。且合成中 $V_{H_2}:V_{CO}$ 接近 2:1，可直接作為甲醇和費托合成的原料。天然氣部分氧化製氫工藝備受關注，海內外進行了廣泛研究，為走向大規模商業化奠定了堅實的基礎。

與蒸汽重整方法比，天然氣部分氧化製氫能耗低，可大空速操作。天然氣催化部分氧化可極大降低一段爐熱負荷，同時減小一段爐設備的體積，進而降低裝置運行成本。

部分氧化是在催化劑的作用下，天然氣氧化生成 H_2 和 CO。整體反應為放熱反應，反應溫度為 750～950℃，反應速率比重整反應快 1～2 個數量級。使用傳統 Ni 基催化劑易積炭，由於強放熱反應的存在，使得催化劑床層容易產生焦點，從而造成催化劑燒結去活化。

反應機理有 2 種，兩者都有可能存在。

一種機理認為天然氣直接氧化，認為 H_2 和 CO 是 CH_4 和 O_2 直接反應的產物，反應式如下：

$$2CH_4 + O_2 \longrightarrow 2CO + 4H_2 (\Delta H = -36 kJ/mol) \quad (2-6)$$

另一種機理是燃燒重整過程，部分 CH_4 先與 O_2 發生燃燒放熱反應，生成 CO_2 和 H_2O，CO_2 和 H_2O 再與未反應的 CH_4 發生吸熱重整反應，反應式如下：

$$CH_4 + 2O_2 \longrightarrow CO_2 + 2H_2O (\Delta H = -803 kJ/mol) \quad (2-7)$$

$$CH_4 + CO_2 \longrightarrow 2CO + 2H_2 (\Delta H = +247 kJ/mol) \quad (2-8)$$

$$CH_4 + H_2O \longrightarrow CO + 3H_2 (\Delta H = +206 kJ/mol) \quad (2-9)$$

2.2.3 天然氣二氧化碳重整製氫

天然氣二氧化碳重整（Carbon Dioxide Reforming of Methane，CRM）是 CH_4 和 CO_2 在催化劑作用下生成 H_2 和 CO 的反應。天然氣二氧化碳重整給 CO_2 的利用提供了新的途徑。

$$CH_4 + CO_2 \longrightarrow 2CO + 2H_2 (\Delta H = +247.0 kJ/mol) \quad (2-10)$$

$$CO + H_2O \longrightarrow CO_2 + H_2 (\Delta H = -41.2 kJ/mol) \quad (2-11)$$

天然氣二氧化碳重整為強吸熱反應，其反應焓變 $\Delta H = +247.0 kJ/mol$，大於蒸汽重整的 $\Delta H = +206 kJ/mol$。在反應溫度＞640℃時才能進行。溫度升高，可使平衡反應向正向移動，使 CH_4 和 CO_2 轉化率提高。研究發現，常壓下 850℃ 進行天然氣二氧化碳重整反應，CH_4 轉化率＞94％，CO_2 轉化率＞97％，反應產物 H_2/CO 接近 1。積炭去活化是催化劑存在的主要問題。CH_4 高溫裂解和 CO 的歧化反應都會產生積炭。

2.2.4 天然氣催化裂解製氫

CH_4 在催化劑上裂解，產生 H_2 和碳纖維或者奈米碳管等碳素材料。天然氣經脫硫、

脱水、預熱後從移動床反應器底部進入，與從反應器頂部下行的鎳基催化劑逆流接觸。天然氣在催化劑表面發生催化裂解反應生成 H_2 和 C。其反應如下：

$$CH_4 \Longrightarrow C + 2H_2 \quad (\Delta H = 74.8 kJ/mol) \tag{2-12}$$

從移動床反應器頂部出來的氫氣和甲烷混合氣在旋風分離器中分離出炭和催化劑粉塵後，進入廢熱鍋爐回收熱量，之後通過 PSA 分離提純得到產品氫氣。未反應的甲烷、乙烷等作為燃料或者循環使用。反應得到的炭附著在催化劑上從反應器底部流出，熱交換降溫後進入氣固分離器，之後在機械振動篩上將催化劑和炭分離，催化劑進行再生後循環使用。分離出的炭可作為製備碳奈米纖維等高附加值產品的原料。

該方法的優點是製備的氫氣純度高，且能耗相較蒸汽重整法低。碳纖維或者奈米碳管等碳素材料附加價值高。缺點是裂解反應中生成的積炭聚集附著在催化劑表面，易造成催化劑去活化。此外，在連續操作工藝過程中，需要通過物理或化學方法剝離催化劑的積炭。物理方法除炭後，可一定程度延長催化劑使用壽命，但催化劑終究還是會去活化，需進行再生或更換新的催化劑。增加了生產成本，且也不適合長週期運行。化學方法除炭是通入空氣或純氧燃燒掉催化劑上的積炭而使催化劑得到再生。該過程會引入 CO_2。因此，天然氣催化裂解製氫的研究重點是：①開發容炭能力強且更加高效的催化劑，以達到減少再生次數的目的；②找到更有效更徹底地從催化劑上移除積炭的方法。

天然氣製氫生產 $1m^3$ 氫氣需消耗天然氣 $0.42\sim0.48m^3$，鍋爐給水 1.7kg，電 $0.2kW \cdot h$。$50000m^3/h$ 及以下氫氣產量時，天然氣具有成本優勢。大於 $50000m^3/h$ 時，則以煤為原料製氫更具有成本優勢。天然氣水蒸氣重整製氫技術的生命週期溫室氣體釋放量為 $11893g CO_2/kgH_2$，能耗為 $165.66MJ/kgH_2$。天然氣熱解製氫系統生命週期的溫室氣體釋放當量為 $3900\sim9500gCO_2/kgH_2$，能耗為 $298.34\sim358.01MJ/kgH_2$。

2.3 水電解製氫

使用天然氣和煤生產的 H_2 有 CO_2 產生，屬於「灰氫」。環保要求的發展方向是「綠氫」，即 H_2 生產過程中不產生 CO_2。當下「綠氫」的主要生產方式是水電解。

水電解法製氫以水為原料，因此，原料價格便宜，其製氫成本主要消耗電能。理論計算表明，電壓達到 1.229V 就可以進行水電解；實際上，由於氧和氫的生成反應中存在過電壓和電解液電阻及其他電阻，進行水電解需要更高的電壓。由法拉第定律計算得到，製取 $1Nm^3$ 氫氣需用電 $2.94kW \cdot h$，實際用電量是理論值的 2 倍。水電解法不可避免地存在能量損失。水電解的耗電量一般不低於 $5kW \cdot h/Nm^3$，此問題不能通過提高水電解設備的效率就可以完全解決。以當前電價核算，製氫成本高於化石能源製氫。

電解水包含陰極析氫(Hydrogen Evolution Reaction，HER)和陽極析氧(Oxygen Evolution Reaction，OER)兩個半反應。電解水在酸性環境和鹼性環境中均可進行，由於所處的環境不同，發生的電極反應存在差異。

在酸性環境中，陰陽兩極的反應如下：

陰極析氫：$2H^+ + 2e^- \Longrightarrow H_2 + 2OH^-$

陽極析氧：$2H_2O \Longrightarrow 2H^+ + O_2 + 2e^-$

在鹼性環境中，陰陽兩極的具體反應如下：

陰極析氫：$\qquad 2H_2O + 2e^- \Longrightarrow H_2 + 2OH^-$

陽極析氧：$\qquad 2OH^- \Longrightarrow \frac{1}{2}O_2 + 2e^-$

在實際生產中，由於酸性介質對設備的腐蝕性強，電解水製氫通常在鹼性環境下進行。

2.3.1 鹼性電解水製氫

鹼性電解水製氫（Alkaline Water Electrolytic，AWE）裝置由電源、電解槽體、電解液、陰極、陽極和隔膜組成。電解液通常為氫氧化鉀（KOH）溶液，隔膜主要由石棉組成，用作氣體分離器。陰極與陽極主要由金屬合金組成，如 Ni-Mo 合金、Ni-Cr-Fe 合金等。電解池的工作溫度為 70~100℃，壓力為 100~3000kPa。鹼性電解槽中通常電解液是 KOH 溶液，濃度為 20%~30%（質量分數）。

目前廣泛應用的 AWE 製氫電解槽基本結構有單極電解槽和雙極電解槽 2 種。在單極電池中，電極是並聯的，而在雙極電池中，電極是串聯的。雙極電解槽結構緊湊，減少了電解液電阻造成的損耗，從而提高了電解槽效率。然而，由於雙極電池結構緊湊，增加了設計的複雜性，導致製造成本高於單極電池。

隔膜是鹼水製氫電解槽的核心組件，分隔陰極和陽極 2 個小室，實現隔氣性和離子穿越的功能。因此，開發新型隔膜是降低單位製氫能耗的主要突破點之一。目前中國使用的主要為石棉隔膜，但由於石棉具有致癌作用，所以各國紛紛下令禁止使用石棉。因此開發新型的鹼性水電解隔膜勢在必行。亞洲國家尤其是中國普遍使用非石棉基的 PPS（Polyphenylene Sulfide Fibre，聚苯硫醚纖維）布，其具有價格低廉的優勢，但缺點也比較明顯，如隔氣性差、能耗偏高。而歐美國家使用複合隔膜，這種隔膜在隔氣性和離子電阻上具有明顯優勢，但價格相對來說更貴。

鹼性電解槽是最古老、技術最成熟、經濟最好的電解槽，並且易於操作，在目前廣泛使用，其缺點是效率低。其工作原理示意見圖 2-8。

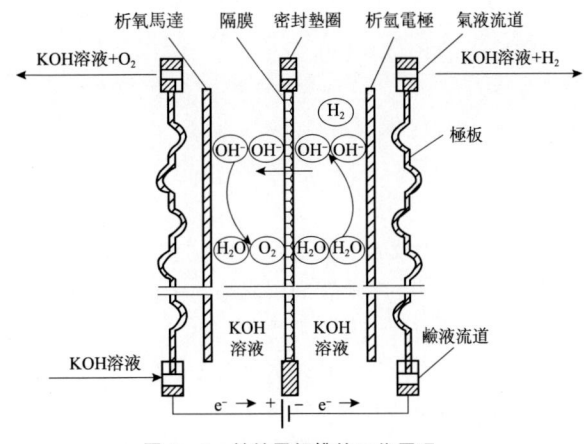

圖 2-8 鹼性電解槽的工作原理

2.3.2 質子交換膜電解水製氫

鹼性電解槽結構簡單，操作方便，價格較便宜，比較適用於大規模製氫，但缺點是效率不高，為 70%~80%。質子交換膜電解槽（Proton Exchange Membranes，PEM）是基於

離子交換技術的高效電解槽，其工作原理見圖2－9。PEM電解槽由兩電極和聚合物薄膜組成，質子交換膜通常與電極催化劑呈一體化結構（Membrane Electrode Assembly，MEA）。在這種結構中，以多孔的鉑材料作為催化劑結構的電極緊貼在交換膜表面。薄膜由Nafion組成，包含有－SO_3H基團，水分子在陽極被分解為O^{2-}和H^+，而－SO_3H基團很容易分解成SO_3^{2-}和H^+，H^+和水分子結合成H_3O^+，在電場作用下穿過薄膜到達陰極，在陰極生成氫。PEM電解槽不需電解液，只需純水，比鹼性電解槽安全、可靠。使用質子交換膜作為電解質具有高化學穩定性、高質子傳導性、良好的氣體分離性等優點。由於較高的質子傳導性，PEM電解槽可以工作在較高的電流下，從而提高了電解效率。並且由於質子交換膜較薄，減小了電阻損耗，也提高了系統的效率。目前PEM電解槽的效率可達到85％以上。但由於電極中使用鉑等貴重金屬，Nafion也是很昂貴的材料，成本太高。為進一步降低成本，目前的研究主要集中在如何降低電極中貴重金屬的使用量以及尋找其他的質子交換膜材料。隨著研究的進一步深入，未來將可能找到更合適的質子交換膜，並且隨著電極貴金屬佔比的減小，PEM電解槽成本將會大大降低，成為主要的製氫裝置之一。

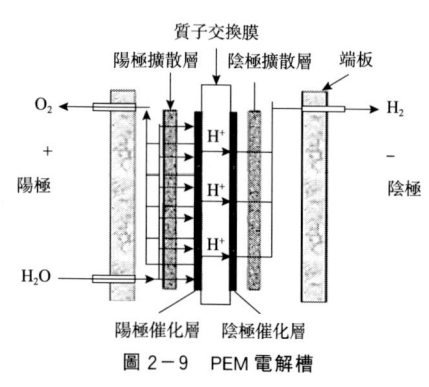

圖2－9　PEM電解槽

2.3.3　固體氧化物電解水製氫

固體氧化物電解槽（Solid Oxide Electrolytic Cells，SOEC）目前還處於研究開發階段。由於工作在高溫下，部分電能由熱能代替，效率很高，並且成本也不高，其基本原理見圖2－10。摻有少量氫氣的高溫水蒸氣進入管狀電解槽後，在內部的負電極處被分解為H^+和O^{2-}，H^+得到電子生成H_2，而O^{2-}則通過電解質YSZ（Yttria－Stabilized Zirconia）到達外部的陽極生成O_2。固體氧化物電解槽目前是3種電解槽中效率最高的，並且反應的廢熱可通過汽輪機、製冷系統等利用起來，使得總效率達到90％。但由於工作在高溫下（1000℃），存在材料和使用上的一些問題。適合用作固體氧化物電解槽的材料主要是YSZ，這種材料並不昂貴。但由於製造工藝比較貴，使得固體氧化物電解槽的成本也高於鹼性電解槽。目前比較便宜的製造技術如電化學氣相沉澱法（Electrochemical Vapor Deposition，EVD）和噴射氣相沉澱法（Jet Vapor Deposition，JVD）正處於研究開發中，有望成為

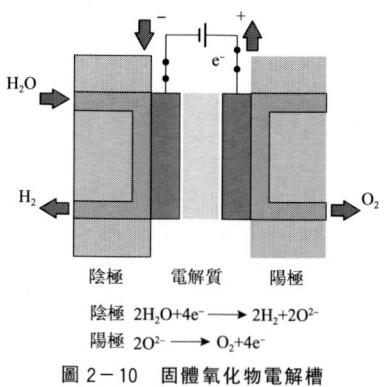

陰極　$2H_2O+4e^- \longrightarrow 2H_2+2O^{2-}$
陽極　$2O^{2-} \longrightarrow O_2+4e^-$

圖2－10　固體氧化物電解槽

以後固體氧化物電解槽的主要製造技術。各國的研究重點除了發展製造技術外，同時也在研究中溫（300～500℃）固體氧化物電解槽以降低溫度對材料的限制。

3種類型的水電解製氫的特徵對比見表2-1。

表2-1　3種類型的水電解製氫的特徵對比

製氫技術	鹼性電解水製氫	質子交換膜電解水製氫	固體氧化物電解水製氫
電解質	NaOH/KOH(液體)	質子交換膜(固體)	YSZ(固體)
操作溫度/℃	70～100	50～80	500～1000
操作壓力/MPa	<3	<7	<30.1
陽極催化劑	Ni	Pt、Ir、Ru	LSM、$CaTiO_3$
陰極催化劑	Ni合金	Pt、Pt/C	Ni/YSZ
電極面積/cm^2	10000～30000	1500	200
單堆規模	1MW	1MW	5kW
電解槽直流電耗(氫氣體積按0℃、標準大氣壓下計)/(kW·h/m^3)	4.3～6	4.3～6	3.2～4.5
系統直流電耗(氫氣體積按0℃、標準大氣壓下計)/(kW·h/m^3)	4.5～7.1	4.5～7.5	3.6～4.5
電解槽壽命/h	60000	50000～80000	<20000
系統壽命/a	20～30	10～20	—
啟動時間/min	>20	<10	<60
運行範圍/%	15～100	5～120	30～125
優點	成本低、長期穩定性好、單堆規模大、非貴金屬材料	設計簡單、結構緊湊體積小、快速反應、高電流密度	高能量效率、可構成可逆電解池、非貴金屬材料
缺點	腐蝕性電解液、動態響應速度慢、低電流密度	貴金屬材料、雙極板成本高、耐久性差、酸性環境	電極材料不穩定、存在密封問題、設計複雜、陶瓷材料有脆性

2030年，中國風電、太陽能發電總裝機容量達到12億kW以上。隨機性、無規律性的風電、光電對電網安全性帶來挑戰，導致電網平衡成本逐漸增大，造成大量棄風電、棄光電現象。2016年，中國棄水棄風棄光電量達到1100億kW·h，折合氫氣220億m^3。2018年，受太陽能新政「急剎車」的影響，56%產能閒置，棄電1013億kW·h。因此，若是電解水製氫與風電、光電相結合，既能消納棄風棄光產生的電能，又能有效降低電解水的成本。存在的技術困難是風電、光電資源多位於「三北」偏遠地區，氫氣的儲存和運輸成本高。

2.4　甲醇製氫

甲醇由天然氣或者煤為原料製取。甲醇常溫下是液體，便於儲存和運輸。工業上大規模製氫的原料多使用煤或天然氣。但用氫場景和用氫規模千差萬別。對於用氫規模較小的場景，使用煤製氫投資太大。天然氣管網的覆蓋率及天然氣的可及性畢竟有限，尤其在中

國需大量進口天然氣的情形下(2021年中國天然氣進口量為12136萬t)。如果小型用氫場景的天然氣不可及，則使用甲醇製氫是比較經濟的選擇。甲醇具有較高的儲氫量，適宜作為分散式小型製氫裝置的製氫原料。

甲醇是大宗化工原料，2021年中國甲醇產量為8040.94萬t，甲醇原料資源豐富。近幾年甲醇製氫工藝得到迅速推廣。

甲醇作原料製氫氣主要有3種方法：甲醇蒸汽重整製氫、甲醇裂解製氫、甲醇部分氧化製氫。

2.4.1 甲醇蒸汽重整製氫

甲醇蒸汽重整(Methanol Steam Reforming，MSR)發生如下反應：

$$CH_3OH + H_2O \rightleftharpoons CO_2 + 3H_2 (\Delta H = 49.7 kJ/mol) \qquad (2-13)$$

MSR製氫具有H_2產量高，儲氫量可達到甲醇質量的18.8%，CO產量低、成本低、工藝操作簡單等優點。最終產物是CO_2和H_2，成分比例1:3，但H_2中會摻雜微量的CO。

甲醇蒸汽重整製氫工藝流程主要分為3個工序(見圖2-11)：①甲醇－水蒸氣轉化制氣。這一過程包括原料汽化、轉化反應和氣體洗滌等步驟。②轉化氣分離提純。常用的提純工藝有變壓吸附法和化學吸附法，前者適合於大規模製氫，後者適合於對H_2純度要求不高的中小規模製氫。③熱載體循環供熱系統。甲醇－水蒸氣轉化製氫為強吸熱反應，必須從外部供熱，但直接加熱易造成催化劑的超溫去活化，故多用熱載體循環供熱。

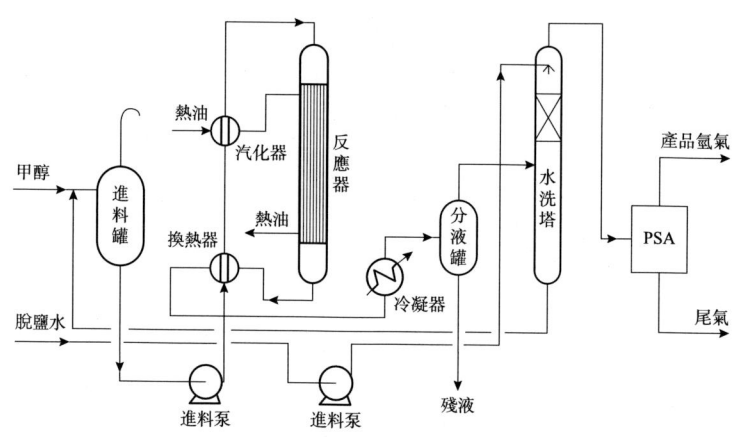

圖2-11 甲醇蒸汽重整製氫工藝流程

甲醇蒸汽重整製氫催化劑中，應用最多的是銅系催化劑。銅系催化劑可分為二元銅系催化劑、三元銅系催化劑和四元銅系催化劑。二元銅系催化劑常見的有Cu/SiO_2、Cu/MnO_2、Cu/ZnO、Cu/ZrO_2、Cu/Cr_2O_3、Cu/NiO。三元銅系催化劑常用的是$Cu/ZnO/Al_2O_3$，對$Cu/ZnO/Al_2O_3$催化劑進行改性，添加Cr、Zr、V、La作為助劑製備四元銅系催化劑。這些銅系催化劑用於甲醇蒸汽重整製氫反應，選擇性和活性高，穩定性好，甲

醇最高轉化率可達 98%，產氣中氫含量高達 75%，CO 含量小於 1%，是比較理想的甲醇蒸汽重整製氫催化劑。

2.4.2 甲醇裂解製氫

化肥和石油化工工業大規模的($5000Nm^3/h$ 以上)製氫方法，一般用天然氣轉化製氫、輕油轉化製氫或水煤氣轉化製氫等技術，但由於上述製氫工藝須在 800℃ 以上的高溫下進行，轉化爐等設備需要特殊材質，同時需要考慮能量的平衡和回收利用，所以投資較大，流程相對較長，故不適合小規模製氫。

在精細化工、醫藥、電子、冶金等行業的小規模製氫($200Nm^3/h$ 以下)中也可採用電解水製氫工藝。該工藝技術成熟，但由於電耗較高($5\sim8kW\cdot h/Nm^3$)而導致單位氫氣成本較高，因而較適合於 $100Nm^3$ 以下的規模。

甲醇裂解製氫在石化、冶金、化工、醫藥、電子等行業的應用已經很廣泛。浮法玻璃行業為了有效降低製氫成本和投資，多用氨分解製氫來替代水電解製氫，而甲醇裂解製氫工藝由於其所產氫氣質量、製氫成本優勢正逐漸被玻璃行業所認可。

甲醇分解製氫即甲醇在一定溫度、壓力和催化劑作用下發生裂解反應生成 H_2 和 CO。採用該工藝製氫，單位質量甲醇的理論 H_2 收率為 12.5%(質量分數)，產物中 CO 含量較高，約占 1/3，後續分離裝置複雜，投資高。甲醇裂解製氫：該工藝過程是甲醇合成的逆過程，其工藝簡單成熟、占地少、運行可靠、原料利用率高。生產 $1Nm^3$ 氫氣需消耗：甲醇 $0.59\sim0.62kg$，除鹽水 $0.3\sim0.45kg$，電 $0.1\sim0.15kW\cdot h$，燃料 $11710\sim17564kJ$，其成本高於天然氣製氫。

通過熱力學理論計算得知，甲醇分解反應能夠進行的最低溫度為 423K，水氣變換能夠進行的最低溫度為 198K。因此，要使該反應能夠順利進行(假設按分解變換機理進行)，反應溫度必須高於 423K。

$$\text{主反應}: CH_3OH \Longrightarrow CO+2H_2 \quad -90.7kJ/mol \quad (2-14)$$

$$CO+H_2O \Longrightarrow CO_2+H_2 \quad +41.2kJ/mol \quad (2-15)$$

$$\text{總反應}: CH_3OH+H_2O \Longrightarrow CO_2+3H_2 \quad -49.5kJ/mol \quad (2-16)$$

$$\text{副反應}: 2CH_3OH \Longrightarrow CH_3OCH_3+H_2O \quad +24.9kJ/mol \quad (2-17)$$

$$CO+3H_2 \Longrightarrow CH_4+H_2O \quad +206.3kJ/mol \quad (2-18)$$

甲醇裂解製氫工藝流程見圖 2—12。甲醇和脫鹽水進入系統經過汽化器和過熱器後進入轉化反應器。在固體催化劑上進行催化裂解和轉化反應，生成 H_2、CO_2 和少量 CO 的混合氣。將甲醇裂解得到的混合氣冷卻冷凝後通過裝有吸附劑的固定床，這時比氫氣沸點高的雜質 CO、CO_2 等被選擇性吸附，從而達到 H_2 和雜質氣體組分的有效分離，得到純度較高的 H_2。

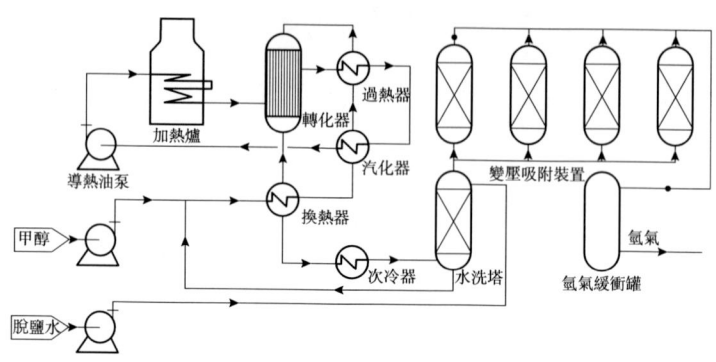

圖 2-12　甲醇裂解製氫工藝流程

2.4.3　甲醇部分氧化製氫

甲醇蒸汽重整製氫和甲醇裂解製氫均為吸熱反應，而甲醇部分氧化為放熱反應。甲醇裂解製氫由於尾氣中 CO 濃度過高而不適於直接作為燃料電池的氫源。水蒸氣重整法雖然可獲得高含量的 H_2，但該反應為吸熱反應，且水蒸氣的產生也需消耗額外的能量，這對該反應的實際應用非常不利。甲醇部分氧化製氫反應（Partial Oxidation of Methane，POM）的優點如下：①反應為放熱反應，在溫度接近 227℃ 時，點燃後即可快速加熱至所需的操作溫度，整個反應的啟動速率和反應速率很快；②採用氧氣甚至空氣代替水蒸氣作氧化劑，減少了原料氣氧化所需的熱量，使其具有更高的效率，同時簡化了裝置；③部分氧化氣作為汽車燃料能降低污染物的排放和熱量損失，在負載變化時的動態響應性能良好，在低負載時用甲醇分解或部分氧化氣，而在高負載或車輛加速，即電池組需要較多的氫流量以提高電力輸出時，只需改變燃料流量而快速地改變氫的產量或採用甲醇和汽油的混合物作燃料。

甲醇部分氧化為放熱反應，既提供了維持反應溫度所需的熱量，又產生了 H_2。由於不同氧醇比（空氣/甲醇莫耳比）所放出的反應熱不同，所以可通過控制氧醇比來控制反應溫度。不同氧醇比時的反應熱為：

$$CH_3OH + \tfrac{1}{2}O_2 \Longrightarrow 2H_2 + CO_2 \ (\Delta H_{298} = -155 \text{kJ/mol}) \quad (2-19)$$

$$CH_3OH + \tfrac{1}{4}O_2 \Longrightarrow 2H_2 + \tfrac{1}{2}CO_2 + \tfrac{1}{2}CO \ (\Delta H_{298} = -13 \text{kJ/mol}) \quad (2-20)$$

當氧醇比降為 0.23 時，反應熱為 0。因此，可根據需要調整空氣進料速度，在反應開始階段需要升溫時，可控制氧醇比為 0.5，升至反應溫度後，控制氧醇比在 0.23~0.4，略微放熱以維持反應溫度。

甲醇蒸汽重整製氫是吸熱反應（$\Delta H = 49.7$ kJ/mol），熱力學上高溫有利於反應向右進行。在實際應用和基礎研究中，甲醇蒸汽重整製氫的反應溫度一般高於 250℃。相對較高的工作溫度和汽化單位的存在，導致分散式甲醇製氫系統在剛啟動時響應較慢。然而，對於連續現場製氫、現制現用的工業應用場景，如用作加氫站補氫方式，SRM 製氫技術成熟、H_2 含量高，是分散式製氫的最佳選擇。

以氧氣部分或完全替代蒸汽作為氧化劑，將從熱力學上顯著改變甲醇製氫反應。當氧

含量超過蒸汽濃度的 1/8 時，甲醇製氫反應即轉化為放熱反應。利用這一方式開發的空氣－蒸汽－甲醇共進料的製氫過程被稱為甲醇氧化重整，或甲醇自熱重整。如完全使用空氣作為氧化劑，則反應稱為 POM 製氫。氧的加入使體系響應較快，能源利用效率大幅提升，附加裝置的配備減少，簡化工藝流程。自熱重整中每分子甲醇能產生 2~3 分子氫。由於氧化重整是以空氣為氧化劑，每分子氧氣的消耗就會引入 1.88 當量的 N_2，導致出口氫氣濃度在 41%~70%。對於 POM 製氫來說，每分子甲醇僅能獲得 2 分子氫，實際出口氫氣濃度僅為 41%。在甲醇製氫中引入氧化劑，雖然降低製氫能耗，但可能導致氫氣選擇性的降低，容易出現過度氧化產物；另外空氣作為氧化劑，也可能導致環境汙染物如氮氧化物等生成；同時，氧化屬於強放熱反應提高了對反應器換熱的要求，若傳熱不好，容易導致催化劑在局部焦點的位置燒結去活化。

2.5　太陽能製氫

目前利用太陽能製氫的方法有太陽能熱分解水製氫、太陽能太陽能發電電解水製氫、太陽能光催化分解水製氫、太陽能光電化學分解水製氫，太陽能生物製氫等。利用太陽能製氫有重大的現實意義，但目前技術尚不成熟，有大量理論問題和工程技術問題待解決。然而世界各國都十分重視，投入大量的人力、物力、財力開展相關研究，並已取得了很多關鍵進展。

2.5.1　太陽能光催化分解水製氫

若能實現從太陽能到氫能的高效轉化，這將促進能源行業發生巨大變革。利用粉末光催化劑催化太陽能光解水製氫，技術路線最簡單。

水的分解反應為吸熱反應，反應的焓變為 237.13kJ/mol。如果想純粹利用熱來實現水的熱分解，需要 2000℃ 以上的高溫。單純依靠太陽光直接光分解水需要波長 170nm 的高能量光，可見光波長為 400~760nm，紫外線波長為 290~400nm，因此直接光分解水幾乎不可能。

$$2H_2O \Longrightarrow 2H_2+O_2 \ (\Delta H=237.13kJ/mol) \tag{2-21}$$

利用半導體光催化分解水製氫在室溫下就可以進行。原理為半導體吸收太陽光使電子從基態躍遷至激發態。若產生足夠能量的導帶電子和價帶空穴，就可以滿足水分解的熱力學要求。

半導體是一類常溫下導電性介於導體與絕緣體之間的材料。半導體有特殊的能帶結構和良好的穩定性，是優選的光催化分解水製氫的材料。根據能帶理論，半導體的價帶(Valence Band，VB)帶頂與導帶(Conduction Band，CB)底的能量差稱為「帶隙」(Band Gap)。當半導體吸收能量不小於其帶隙的光子時，電子將從價帶激發到導帶。導帶中生成電子(e^-)，在價帶中留下空穴(h^+)。由於半導體能帶的不連續性，電子或空穴在內生電場或外加偏壓作用下通過擴散的方式運動彼此分離遷移到半導體表面，與吸附在表面的物質發生氧化還原反應。或者被體相或表面的缺陷擷取，電子、空穴直接複合，以光或熱輻射

的形式轉化。光激發產生的電子－空穴對具有氧化還原能力，由其驅動的反應稱為光催化反應(見圖2－13)。

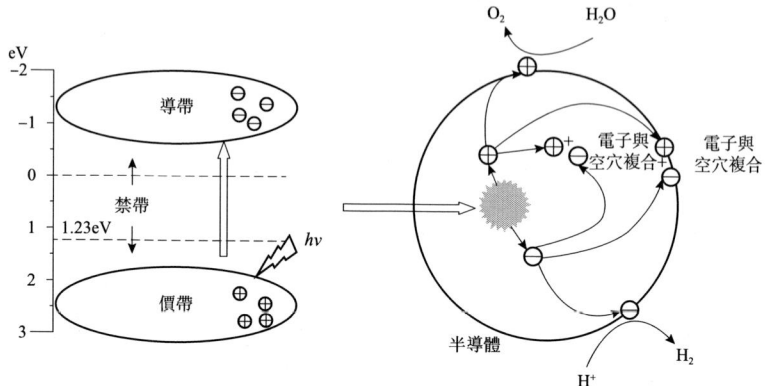

圖2－13　半導體基光催化分解水製氫的基本過程

　　光催化劑分解水有產氫半反應和產氧半反應。為提高氫氣產生效率，通常將空穴犧牲試劑或電子犧牲試劑引入體系中，快速消耗光激發產生的空穴和電子，避免因電荷累積而引起的複合。要符合產氫條件，電子受體的標準電極電位比質子還原的電位更正，而電子供體的標準電極電位比水氧化的電位更負。從熱力學角度看，犧牲試劑的反應相較於質子還原與水氧化更容易進行。在產氫半反應中，常用的空穴犧牲試劑為甲醇、SO_3^{2-}/S^{2-}、三乙醇胺和乳酸等；而對於產氧半反應，常用Ag^+、Fe^{3+}和IO_3^-等作為電子犧牲試劑。

　　對於產氫和產氧半反應，相應的反應方程式如下：

光催化產氫半反應：$2H^+ + 2e^- \longrightarrow H_2$

$Red + nh^+ \longrightarrow O_x$（Red代表電子供體）

光催化產氧半反應：$2H_2O + 4h^+ \longrightarrow 4H^+ + O_2$

$O_x + ne^- \longrightarrow Red$（$O_x$代表電子受體）

　　可用於光催化分解水製氫的材料很多，無機半導體光催化劑是最為廣泛的材料類型。無機半導體最大的優勢為穩定性好，經受長時間的光照射結構不會破壞。已開發的半導體光催化劑大約有200多種，可分為可見光響應和紫外光響應2類。

　　按照中心原子的電子結構差異，紫外光響應的光催化材料可分為含d^0和d^{10}電子態的金屬氧化物。d^0電子態金屬氧化物以Ti基、Ta基、W基、Zr基、Nb基、Mo基氧化物或含氧酸鹽為主。TiO_2和$SrTiO_3$是最為典型的Ti基氧化物，其中TiO_2是研究最早也是目前研究最多的光催化模型材料。d^{10}電子態為Ga^{3+}、In^{3+}、Sn^{4+}、Sb^{5+}的金屬氧化物，也具有優異的光催化活性。

　　太陽光中，可見光能量占總能量的50%。開發可見光響應，尤其是具有吸收長波長能力的催化劑，是有效提高太陽能吸收率的途徑之一。可見光響應的材料有氧化物、陰離子摻雜氧化物、陽離子摻雜氧化物、硫氧化物、氮化物、鹵氧化物、硒化物、硫化物、固熔體、電漿共振體等。

2.5.2 太陽能光電化學分解水製氫

光電化學(Photoelectrochemical，PEC)催化分解水製氫是環境友好、規模化和可持續性地轉化與儲存太陽能的途徑之一。光電化學水分解電池，通過半導體電極吸收太陽光產生光生載流子，載流子在體相或外電路遷移後與水發生反應，生成 H_2 和 O_2。

太陽光電解水製氫通過由光陽極和陰極共同組成光化學電池實現。在電解質環境下，光陽極太陽光在半導體上產生電子，藉助外路電流將電子傳輸到陰極上。H_2O 中的質子能從陰極接收電子產生 H_2。光電解水的效率受光激勵下自由電子－空穴對數量、自由電子空穴對分離和壽命、逆反應抑制等因素的影響。受限於電極材料和催化劑，光電解水效率普遍不高，均在 10% 左右，性質優異的半導體材料如雙接口 GaAs 電極也僅能達到 13% 左右。

光電化學水分解電池的元件結構有多種組成方式，如通過太陽能電池與光電極串聯，可以獲得較高的太陽能轉化效率，但結構成本也相對較高；而通過 p 型光陰極和 n 型光陽極組成的疊層結構，不僅擁有較高的理論轉化效率(約 28%)，同時成本相對較低，是理想的元件結構。p－n 疊層光電化學水分解電池結構見圖 2－14。太陽光從 n 型光陽極側照射，光陽極吸收短波長的光，長波長光穿通過光陽極被後側的光陰極吸收。在光陽極上發生水的氧化反應，光陰極上發生水的還原反應。為了使此元件無偏壓工作，需要光陽極和光陰極的光電流相互匹配。

為提高光電極的水分解性能，電極表面擔載水分解電催化劑是有效的方法。電催化劑是高性能光電化學水分解不可或缺的部分。理想的電催化劑必須具有較高的催化活性和穩定性。CoP 產氧電催化劑活性高、具有自修復性能，一度成為最常見的光陽極助催化劑，替代了昂貴的 Ru、Ir 基催化劑。

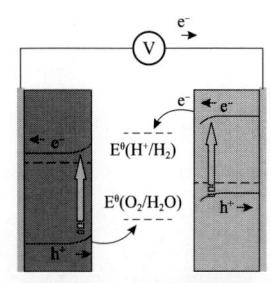

圖 2－14　太陽能光電化學電解水製氫原理

雖然光電化學水分解電池是理想、高效、低成本利用太陽能製取氫氣的方法，但是單一光電極性能過低會導致所組成的元件無法達到真正的無偏壓工作或者效率過低。通過對光電極進行微觀形貌調控、離子摻雜、表面偏析相的消除和表面鈍化層修飾可提高光電極性能。

相較於光陰極材料，由於光陽極的產氧反應(Oxygen Evolution Reaction，OER)是 4 電子反應($4OH^- - 4e^- \Longrightarrow 2H_2O + O_2 \uparrow$)，其在反應動力學上更具挑戰性，成為制約 PEC 分解水性能的主要因素。

光電極材料主要分為 n 型半導體的光陽極材料和 p 型半導體的光陰極材料。研究較多的光電催化製氫的陽極材料主要有 TiO_2、ZnO、Ta_3N_5、WO_3、$BiVO_4$、$\alpha-Fe_2O_3$ 等。其中 TiO_2、ZnO 屬於帶隙較窄的材料，只能吸收佔比約 5% 的紫外光，導致其整體轉化效率不高。WO_3、$BiVO_4$ 及 Ta_3N_5 的帶隙分別為 2.6eV、2.4eV、2.1eV，能吸收可見光。但光生載流子的傳輸效率較低，使得這些材料的實際轉化效率難以達到實用要求。

2.6 工業副產氫氣

副產氫是企業生產的非主要產品，與主要產品使用相同原料同步生產，或利用廢料進一步生產獲得。強調副產氫的原因有 2 個：一是經濟性高，二是環保性強。從經濟角度看，氫氣生產成本高，過程複雜。如果是生產其他產品的副產品，則可大大降低生產成本。從環保角度看，綠氫清潔低碳是未來發展要求，即使現在達不到綠氫標準，也要儘量減少生產過程中的能源消耗和汙染物排放。與主要產品同一工藝流程產出的副產氫，顯然符合以上 2 個要求。工業副產氣主要指氯鹼、煉焦、煉油企業的副產氫氣。

工業副產氣製純氫主要有 3 種方法：深冷分離、變壓吸附(PSA)、膜分離。深冷分離是將氣體液化後蒸餾，根據沸點不同，通過溫度控制將其分離。所得產品純度較高，適宜大規模製純氫裝置使用。變壓吸附的原理是根據不同氣體在吸附劑上的吸附能力不同，通過梯級降壓，使其不斷解吸，最終將混合氣體分離提純。膜分離法則是基於氣體分子大小各異，通過高分子薄膜速率不同的原理對其實施分離提純。每一種技術都有其特點和約束條件，將這幾種 H_2 回收技術結合起來可得最佳的工藝方案；如將深冷法和變壓吸附法相結合，即可得到高回收率、高純度和高壓的 H_2。3 種氫氣提純方法的對比見表 2-2。

表 2-2 3 種氫氣提純方法的對比

項目	PSA	膜分離	深冷分離
規模/(Nm³/h)	20～200000	100～10000	50000～200000
氫純度/%mol	99～99.999	80～99	90～99
氫回收率/%	80～95	80～98	98
操作壓力/MPa	1.0～6.0	2～15	1.0～8.0
原料中最小氫氣/%mol	30	30	15
原料氣的預處理	不預處理	預處理	預處理
操作彈性/%	30～110	20～100	小
裝置的可擴展性	容易	容易	很難

2.6.1 氯鹼副產氫氣

氯鹼工業用電解飽和氯化鈉溶液的方法來製取氫氧化鈉，副產氯氣和氫氣。在電解氯化鈉溶液的過程中，氫離子比鈉離子更容易獲得電子。因此在電解池的陰極氫離子被還原為氫氣。氯氣在陽極析出，電解液變成氫氧化鈉溶液，濃縮後得到燒鹼產品。其電極反應如下：

陽極反應：$2Cl^- - 2e^- \Longrightarrow Cl_2\uparrow$（氧化反應）

陰極反應：$2H^+ + 2e^- \Longrightarrow H_2\uparrow$（還原反應）

電解飽和食鹽水的總反應：$2NaCl + 2H_2O \Longrightarrow 2NaOH + Cl_2\uparrow + H_2\uparrow$ (2-22)

氯鹼行業生產的 H_2 純度較高，H_2 純度約為 98.5%，不含有能使燃料電池催化劑中毒的碳、硫、氨等雜質，但含有部分氧氣、氮氣、水蒸氣、氯氣及氯化氫等雜質。氯鹼廠

副產氫氣純化工藝主要包括 4 個步驟：除氯、除氧、除氯化氫、除氮。氫氣中的氯化氫主要採用水洗的方法除去。氫氣中的氯氣與硫化鈉反應，生成可溶於水的氯化鈉從氫氣中除去。硫化鈉與部分氧反應，降低了後續除氧的負擔。剩餘的氧氣和氫氣在鈀催化劑作用下生成水。氫氣中的氮氣被分子篩吸附，並在吸附劑再生過程中被再生氣帶走而除去。中國氯鹼廠大多採用 PSA 技術提氫，主要的反應如下。

$$Na_2S + Cl_2 \Longrightarrow 2NaCl + S\downarrow \qquad (2-23)$$

$$2Na_2S + O_2 + 2H_2O \Longrightarrow 4NaOH + 2S\downarrow \qquad (2-24)$$

$$O_2 + 2H_2 \Longrightarrow 2H_2O + Q \qquad (2-25)$$

氯鹼副產氫氣大多已經進行配套綜合利用，如生產氯乙烯、雙氧水、鹽酸等化學品，部分企業還配套了苯胺。另外，氯鹼副產氫氣不僅可作鍋爐燃料供本企業使用，還可以銷售給周邊企業採用焰熔法生產人造紅寶石、藍寶石，或者充裝後就近外售。環保管理不嚴格的地方，還有部分氯鹼副產氫氣會直接排空。2020 年中國燒鹼產量為 3643.3 萬 t，按 1t 燒鹼副產氫氣 24.8kg 計算，該行業副產氫 90 萬 t，扣除 60% 生產聚氯乙烯和鹽酸等消耗的氫氣，可對外供氫 36 萬 t/a。

2.6.2 焦爐煤氣副產氫氣

將煤隔絕空氣加熱到 950~1050℃，經歷乾燥、熱解、熔融、黏結、固化、收縮等過程最終製得焦炭，這一過程稱為高溫煉焦。煉焦除了可以得到焦炭外，還可以得到氣體產品粗煤氣（又稱荒煤氣，Raw Coke Oven Gas，RCOG）。

從焦爐炭化室排出的 RCOG（700~900℃），因含有焦油等雜質不能被直接使用。焦油含量為 80~120g/m³，占總煤氣質量的 30% 左右。焦油在 500℃ 以下容易聚合、結焦、堵塞管道、腐蝕設備、嚴重汙染環境。為確保生產安全、符合清潔生產標準以及提高 RCOG 的質量，在使用或進一步加工之前需要對 RCOG 進行淨化提質處理。荒煤氣經過電捕焦油器去除焦油、溼法脫硫、酸洗脫氨、洗油脫苯後成為淨焦爐煤氣（Coke Oven Gas，COG），其流程見圖 2-15，組成見表 2-3。

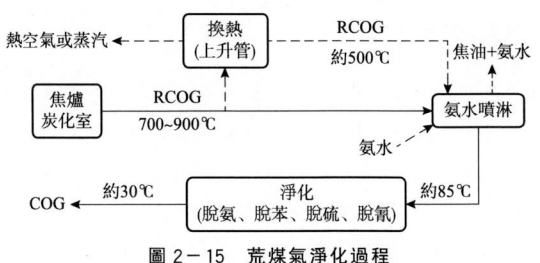

圖 2-15 荒煤氣淨化過程

表 2-3 淨化後的焦爐煤氣組成

物料名稱	H_2	CH_4	CO	N_2	CO_2	C_nH_m	O_2
體積分數/%	54~59	24~28	5.5~7	3~5	1~3	2~3	0.3~0.7

焦爐煤氣中的氫氣比例因熄焦方法不同而差異巨大。

溼法熄焦是採用向高溫焦炭噴淋水的方式給焦炭降溫。高溫焦炭與水發生水煤氣反應，釋放大量 H_2。溼法焦爐煤氣組成為 H_2(55%～60%)和 CH_4(23%～27%)，還含有少量的 CO(5%～8%)、N_2(3%～5%)、C_2 以上不飽和烴(2%～4%)、CO_2(1.5%～3%)和 O_2(0.3%～0.8%)，以及微量苯、焦油、萘、H_2S 和有機硫等雜質。

乾法熄焦是循環輸入氮氣給高溫焦炭降溫。由於沒有大量的水與高溫焦炭發生水煤氣反應，因此乾法熄焦方式產生的焦爐煤氣中氫氣比例較低。乾法焦爐煤氣中氮氣比例最高，一般不低於 66%，其次是 CO_2 8%～12%、CO 6%～8%、H_2 2%～4%。

2020 年中國生產焦炭產量 4.71 億 t。按 1t 焦炭副產含氫 55%(體積分數，下同)的焦爐煤氣 427m^3 計算，全行業理論副產高純氫 980 萬 t/a。焦爐煤氣可以直接淨化、分離、提純得到氫氣。也可以將焦爐氣中的 CH_4 進行轉化、變換再進行提氫，叮以最大量地獲得氫氣產品。

由於近年來環保要求日益嚴格，目前大部分焦炭裝置副產的焦爐氣下游都配套了綜合利用裝置，如將焦爐氣深加工製成合成氨、天然氣等。但由於氫氣儲運困難，其下游市場偏限性較大，目前焦爐氣製氫在其下游應用中所佔比例較小。

焦爐氣直接提取氫氣投資低，比使用天然氣或者煤炭等方式製氫在成本上更具優勢，是大規模、高效、低成本生產廉價氫氣的有效途徑。焦化產能廣泛分布在山西、河北、內蒙古、陝西等省份，可以實現近距離點對點氫氣供應。

採用焦爐氣轉化其中甲烷製氫的方式雖然增加了焦爐氣淨化過程，增加了能耗、碳排放和成本，但氫氣產量大幅提升。且焦爐氣的成本遠低於天然氣價格，相較於天然氣製氫仍具有巨大成本優勢。未來隨著氫能產業迅速發展，氫氣儲存和運輸環節成本下降，焦爐氣製氫將具有更好的發展前景。

大規模的焦爐氣製氫通常將深冷分離法和 PSA 法結合使用，先用深冷法分離出 LNG，再經過變壓吸附提取 H_2。通過 PSA 裝置回收的氫含有微量的 O_2，經過脫氧、脫水處理後可得到 99.999% 的高純 H_2。

2.6.3 石化企業副產氫氣

煉油廠加氫裝置副產含有氫氣、甲烷、乙烷、丙烷、丁烷等的煉廠乾氣，煉廠乾氣的產量占整個裝置加工量的 5% 左右。以往很多企業將煉廠乾氣排入瓦斯管網作為燃料，實際上同樣沒有利用煉廠乾氣的最大價值。氫氣作為煉廠重要的原料，用量占原油加工量的 0.8%～1.4%。煉油廠生產裝置中，連續重整裝置副產的氫氣是理想氫源。隨著加工原油的日益劣質化，重整氫氣產量只能提供占原油加工量需要的 0.5%。因此，連續重整裝置副產的氫氣遠不能滿足煉油廠日益增加的氫氣需要。多數煉油廠只能通過新建天然氣或煤製氫來彌補氫氣的不足。面對質量越來越差的原油和越來越高的產品質量要求，以及越來越嚴格的環保要求等多重壓力，煉廠應當優先考慮充分利用本廠的氫氣流股和優質輕烴原料生產氫氣。

煉廠含氫氣體主要有重整 PSA 解吸氣(氫純度 25%～40%)、催化乾氣制乙烯裝置甲

烷氫(氫純度 30%～45%)和焦化乾氣制乙烷裝置甲烷氫(氫純度 25%～40%)、加氫裝置乾氣(氫純度 60%～80%)和加氫裝置低分氣(氫純度 70%～80%)、氣櫃火炬回收氣(氫純度 45%～70%)等。回收煉廠含氫氣體通常採用的技術有 PSA、膜分離和深冷分離等。

中國齊魯石化公司建成了膜分離－輕烴回收－PSA 組合工藝回收含氫流股的氫氣。該組合工藝技術有以下優點：

(1)將煉廠乾氣中 C_1～C_5「吃乾榨盡」，解決煉廠「乾氣不乾」的問題。甲烷氫經過膜分離氫氣提濃後，膜尾氣作為製氫裝置原料。C_2 通過焦化乾氣回收乙烷裝置進行回收，是乙烯裝置的優質裂解原料。C_3、C_4 在輕烴回收裝置中進行回收，液化氣外送或者作為優質裂解原料；C_5 組分通過輕烴回收裝置碳五分離塔進行正異構 C_5 分離，正構 C_5 及以上組分外送至罐區儲存。異構 C_5 作為優質汽油調和組分，直接調和汽油。

(2)組合工藝將煉廠乾氣中氫氣回收達到極致。①兩次氫氣提濃。加氫乾氣回收 C_3 以後，氫氣第一次提濃；重整 PSA 解析氣回收 C_2 後，在膜分離裝置進行第二次提濃。②兩次氫氣提純。加氫乾氣回收 C_3^+ 後，進入重整 PSA 進行第一次提純。膜尾氣中少量氫氣(體積分數 15%)進入製氫裝置 PSA 進行第二次提純。經歷 2 次提濃和 2 次提純後，煉廠乾氣中氫氣基本上被回收。只有製氫裝置 PSA 解析氣作為燃料燒掉為轉化爐提供熱量。

該組合工藝投產後，緩解了廠內氫氣不足的矛盾，也減少了製氫裝置因原料不足導致的跑龍套造成的能耗損失。

中國工業副產氫種類多資源量大，在氫能產業發展起步階段可以起到助推作用，但氫能行業的長期發展無法完全依賴副產氫。原因是：一方面，副產氫資源分布不均，如副產氫最豐富的焦炭行業與中國煤炭產地高度重合，基本分布在西北地區，而用氫大戶則分布在沿海經濟發達地區，因此副產氫無法覆蓋用氫大戶；另一方面，隨著環保和節能要求的提高，以及企業精細化管理水準的提高，絕大多數副產氫都配套了回收裝置，大部分已經內部消化。如焦化企業利用焦爐煤氣生產合成氨、甲醇、LNG 或用於煤焦油加氫。氯鹼行業使用副產氫氣生產聚氯乙烯或鹽酸等。所以，實際可外供的副產氫並沒有預計的那麼多。因此，副產氫只能作為氫能發展的臨時性的局部性的補充，無法全面支撐未來氫能產業的發展。

2.7 其他製氫方法

本書中提及的製氫方法指生產規模和應用業績較小的製氫方法，或者技術尚不成熟，難以歸類到前面的類別中，但未來有望成為主流技術的製氫方法。

2.7.1 氨分解製氫

氫氣是一種優質的保護氣體，在冶金、半導體及其他需要保護氣體的工業和科學研究中被廣泛應用。氫氣是軋鋼生產特別是冷軋企業常用的保護氣體。氨分解製氫投資少，效率高，是主要的分散式小規模製氫生產工藝之一。

氫氣還原法是批量生產鉬粉的主要方法。還原過程需要大量使用高純度氫氣做還原

剂。氫氣作為保護氣體也大量使用在鉬坯料的燒結、鉬材料的熱加工和熱處理過程中。氨分解後變壓吸附製氫原料採購運輸較容易、投資成本低、氫氣純度高，在很多中小企業得到廣泛應用。

浮法玻璃生產中使用錫槽，熔化了的錫液若接觸到空氣中的氧氣極易氧化為氧化錫和氧化亞錫，若存在硫則還會生成硫化錫和硫化亞錫。這些錫的化合物，黏附在玻璃表面，既增加了錫耗，又汙染了玻璃。所以錫槽需要密封，並通入高純度氮氣和氫氣的混合氣體，保護錫液不被氧化。氫氣是還原性氣體，可以迅速將錫的氧化物還原。氫氣用量視浮法玻璃的生產規模和錫槽的大小而定，一般在 60~140Nm³/h。純度上則要求氧含量≤3×10⁻⁶，露點≤-60℃。水電解或氨分解 2 種方法製氫在浮法玻璃上都有應用。由於氨分解製氫工藝比較經濟、安全，所以被許多浮法玻璃企業採用。

氨分解製氫是以液氨為原料，在 800~900℃下，以鎳作催化劑分解氨得到氫氣和氮氣的混合氣體，其中氫氣占 75%、氮氣占 25%。化學反應式為：

$$2NH_3 \Longrightarrow 3H_2+N_2-Q \qquad (2-26)$$

氨分解為吸熱反應，高反應溫度利於氨完全分解。鎳基催化劑分解反應溫度約 800℃，反應產物經過分子篩吸附淨化，可得到氫、氮混合氣，其中殘氨殘餘含量可降至 5mg/kg。

氨分解-變壓吸附製氫工藝已經大量應用於鎢鉬冶金行業，變壓吸附過程要排掉 10%~25%的氫氣。乾燥塔再生工藝過程也要消耗 8%左右的純氫氣。此外，占總氣量 25%的氮氣被排空而未得到利用。

2.7.2 生物質熱化學製氫

地球上陸地和海洋中的生物通過光合作用每年所產生的生物質中包含約 $3×10^{21}$ J 的能量，是目前全世界每年消耗的能量的 10 倍。只要生物質使用量小於它的再生速度，這種資源的應用就不會增加空氣中 CO_2 含量。中國農村可供利用的農作物秸稈達到 5 億~6 億 t，其能量相當於 2 億 t 標準煤（熱值為 7000kcal/kg 的煤炭）。林產加工廢料約 3000 萬 t，此外還有 1000 萬 t 左右的甘蔗渣。這些生物質資源中 16%~38%作為垃圾處理掉。其餘部分的利用也多處於低級水準，如隨意焚燒造成環境汙染、直接燃燒熱效率僅 10%。若能利用生物質製氫將是解決人類面臨的能源問題的一條很好的途徑。

生物質熱解製氫技術大致分為 2 步：

第一步，通過生物質熱解得到氣、液、固 3 種產物。

生物質+熱能＝生物油+生物炭+氣體

第二步，將氣體和液體產物經過蒸汽重整及水氣變換反應轉化為氫氣。

生物質熱解是指將生物質燃料在 0.1~0.5MPa 隔絕空氣的情況下加熱到 600~800K，將生物質轉化為液體油、固體及氣體（H_2、CO、CO_2、CH_4）。其中，生物質熱裂解產生的液體油是蒸汽重整過程的主要原料。通常，生物油可以分為快速熱裂解產生的生物油和通過常規熱裂解及氧化工藝產生的生物油。快速熱裂解可提供高產量高質量的液體產物。為達到最大化液體產量目的，快速熱裂解一般需要遵循 3 個基本原則：高升溫速率、約為

500℃的中等反應溫度、短氣相停留時間。同時，催化劑的使用能加快生物質熱解速率，降低焦炭產量，提高產物質量。催化劑通常選用鎳基催化劑、$NaCO_3$、$CaCO_3$、沸石，以及一些金屬氧化物如 SiO_2、Al_2O_3 等。

生物質快速熱解技術已經接近商業應用要求，但生物油的蒸汽重整技術還處於實驗室研究階段。生物油蒸汽重整是在催化劑的作用下，生物油與水蒸氣反應得到小分子氣體從而製取更多的氫氣。

生物油蒸汽重整：生物油 $+ H_2O \Longrightarrow CO + H_2$

CH_4 和其他的一些烴類蒸汽重整：$CH_4 + H_2O \Longrightarrow CO + 3H_2$ （2－27）

水氣變換反應：$CO + H_2O \Longrightarrow CO_2 + H_2$ （2－28）

生物質氣化製氫技術是將生物質加熱到 1000K 以上，得到氣體、液體和固體產物。與生物質熱解相比，生物質氣化是在有氧環境下進行的，而得到的產物也是以氣體產物為主，然後通過蒸汽重整及水氣變換反應最終得到氫氣。

生物質＋熱能＋蒸汽（或空氣、氧氣）$\Longrightarrow CO + H_2 + CO_2 + CH_4 +$ 烴類＋生物炭

生物質氣化過程中的氧化劑包括空氣、氧氣、水蒸氣及空氣水蒸氣的混合氣。大量實驗證明，在氧化介質中添加適量的水蒸氣可以提高氫氣產量，氣化過程中生物質燃料的濕度應低於 35％。

生物質氣化製氫具有氣化質量好、產氫率高等優點。海內外許多學者對氣化製氫技術進行了研究和改進。在蒸汽重整過程中，三金屬催化劑 La－Ni－Fe 比較有效，氣化得到的氫氣含量達到 60％（體積分數）。

利用生物質製氫具有很好的環保效應和廣闊的發展前景。在眾多的製氫技術中，熱化學法是實現規模化生產的重點，生物質熱解製氫技術和生物質氣化製氫技術都已經日漸成熟，並且具有很好的經濟性。同時，熱化學製氫技術仍然需要完善，熱解法的產氣率還有待提高，生物質氣化氣的質量也需改善。

2.7.3 微生物製氫

能夠產氫的微生物主要有 2 類：光合生物和發酵細菌。在這些微生物體內存在特殊的氫代謝系統，其中固氮酶和氫酶發揮著重要作用。

固氮酶是一種多功能的氧化還原酶，主要成分是鉬鐵蛋白和鐵蛋白，存在於能夠發生固氮作用的原核生物（如固氮菌、光合細菌和藻類等）中，能夠把空氣中的 N_2 轉化生成 NH_4^+ 或胺基酸，同時產生 H_2。O_2 對固氮酶活性有抑制作用。當 O_2 濃度＞0.25％時，固氮酶的活性急遽降低。當 O_2 濃度達到 20％時，則完全去活化。

另一種能夠催化氫代謝的酶是氫酶。氫酶是一種多酶複合物，存在於原核和真核生物中。其主要成分是鐵硫蛋白，分為放氫酶和吸氫酶 2 種，分別為催化反應 $2H^+ + 2e^- \Longrightarrow H_2$ 的正反應和逆反應。有的微生物中同時含有這 2 種氫酶，如某些光合細菌；而有的微生物中則只含吸氫酶，如某些好氧固氮菌。

在原核生物中，菌體產 H_2 主要由固氮酶催化進行，氫酶主要發揮吸氫酶的作用。利用氫酶缺陷型菌株進行發酵產氫，缺失氫酶後產生的 H_2 不再被分解。在真核生物（如藻

類)中 H_2 代謝主要由氫酶起催化作用。同樣，O_2 對氫酶的活性也有抑制作用。

能夠產氫的光合生物包括光合細菌和藻類。目前研究較多的產氫光合細菌主要有深紅紅螺菌、紅假單胞菌、液胞外硫紅螺菌、類球紅細菌、夾膜紅假單胞菌等。光合細菌屬於原核生物，催化光合細菌產氫的酶主要是固氮酶。

許多藻類(如綠藻、紅藻、褐藻等)能進行氫代謝。研究較多的主要是綠藻。這些藻類屬真核生物，含光合系統 PS I 和 PS II，不含固氮酶。H_2 代謝全部由氫酶調節。

生物光水解產氫牽涉太陽能轉化系統的利用，其原料水和太陽能來源十分豐富且價格低廉，是一種理想的製氫方法。但是，水分解產生的 O_2 會抑制氫酶的活性，並促進吸氫反應，這是生物光解水製氫中必須解決的問題。利用光合細菌和藻類相互協同作用發酵產氫可以簡化對生物質的熱處理過程，降低成本，增加氫氣產量。

另一種能夠進行光合產氫的微生物是藍藻。藍藻又稱藍細菌，與高等植物一樣含有光合系統 PS I 和 PS II。但其細胞特徵是原核型，屬於原核植物。藍藻中含有氫酶，能夠催化生物光解水產氫。另外，有些藍藻也能進行由固氮酶催化的放氫。

能夠發酵有機物產氫的細菌包括專性厭氧菌和兼性厭氧菌，如腸埃希氏桿菌、丁酸梭狀芽孢桿菌、褐球固氮菌、大產氣腸桿菌、白色瘤胃球菌、根瘤菌等。與光合細菌一樣，發酵型細菌也能利用多種底物在固氮酶或氫酶的作用下將底物分解製取氫氣。這些底物包括甲酸、乳酸、丙酮酸及葡萄糖、各種短鏈脂肪酸、纖維素二糖、澱粉、硫化物等。一般認為發酵細菌的發酵類型是丁酸型和丙酸型，如葡萄糖經丙酮丁醇梭菌和丁酸梭菌進行的丁酸—丙酮發酵，可伴隨生成 H_2。

產甲烷菌也可用來製氫。這類細菌在利用有機物產甲烷的過程中，首先生成中間物 H_2、CO_2 和乙酸，最終被產甲烷菌利用生成甲烷。有些產甲烷菌可利用這一反應的逆反應在氫酶的催化下生成 H_2。

降低生物製氫成本的有效方法是應用廉價的原料。常用的有富含有機物的有機廢水、城市垃圾等。利用生物質製氫同樣能夠大大降低生產成本，而且能夠改善自然界的物質循環，很好地保護生態環境。基因工程的發展和應用為生物製氫技術開闢了新途徑。通過對產氫菌進行基因改造，提高其耐氧能力和底物轉化率，可以提高產氫效率。就產氫的原料而言，從長遠來看，利用生物質製氫將會是製氫工業最有前途的發展方向。

2.7.4 生物質衍生物製氫

中國在生物乙醇、生物柴油、生物發電、生物氣化等生物質應用領域取得了顯著進展，合理利用這些領域所產生的大量醇類、酚類、酸類等生物質衍生物作為原料製取 H_2 具有非常好的應用前景。相較於化石能源製氫，生物質衍生物重整製氫具有綠色清潔、變廢為寶及易擷取、可再生等優勢。

生物醇類衍生物能通過生物質的熱化學和生物轉化等方式大量擷取，由於來源廣泛且含氫量高，能源損耗相對較低，又能實現可持續供應，是重整製氫的理想原料之一。目前，醇類重整製氫仍面臨著諸多挑戰，如副產物 CO 和 CO_2 選擇性較高，這些碳氧化物會消耗 H_2 發生甲烷化副反應，導致 H_2 濃度和產量降低。因此，如何提高 H_2 選擇性是重整

製氫中最關鍵的問題，例如通過選擇合適的催化劑、添加助劑改性催化劑、開發新型載體、改進重整製氫工藝。甲醇重整製氫在前面已有介紹，此處不再贅述。

(1) 乙醇重整製氫

乙醇中的氫含量高，便於儲存和運輸，毒性低，能通過可再生的生物質進行生物發酵擷取。雖然乙醇在轉化和製氫的過程中會釋放出 CO_2，但是生物質原料在生態循環再生過程中形成了碳循環，無淨 CO_2 排放。生物乙醇無須蒸餾濃縮可直接重整製氫，但是反應需要用到貴金屬作催化劑，成本較高。為此，當前大量的研究開始嘗試使用非貴金屬催化劑。Ni 具有較好的水蒸氣重整製氫催化能力，在非酸性載體負載的 Ni 基催化劑上，乙醇先脫氫生成乙醛，乙醛繼續分解或通過水蒸氣重整生成甲烷，甲烷再發生水蒸氣重整及水氣變換反應，最終獲得所需產物氫氣，主要反應如下。

乙醇脫氫：$C_2H_5OH \rightleftharpoons CH_3CHO + H_2$ (2-29)

乙醛分解：$CH_3CHO \rightleftharpoons CH_4 + CO$ (2-30)

乙醛水蒸氣重整：$CH_3CHO + H_2O \rightleftharpoons H_2 + CO_2 + CH_4$ (2-31)

甲烷水蒸氣重整：$CH_4 + 2H_2O \rightleftharpoons CO_2 + 4H_2$ (2-32)

水氣變換：$CO + H_2O \rightleftharpoons CO_2 + H_2$ (2-33)

通過多金屬的協同作用也能提高 Ni 基催化劑的綜合催化效果。如 Ni-Co 雙金屬催化劑比單一金屬負載型催化劑具有更好的催化性能，利用鎳金屬的高活性與鈷金屬的高選擇性。

(2) 乙二醇重整製氫

乙二醇是木質素類生物質水解的主要衍生物之一，分子量較低，性質活潑，是結構最簡單的多元醇。乙二醇重整製氫多採用水相重整法。該工藝反應溫度和能耗低，無須氣化，簡化操作程序，涉及的主要反應如下：

乙二醇水相重整：$C_2H_6O_2 + 2H_2O \rightleftharpoons 2CO_2 + 5H_2$ (2-34)

乙二醇 C-C 鍵斷裂：$C_2H_6O_2 \rightleftharpoons 2CO + 3H_2$ (2-35)

水氣變換：$CO + H_2O \rightleftharpoons CO_2 + H_2$ (2-36)

C-C 斷鍵和水氣變換為二元醇水相重整製氫的重要步驟。該反應發生在較低溫度的液相環境中。與蒸汽重整反應比較，低溫可促進水氣變換反應，使 CO 含量極低。而且低溫下副反應少，避免了催化劑高溫燒結等問題。缺點是該方法製氫產率不高。若能有效提高乙二醇水相重整製氫率，實現乙二醇低溫下高效製氫，就能在實際應用中降低製氫風險，且該方法對環境汙染小，值得深入研究。

(3) 丙三醇

近年來，隨著生物質轉化生物柴油研究的深入，以廢棄油脂類生物質為原料製備生物柴油時會產生大量的粗甘油副產物，為提高生物質轉化生物柴油的綜合經濟價值，最有效的方法是將生物柴油附帶產品粗甘油進行回收提純，擷取丙三醇純甘油，再將其進一步轉變為其他增值產品，如氫氣。因此，甘油水蒸氣重整(Glycerol Steam Reforming, GSR)製氫也開始受到人們的重視；涉及的主要反應如下。

甘油水蒸氣重整：$C_3H_8O_3 + 3H_2O \rightleftharpoons 7H_2 + 3CO_2$ (2-37)

甘油分解：$C_3H_8O_3 \Longrightarrow 4H_2+3CO$ (2—38)

CO 的甲烷化：$CO+3H_2 \longrightarrow CH_4+H_2O$ (2—39)

CO_2 的甲烷化：$CO_2+4H_2 \longrightarrow CH_4+2H_2O$ (2—40)

水氣變換：$CO+H_2O \longrightarrow CO_2+H_2$ (2—41)

Ni 是 GSR 應用最多的催化劑，但是 Ni 容易因高溫燒結導致催化性能不穩定。為此，研究人員在石墨烯內部嵌入 Ni 催化劑，並附著在 SiO_2 骨架上，發現這種多層石墨烯結構可防止內部 Ni 的氧化、燒結和酸腐蝕。

傳統的甘油水蒸氣重整製氫過程中空氣會與甘油直接接觸，極易生成積炭造成催化劑去活化。研究者在 $NiAl_2O_4$ 尖晶石結構中嵌入 Ni 催化劑，以 $\gamma-Al_2O_3$ 為載體，研究發現該催化劑中的鎳金屬顆粒高度分散，能減少催化劑表面積炭，Ni 表面絲狀炭的聚集速率和積炭量明顯下降，鋁酸鹽相和氧化鋁之間有很強的相互作用，能進一步提高催化劑的熱穩定性。

(4) 苯酚類

生物質衍生物苯酚作為生物質熱裂解過程中所產生的生物油和焦油的模型化合物之一，同時也是木質素的典型模型化合物。木質素是生物質的重要分類，主要來源於造紙廢液及生物質發酵廢渣，儲量大且可再生。木質素相對分子質量大、結構複雜，很難用一個通式完整地表示木質素結構，使得直接用木質素來研究熱裂解較為困難，通常採用模型化合物苯酚進行研究。苯酚重整製氫最常見的方法是水蒸氣重整，涉及的主要反應如下：

苯酚水蒸氣重整：$C_6H_5OH+5H_2O \Longrightarrow 6CO+8H_2$ (2—42)

CO 的甲烷化：$CO+3H_2 \Longrightarrow CH_4+H_2O$ (2—43)

CO_2 的甲烷化：$CO_2+4H_2 \longrightarrow CH_4+2H_2O$ (2—44)

水氣變換：$CO+H_2O \longrightarrow CO_2+H_2$ (2—45)

苯酚水蒸氣重整製氫存在製氫率和原料轉化率不高的問題，副產物 CO 和 CO_2 容易甲烷化消耗 H_2。為此，研究嘗試應用新型催化劑載體，如鈣鋁石 $Ca_{12}Al_{14}O_{33}(C_{12}A_7)$ 載體、TiO_2 奈米棒(NRs)、MCM—41 分子篩等都有不錯的效果。苯酚水蒸氣重整製氫不僅是一種很有應用前景的製氫技術，還能模擬分解去除在生物質熱解過程中所產生的焦油。

(5) 酸類

乙酸重整製氫是生物質酸類衍生物重整製氫研究較多的。乙酸是生物質熱解油的主要成分，常常作為生物質熱裂解油的模型化合物被研究。研究較多的乙酸重整製氫方式有水蒸氣重整和自熱重整，但是反應過程中極易出現乙酸丙酮化、乙酸脫水等副反應，導致在催化劑表面形成積炭。主要反應如下：

乙酸重整通式：$CH_3COOH+xO_2+yH_2O \Longrightarrow aCO+bCO_2+cH_2+dH_2O$ (2—46)

當 $x=0$、$y=2$ 時，為水蒸氣重整：$CH_3COOH+2H_2O \Longrightarrow 2CO_2+4H_2$ (2—47)

當 $x=1$、$y=0$ 時，為部分氧化重整：$CH_3COOH+O_2 \Longrightarrow 2CO_2+2H_2$ (2—48)

當 $x=0.28$、$y=1.4$ 時，為自熱重整：$CH_3COOH+0.28O_2+1.4H_2O \Longrightarrow 2CO_2+3.4H_2$ (2—49)

乙酸丙酮化聚合積炭：$CH_3COOH \Longrightarrow CH_3COCH_3 \longrightarrow polymers \to coke$ (2—50)

乙酸脫水聚合積炭：$CH_3COOH \Longrightarrow CH_2CO \longrightarrow C_2H_4 \rightarrow polymers \rightarrow coke$ （2—51）

　　為改善乙酸重整催化劑的抗積炭能力，選擇合適的助劑十分重要。合適的助劑可以調節催化劑的酸鹼性，增強金屬與載體間的相互作用。研究人員發現 Mg 可使催化劑減少 17.2%的強鹼性位點、提高 5%的弱鹼性位點，在一定程度上抑制了乙酸丙酮化積炭反應，降低了催化劑表面的積炭量。通過控制 O_2 加入量，調控氧水比，使乙酸部分氧化重整和水蒸氣重整同時發生，放熱的部分氧化重整為吸熱的蒸汽重整提供熱量時，實現了乙酸的自熱重整。這種方法在提高能量效率和產氫量方面具有巨大的應用潛力，但一樣會遇到催化劑氧化、結焦和活性組分燒結等問題。

習題

1. 試概述煤氣化技術的地位和作用。
2. 簡述固定床、流化床和氣流床煤氣化的優點和缺點。
3. 歸納總結描述 3 種典型中國煤氣化技術(自選)的特點及適用場景。
4. 試歸納總結天然氣蒸汽重整和部分氧化製氫的工藝條件及工藝特徵。
5. 試概述太陽能製氫的關鍵技術。
6. 試概述微生物製氫的關鍵技術。
7. 某煉廠由於加工進口劣質原油比例增大，導致氫氣難以滿足需要。請你根據所學知識，提供合理建議，解決該煉廠氫氣短缺的問題。

第 3 章　氫能的儲存與應用

氫的儲存是銜接製氫、輸氫和用氫的關鍵環節。氫的儲存技術發展的主要驅動力和方向是提高體積和(或)質量儲氫密度、縮短充放氫時間、確保充放及儲存過程安全。儲氫設備是實現氫氣充裝、儲存和轉運的關鍵硬體。根據氫在儲存設備中存在狀態的不同，可將儲氫技術分為高壓氣態儲氫、低溫液態儲氫、固態儲氫和有機液體儲氫 4 大類，分別以壓縮、液化、物理或化學結合的方式來儲存氫氣。本章從儲氫原理、儲氫設備、儲氫應用 3 個方面，分別對 4 大類儲氫技術進行扼要闡述。

3.1　氫的高壓氣態儲存

3.1.1　高壓氣態儲氫原理

H_2 在高溫低壓時可看作理想氣體，滿足式(3-1)所示的理想氣體狀態方程式，通過該式計算不同溫度和壓力下氣體的量。

$$pV = nRT \qquad (3-1)$$

理想狀態時，H_2 的體積密度與壓力成正比，然而，由於實際分子是有體積的，且分子間存在相互作用力，隨著溫度降低和壓力升高，氫氣逐漸偏離理想氣體的性質，式(3-1)修正為：

$$p = \frac{nRT}{V-nb} - \frac{an^2}{V^2} \qquad (3-2)$$

式中　a——偶極相互作用力或稱斥力常數；

　　　b——氫氣分子所占體積。

真實 H_2 的體積密度和壓力的變化曲線見圖 3-1。真實氣體與理想氣體的偏差在熱力學上可用壓縮因子 Z 表示，定義為：

$$Z = \frac{pV}{nRT} \qquad (3-3)$$

壓縮因子 Z 是理想氣體狀態方程式用於實際氣體時必須考慮的一個校正因子，是同樣條件下真實氣體莫耳體積與理想氣體莫耳體積的比值，量綱為一，用以表示實際氣體受到壓縮後與理想氣體受到同樣的壓力壓縮後在體積上的偏差，反映真實氣體壓縮的難易程度。理想氣體的 Z 值在任何條件下恆為 1。若真實氣體的 $Z<1$，說明真實氣體的莫耳體積比同樣條件下理想氣體的小，真實氣體比理想氣體更易壓縮。若真實氣體的 $Z>1$，則表明真實氣體比理想氣體難壓縮。H_2 的壓縮因子隨著壓力的增大而增大，意味著隨著 H_2

壓力的提高，實現其進一步壓縮的難度將不斷增大，即通過不斷提高 H_2 壓力來提高儲氫密度的技術路線，在一定壓力範圍內是有效的，當壓力已經足夠高（如 70MPa）時，這種方法的效果將變得非常有限。綜合考慮壓縮能耗、儲罐安全、充裝設備投資等因素，高壓儲氫的理想壓力為 35～70MPa。工程上，H_2 壓縮需用到活塞壓縮機、隔膜壓縮機、離子液壓縮機等氣體增壓設備。

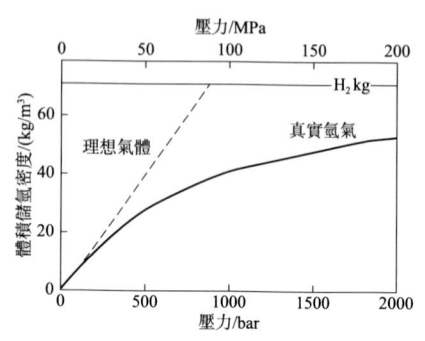

圖 3-1 壓縮氫氣的壓力與體積儲氫密度

3.1.2 高壓氣態儲氫設備

高壓氣態儲氫容器按其水容積大小和是否在使用期間變換位置可分為固定式儲氫罐和移動式儲氫瓶 2 大類，而從設計、製造、檢驗的角度，則可綜合結構特徵、材質和主要製造方法，對固定式儲氫罐和移動式儲氫瓶進行進一步劃分。

高壓氣態儲氫容器的主體部分呈圓柱形，結構上有單層和多層之分。鋼製單層高壓氣態儲氫容器即Ⅰ型容器，最早出現，技術成熟，現階段仍廣泛使用。多層高壓氣態儲氫容器根據各層材質、設計理論、製造工藝、檢驗手段等的不同，又可分為鋼製內膽鋼帶錯繞的全多層金屬儲氫壓力容器、鋼製內膽纖維環向纏繞筒體的Ⅱ型複合材料容器、鋁內膽纖維全纏繞Ⅲ型複合材料容器和塑膠內膽纖維全纏繞Ⅳ型複合材料容器 4 類。其中全多層金屬儲氫壓力容器主要用作大型固定式氣態儲氫容器，其他 4 類容器（包括Ⅰ型、Ⅱ型、Ⅲ型和Ⅳ型容器）既有固定使用的，又有移動式使用的。下面分別進行介紹。

(1) 單層鋼製無縫儲氫容器

單層鋼製無縫儲氫容器包括單層鋼製無縫儲氫罐和單層鋼製無縫儲氫瓶，均為整體無焊縫結構。早期的儲氫容器與其他壓縮氣體用儲存容器無異，直徑在 150～200mm，容積通常為 40L，儲氫壓力為 15MPa。目前，這類容器的儲氫壓力已提高到 45MPa，能滿足 35MPa 車載儲氫容器快速充裝的需求。單層鋼製無縫儲氫容器由對氫氣有一定抗氫脆能力的金屬構成（如沃斯田鐵不鏽鋼），有 5 種典型結構，如圖 3-2 所示。

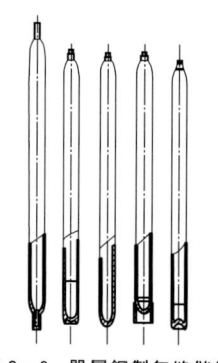

圖 3-2 單層鋼製無縫儲氫容器的 5 種典型結構

單層鋼製無縫儲氫容器為整體無焊縫結構，避免銲接引起的裂紋、氣孔、夾渣等缺陷，但存在以下不足：

1) 單臺設備容積小

常用 15MPa 氫氣瓶容積一般為 40L，長管拖車上單個 20MPa 儲氫瓶的容積不超過 3000L。70MPa 時容器直徑僅為 150～200mm，最大容積僅 300L 左右。為適應加氫站規模儲氫的需求，需多臺容器用鋼板或工字鋼製成的可拆卸的固定管架組合後並聯使用，多個氣瓶間連接管路的存在增加了氫氣洩漏點。

2）對氫脆敏感

單層鋼製無縫儲氫容器採用高強度無縫鋼管旋壓收口而成。提高材料強度，有利於提高容器承載能力或減薄壁厚、降低質量，但材料強度的提高，會導致材料對氫脆的敏感性增強，增加容器突然失效的風險。氫脆還隨著氫氣壓力的升高而加劇。這是當前制約單層鋼製無縫儲氫容器向高壓力、大型化發展的重要因素。

3）安全狀態監測困難

單層鋼製無縫儲氫容器的單層結構形式，決定了只能靠定期檢驗來確定容器的安全狀況，難以實現對容器安全狀態的即時線上監測，需加強日常巡查，警惕洩漏和爆炸風險。

近年來，單層鋼製無縫儲氫容器研究主要集中於金屬的無縫加工、金屬氣瓶失效機制等領域，尤其是採用不同測試方法評估金屬材料在氣態氫中的斷裂韌性特性。

(2) 全多層金屬儲氫壓力容器

為克服單層鋼製無縫儲氫容器的上述缺點，滿足加氫站規模儲氫和降壓平衡快速充氫的需求，中國科學研究人員設計出大容積全多層高壓儲氫容器，主要由鋼帶錯繞筒體、雙層等厚度半球形封頭、加強箍等結構組成，如圖3－3和圖3－4所示。

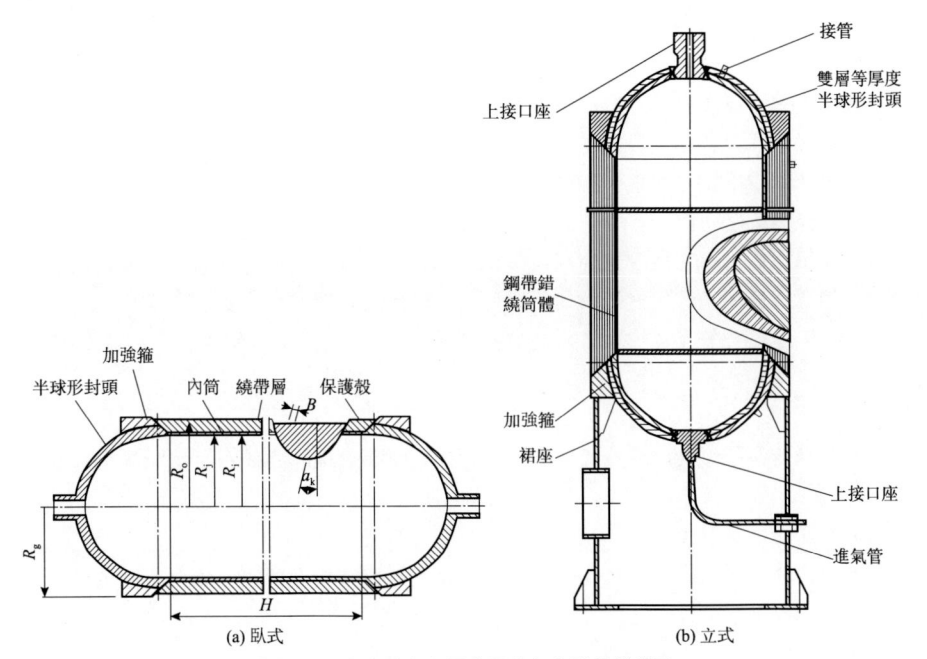

圖3-3 大容積全多層高壓儲氫容器結構簡圖

鋼帶錯繞筒體由內筒、鋼帶層和保護殼組成。內筒由沃斯田鐵不鏽鋼中厚、薄鋼板捲焊而成，厚度為筒體總厚度的1/8～1/6；為節省成本，允許內筒採用複層為沃斯田鐵不鏽鋼的複合鋼板。鋼帶層由多層多根寬40～160mm，厚度約8mm的扁平鋼帶，以相對於容器環向15°～30°的傾角逐層錯繞而成，鋼帶始末兩端採用通常的銲接方法與封頭和加強箍的加工斜面銲接在一起。外保護殼通常由3～6mm厚的薄鋼板包緊銲接在鋼帶層外面，既

可防止鋼帶層受雨水等外部介質侵蝕，又構成介質洩漏後的密閉包圍空間。

雙層等厚度半球形封頭，由厚度相等或相近的鋼板衝壓而成，封頭的總厚度由強度要求確定。內層封頭通常採用複層為沃斯田鐵不鏽鋼的複合鋼板。在工作壓力下，若內層封頭由於裂紋擴展等原因洩漏，外層封頭仍能承受工作壓力的作用，同時構成介質洩漏後的密閉空間。外層封頭端部外表面加工有與加強箍相配合的錐面和圓柱面。

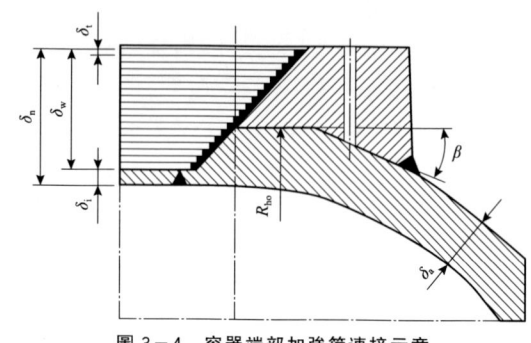

圖 3-4 容器端部加強箍連接示意

加強箍為整鍛件結構，也可採用厚鋼板卷焊成短筒節、再加工成與外層封頭相匹配的錐面和圓柱面。

總體而言，半球形封頭的總厚度僅有筒體總厚度的一半，大大降低了衝壓難度。加強箍結構實現了筒體和半球形封頭的不等厚連接。由雙層半球形封頭與鋼帶錯繞筒體構成的全多層結構，為實現氫氣洩漏線上監控提供了條件。

大容積全多層高壓儲氫容器的離散型結構，決定了它具有以下特點：

1) 適於製造高參數儲氫容器

容器由薄或中厚鋼板和扁平鋼帶組成，其長度和壁厚不受加工能力的限制。

2) 具有抑爆抗爆功能

內筒採用與氫氣相容性優良的沃斯田鐵不鏽鋼，不會因氫脆導致材料性能的劣化。採用低強度的薄鋼板和鋼帶，對裂紋的敏感性低，且鋼帶層間摩擦力具有止裂作用。這些特點決定了在工作壓力下大容積全多層高壓儲氫容器失效方式為「只漏不爆」，不會發生整體脆性破壞。

3) 缺陷分散

容器周身無深厚焊縫，銲接接頭和無損檢測質量易於保證，減小了初始缺陷存在的可能性。

4) 健康狀態可線上監測

容器的雙層封頭結構和帶有保護殼的鋼帶錯繞筒體結構為實現區域全覆蓋的氫氣洩漏遠端線上監測提供了條件。

5) 製造經濟簡便

內筒厚度僅為筒體總厚度的 $1/8 \sim 1/6$，加工質量易於保證。筒體主體由鋼帶傾角纏繞而成，僅在鋼帶兩端進行銲接，減少了銲接和無損檢測工作量，且避免了深厚環焊縫和整體熱處理。鋼帶成本低，且銲接質量可靠。容器製造過程中不需要大型和重型設備。與厚壁容器相比，大容積全多層高壓儲氫容器在原材料和加工製造成本及設備投入方面均具有顯著優勢。

(3) 金屬內膽環向纖維纏繞氣瓶

金屬內膽環向纖維纏繞氣瓶的結構如圖 3-5 所示。金屬內膽材質為優質鉻鉬鋼，內

膽外側使用纖維環向纏繞進行加固，封頭上無纖維纏繞層，工作壓力一般不超過 30MPa。環向纖維纏繞層可根據不同要求使用玻璃纖維、芳綸纖維或碳纖維。

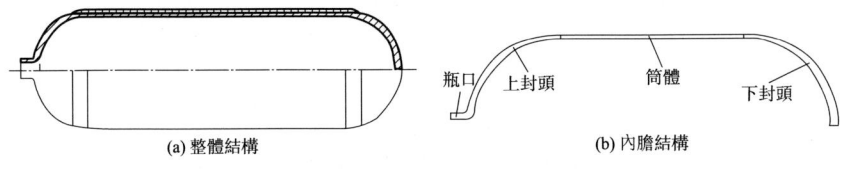

圖 3-5　金屬內膽環向纖維纏繞氣瓶結構示意
(a) 整體結構　(b) 內膽結構

用樹脂基複合材料通過纏繞工藝包裹金屬內膽的環向筒體部分，能利用圓筒型內壓容器的環向應力是軸向應力兩倍的特點，充分發揮金屬球形封頭的承壓能力。相對於單層鋼製無縫儲氫容器（Ⅰ型容器）的結構形式，在相同容積和壓力下，質量更輕，運輸效率有一定提高；還在一定程度上避免了隨著壓力升高Ⅰ型容器壁厚過大帶來的旋壓收口和熱處理困難等問題。

設計氣瓶內膽壁厚時要考慮氣瓶內膽水壓試驗壓力、內膽公稱直徑、設計應力係數和瓶體材料熱處理後的屈服應力保證值。對於環向纏繞氣瓶纖維層的設計，一般考慮在筒體上由纖維層和內膽共同承擔內壓產生的應力，根據網格理論得到纖維的計算厚度，根據纖維的計算厚度和單層纖維厚度，得到環向纏繞層數，將得到的環向纏繞層數圓整後，得到纖維層設計厚度，再根據纖維體積分數得到纏繞層厚度。

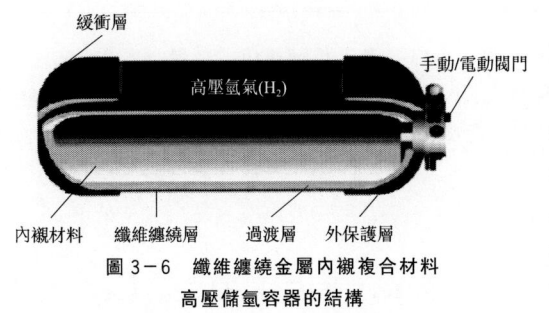

(4) 纖維纏繞金屬內襯複合材料高壓儲氫容器

纖維纏繞金屬內襯複合材料高壓儲氫容器是一類由金屬內襯及在金屬內襯外纏繞多種纖維層共同構成的複合材料儲氫容器（見圖 3-6），通常也稱為Ⅲ型儲氫容器。在Ⅲ型儲氫容器中，由纖維承受外載荷作用，內襯只起儲存氫氣的作用。纖維纏繞金屬內襯複合材料高壓儲氫容器的容積多在 28～320L，使用溫度在 -40～85℃。

圖 3-6　纖維纏繞金屬內襯複合材料高壓儲氫容器的結構

對內襯材料的基本要求是抗氫滲透能力強，且具備良好的抗疲勞性。一般金屬的密度較大，考慮成本、降低容器自重和防止氫氣滲透等原因，金屬內襯多採用鋁合金，典型牌號如 6061。鋁內襯的優勢有以下 5 個方面：

1) 一般鋁合金內襯採用旋壓成型，整體結構無縫隙，故可防止滲透。

2) 由於氣體不能通過鋁合金內襯，因此帶該類內襯的複合材料氣瓶可長期儲存氣體，無洩漏。

3) 在鋁合金內襯外採用複合材料纏繞層後，施加的纖維張力使內襯有很高的壓縮應力，因此大大提高了氣瓶的循環壽命。

4) 鋁合金內襯在很大的溫度範圍內都是穩定的。高壓氣體快速洩壓時溫降高達 35℃以

上，而鋁合金內襯可不受此溫度波動的影響。

5)對複合材料氣瓶而言，採用鋁合金內襯穩定性好，抗碰撞。一般來說，鋁合金內襯複合材料氣瓶比同類塑膠內襯的抗損傷能力強得多。

鋁內襯的不利因素主要有以下兩點：

1)複合材料用鋁內襯通常很貴，其價格取決於規格。

2)新規格內襯研究週期長。

高性能纖維是纖維複合材料纏繞氣瓶的主要增強體。通過對高性能纖維的含量、張力、纏繞軌跡等進行設計和控制，可充分發揮高性能纖維的性能，確保複合材料增強壓力容器性能均一、穩定、爆破壓力離散度小。玻璃纖維、碳化矽纖維、氧化鋁纖維、硼纖維、碳纖維、芳綸纖維等均被用於製造纖維複合材料纏繞氣瓶，其中碳纖維以其出色的性能逐漸成為主流纖維原料。環氧樹脂黏接性好、固化壓力低、固化後具有良好的力學、耐化學腐蝕和電絕緣性能，且固化收縮率低(僅1%～3%)，常被用作碳纖維的基體。表3-1列出了幾種常見的纖維力學性能。

表3-1　幾種常見的纖維力學性能

高性能纖維	彈性模量/GPa	抗拉強度/MPa	伸長率/%
玻璃纖維	70～90	3300～4800	5
芳綸纖維	40～200	3500	1～9
碳纖維	230～600	3500～6500	0.7～2.2

在高壓儲氫容器運輸、裝卸過程中震動、衝擊等現象難以避免，為保護容器的功能和形態，需做防震設計，製作一個防撞擊保護層，即圖3-6中的緩衝層。緩衝層分為全面緩衝保護層和部分緩衝保護層，圖3-6中選擇後者。緩衝層材料應滿足以下要求：①耐衝擊和震動性能好；②壓縮蠕變和永久變形小；③材料性能的溫度和濕度敏感性小；④不與容器的塗覆層、纖維等發生化學反應；⑤製造、加工及安裝作業容易，價格低廉；⑥密度小；⑦不易燃。

纖維纏繞金屬內襯複合材料高壓儲氫容器根據各部分材料的選擇、儲氫量和壓力要求、厚度設計方案等，最後得到的儲氫容器的儲氫密度是不同的。以常溫下70MPa的25L碳纖維增強鋁內襯高壓儲氫容器為例，其質量儲氫密度為5.0%。

(5)塑膠內膽纖維全纏繞複合材料容器

為進一步減輕高壓儲氫容器自重，提高系統儲氫密度，同時降低成本，將金屬內襯替換為塑膠內襯(內襯材料一般為高密度聚乙烯，HDPE)，其他結構和製造工藝與金屬內襯複合材料儲氫容器基本相同，發展出塑膠內膽纖維全纏繞複合材料容器，即第Ⅳ代全複合塑膠高壓儲氫容器。

HDPE密度為0.956g/cm³，長期靜強度為11.2MPa，延伸率高達700%，衝擊韌性和斷裂韌性較好，使用溫度範圍較寬；如添加密封膠等添加劑，進行氟化或磺化等表面處理，或用其他材料通過共擠作用的結合，還可提高氣密性。目前在國外，70MPa全複合塑膠儲氫容器的設計和製造技術已有商業化應用業績。圖3-7所示為一種具有3層結構

的 70MPa 高壓儲氫罐示意，其內層是密封氫氣的塑膠內襯，中層是確保耐壓強度的碳纖維強化樹脂層，表層是保護表面的玻璃纖維強化樹脂層，質量儲氫密度達到 5.7％，體積儲氫密度約 40.8kg/m³。車載 2 個這樣的儲罐，一次充氫行駛里程為 482km。

塑膠內襯的優勢如下：

1) 成本比金屬內襯低。

2) 高壓循環壽命長。塑膠內襯的複合材料氣瓶壓力從 0 到使用條件能工作 10 萬餘次。

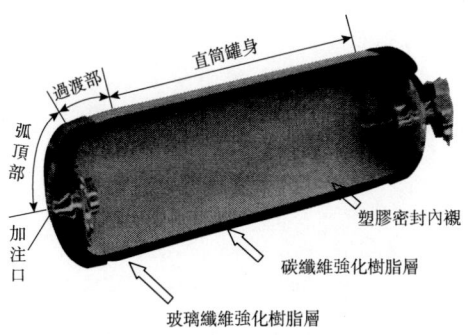

圖 3-7 一種具有三層結構的 70MPa 高壓儲氫罐示意

3) 防腐蝕。塑膠內襯比金屬內襯更耐腐蝕。

塑膠內襯的不利因素有以下幾點：

1) 易通過接頭發生氫氣洩漏。塑膠內襯與金屬接頭之間很難獲得可靠的密封，高壓氣體分子易侵入塑膠與金屬接合處。當內部氣體迅速釋放時，會產生極大的膨脹力。因塑膠與金屬之間熱脹係數的差異，隨著使用時間延長，金屬與塑膠間的黏結力將削弱。在載荷不變的條件下，塑膠也將趨於凸出或者凹陷，從而導致氫氣洩漏。

2) 抗外力性能低。由於塑膠內襯對纖維纏繞層沒有增強結構或提高剛度的作用，需增加外加強層厚度。為防止碰撞和損傷，可在氣瓶封頭處加上泡沫減震材料，然後在其外做複合材料加強保護層。因此，在質量上與同容積的鋁內襯複合材料氣瓶相當。

3) 有氣體滲透的可能性。

4) 內襯與複合材料黏結不牢，易脫落。隨著服役時間延長，由於工作壓力快速洩壓或者塑膠老化收縮，可能引起內襯與複合材料加強層之間的分離。

5) 塑膠內襯對溫度敏感。與金屬內襯對溫度不敏感相反，塑膠內襯對溫度敏感。當氣瓶從高壓快速洩壓到 0 時，內表面溫度下降高達 35℃，隨著循環充放氫次數增加，溫度較大幅度變化的累積效應可能引起塑膠內襯失效。

6) 塑膠內襯剛度低。這使製造過程中容器的變形較大，會增加操作時的附加應力，降低容器的承壓能力。

3.1.3 氫氣高壓儲存的應用

高壓氣態儲氫具有設備結構簡單、壓縮氫氣製備能耗低、充裝和排放速度快等優點，現階段及未來較長時間內都將佔據氫能儲存技術的主導地位。

固定式儲氫壓力容器是加氫站、製氫站、氫儲能系統、高壓氫循環測試系統、發電站、加氫工藝裝置等的主要核心設備。鋼製高壓氫氣瓶主要用於氫燃料電池堆高機；複合材料高壓氫氣瓶主要用於氫燃料電池汽車、氫燃料軌道交通、氫燃料無人機等領域。

(1) 加氫站用高壓儲氫罐

加氫站用高壓儲氫罐是氫儲存系統的主要組成部分。目前車載儲氫容器壓力規格一般

為35MPa和70MPa，因此，加氫站用高壓儲氫容器最高壓力多為40～85MPa。用於加氫站儲氫的高壓儲氫容器有單層儲氫壓力容器(包括大容積無縫瓶式儲氫容器、單層整體鍛造式儲氫壓力容器等)和多層儲氫壓力容器(包括全多層儲氫壓力容器、層板包紮儲氫壓力容器等)。其中，大容積全多層高壓儲氫容器已在中國商業化運行加氫站安全運行多年(見圖3-8)。

(2)燃料電池車用高壓儲氫罐

世界各大知名汽車企業，均開展了燃料電池車的深度研發，其中一些車型已經進入量產階段。燃料電池車用高壓儲氫瓶正向輕質、高壓方向發展，主要研究焦點是提高體積和質量儲氫密度、增加容器的可靠性、降低成本、制定相應的標準、進行結構優化設計等。針對提高體積和質量儲氫密度的問題，需要指出的是，不能單純依靠提高容器承壓能力來提高儲氫密度。壓力越高，對材質、結構的要求越高，成本會隨之增加，發生事故造成的破壞力也將增大。

圖3-8　位於北京某加氫站的大容積全多層高壓儲氫容器

3.2　氫的液態儲存

3.2.1　氫的液態儲存原理

液氫密度為 70.8kg/m^3，體積能量密度為 8.5MJ/L。即使將氫氣壓縮到 35MPa 和 70MPa，其單位體積的儲存量也小於液態儲存。單從儲能密度上看，低溫液態儲氫是一種十分理想的儲氫方式。表3-2所示為液氫的一些物性數據，作為對比，還列出了液態甲烷和水的對應數據。液氫的製取和儲存技術與其物性密不可分。

表3-2　液氫的部分物性數據

項目	液態氫氣	液態甲烷	水
標準沸點/K	20.3	111.6	373
飽和液密度/(kg/m^3)	70.8	422.5	958
飽和氣體密度/(kg/m^3)	1.34	1.82	0.598
潛熱/(kJ/L)(kJ/kg)	31.4(443)	226(510)	2162(2257)
顯熱比(氣體顯熱/潛熱)	8.6	0.71	—
黏性係數/(μPa·s)	12.5	114.3	282
動黏度係數/(nm^2/s)	0.177	0.258	0.294
表面張力/(mN/m)	1.98	13.4	58.9
普朗特數 Pr	1.0	1.7	1.8
空氣中燃燒極限/%	4～75	5～15	—

低溫液態儲氫是將氫氣壓縮冷卻後進入節流閥,經歷焦耳－湯姆遜等焓膨脹的過程,生產出溫度低於－253℃的液氫,分離後儲存在高真空的絕熱容器中。最簡單的氫氣液化流程是 Linde 流程,適合於小型氫液化裝置。在該流程中,氫氣首先被壓縮到 10～15MPa,然後在熱交換器中冷卻到 50～70K,再進入節流閥進行等焓的焦耳－湯姆遜膨脹降溫,得到液氫。中等規模液氫生產方法有氦氣布列敦法和克勞德法,詳情可參閱有關專著。

生產液氫需要的能耗約為液氫本身所具有的燃燒熱的 1/3。氫的液化溫度與室溫(取 25℃)之間有超過 275℃的溫差,加之液態氫的蒸發潛熱較小,所以不能忽略從容器外壁滲入的熱量引起的液氫的汽化。液氫在儲存過程中,罐內液氫的正－仲氫轉化、熱分層、晃動,以及閃蒸等因素均會導致部分液氫不可避免地汽化,使液氫儲罐內膽頂部的壓力升高。液氫儲罐中汽化後的氫氣應及時從儲罐中釋放出來,否則內部壓力的顯著增大會增加儲罐的安全風險。可見,液氫的汽化會導致 2 種不同的損失:低溫冷量的損失和為避免壓力積聚而釋放蒸發氣體所造成的氫氣損失。設法減小液氫的儲存損耗是液氫儲運技術發展的關鍵之一。

液氫儲罐在初次使用、檢修後使用等之前均需進行氣體置換和逐級預冷操作。氣體置換的目的是清除系統中的水蒸氣及水蒸氣形成的冰,或空氣及所形成的固態空氣,以防止形成氫－氧(空氣)可燃氣體混合物、液氫－液氧混合物、液氫－固氧(固空)混合物而造成爆炸事故,或由於水分、氮和氧形成的固體物質阻塞通道而影響系統的正常工作。逐級預冷有 2 個目的:一是使容器逐漸冷透,以減少以後時間內的大量蒸發;二是使結構和材料逐漸適應低溫環境,不致因大量加注液氫而產生對系統和容器的冷衝擊。對管路來說,除了避免大量加注液氫造成冷衝擊外,還可防止管路冷卻不透產生兩相流,以免給泵的輸送操作帶來困難。

3.2.2 氫的液態儲存設備

液氫的儲存需使用具有良好絕熱性能的低溫液體儲存容器,也稱液氫儲罐。液氫儲罐有多種類型,根據其使用形式可分為固定式、移動式、罐式集裝箱等。通常情況下液氫儲存容器為雙層結構,盛裝液態氫的內膽通過支撐結構安置在外殼中。支撐結構對絕熱性能有很高的要求,目的是減少內膽與環境之間的熱傳導。為減少熱輻射,降低液氫蒸發損失,還需在內膽與外殼夾層中間填充多層輕質的絕熱材料。同時,在內膽與外殼的夾層之間填放絕熱性好、吸附性強的炭紙,以達到增加熱阻同時吸附蒸發氣體的目的。液氫容器內膽一般選用鋁合金、不鏽鋼等不易發生氫脆、氫腐蝕的材料製成。為獲得足夠的強度,外殼一般選用低碳鋼、不鏽鋼等鋼材,也可採用鋁合金材料以減輕容器質量。外筒不與液氫直接接觸,主要起保護內部構件並支撐內筒的作用。這就要求外筒需具有足夠的強度及韌性,能夠承受相應的外部衝擊,不易發生形變。

(1)固定式液氫儲罐

球形或圓柱形固定式液氫儲罐一般用於大容積液氫儲存($>330m^3$),其漏熱蒸發損失與儲罐的容積比表面積(S/V)成正比。球形儲罐具有最小的 S/V 值,同時具有機械強度

高、應力分布均勻等優點，是較為理想的結構形式，但球形液氫儲罐加工難度大、造價高昂。國外有使用多年的大型液氫球罐，直徑為 25m，容積達到 3800m³，日蒸發率＜0.03％。為減小漏熱，可從導熱、對流和輻射 3 方面採取措施，包括採用熱導率低的材料降低導熱，增加容器內、外壁間的真空度以減小對流換熱，安裝多層隔熱層減少輻射傳熱等。另一種減少漏熱的方法是使用液氮冷卻容器壁，結果表明該系統能夠在 12d 左右的儲存中實現零蒸發。

液氫容器一般應設置超壓洩放管路、氫排氣系統、頂部噴淋充液管路、底部充液管路、出液管路、增壓管路、溢流管路、液位與壓力測量等管路和附件，以滿足洩壓、放空、充液、出液、增壓、溢流、液位測量、壓力測量等使用要求。當液氫容器與泵連接時，還應設置泵回流管路。圖 3-9 所示為典型液氫儲罐及管路系統示意。

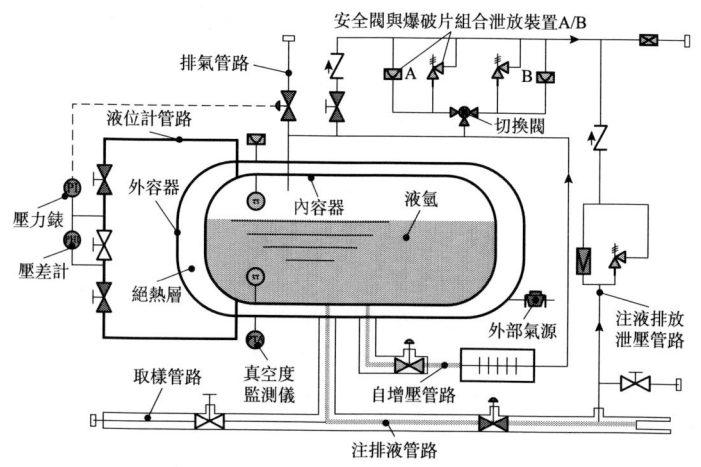

圖 3-9 典型液氫儲罐及管路系統示意

(2) 移動式液氫儲罐

由於移動式運輸工具的尺寸限制，移動式液氫儲罐常採用臥式圓柱形，通常公路運輸的液氫儲罐最大寬度限制為 2.44m。移動液氫儲罐的容積越大，蒸發率越低，船運移動式儲罐容積較大，910m³ 的船運移動式液氫儲罐其蒸發率可低至 0.15％；鐵路運輸 107m³ 罐車的容積蒸發率約為 0.3％；公路運輸的液氫槽車日蒸發率較高，30m³ 的液氫槽罐日蒸發率約為 0.5％。移動式液氫儲罐的結構、功能與固定式液氫儲罐並無明顯差別，但移動式液氫儲罐需要具有一定的抗衝擊強度，能夠滿足運輸過程中的加速度要求。圖 3-10 所示為 1 臺中國研製的 300m³ 液氫運輸槽車。

圖 3-10 大型移動式液氫儲罐

（3）車載液氫瓶

車載液氫瓶的內筒在汽車行駛過程中容易產生晃動。對於盛裝較滿的車載液氫瓶，其內膽與所盛裝的液氫總重會導致支撐內膽的結構件過量變形，誘發安全事故，因此車載液氫瓶支撐結構的設計也極為重要。車載液氫供氣系統需要重點解決的問題是，在滿足引擎工作參數要求的同時，液氫在車上如何實現長時間無損儲存和提高利用效率，其系統方案、絕熱結構設計及材料、安全設計、加注方式及設備、經濟性等一直是研究的重要內容。為了維持容器較低的蒸發率，必須防止外部環境熱量進入容器內部，可在真空多層絕熱結構的基礎上進一步增加蒸汽冷屏結構，降低漏熱量。圖3-11所示為一種車載液氫瓶的主要結構組成。

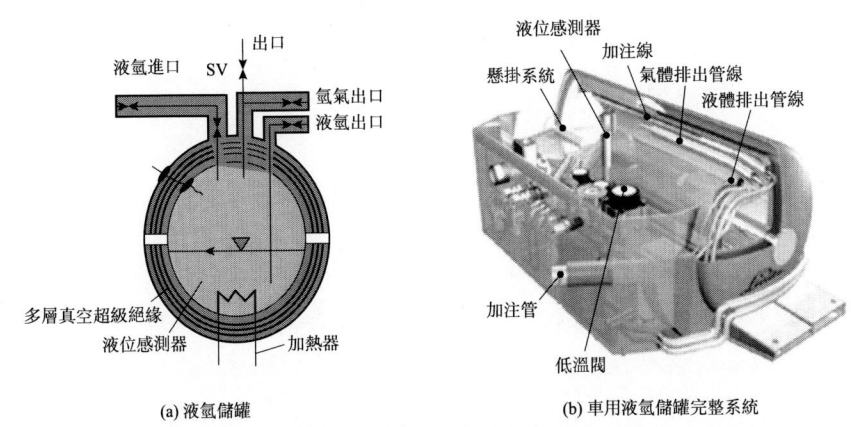

圖3-11　車載液氫容器示意

3.2.3　液態儲氫技術的應用

液氫的主要用途體現在2大方面：一是作為生產原料，用於石化、冶金等工業領域；二是作為燃料，用於軍事、航空航太、汽車等領域。相應地，低溫液態儲氫技術主要用於軍事、航太領域、石化、冶金、汽車等領域。液氫的較大規模生產和商業化應用在西方已經實現，在中國目前還侷限於科學研究、軍事、航空航太等領域，民用領域的研究開發尚處於起步階段。從液氫的性質上看，液氫適用於大規模高密度的儲氫場合，如果能降低液化過程中的能耗，加上氫的使用設備為相對簡單的保冷容器與氫氣加注器，以液氫作為氫的輸送和儲存方式非常有前景。隨著中國3項液氫國標正式實施，以及儲氫技術的不斷進步與降本，低溫液態儲氫或將在未來與高壓氣態儲氫互補共存發展，在此之前還須解決以下幾個問題：

(1)如何克服保溫與儲氫密度之間的矛盾。
(2)如何進一步減少儲氫過程中，由於液氫汽化所造成的1%左右的損失。
(3)如何降低液氫生產過程中所耗費的相當於自身能量30%的能量。

3.3 氫的固態儲存

固態儲氫是通過化學反應或物理吸附將氫氣儲存於固態材料中，具有儲氫量大、可逆性好、高效安全等優勢。固態儲氫的核心是高性能固態儲氫材料。

固態儲氫材料主要有兩大類：一類是基於化學鍵結合的儲氫合金、金屬配位氫化物、化學氫化物等；另一類是基於物理吸附的儲氫材料。衡量儲氫材料的主要性能指標有理論儲氫容量、實際可逆儲氫容量、循環利用次數、充放氫時間以及對雜質的不敏感程度等。

自 1960 年代以來，受到較多關注和研究的儲氫材料是儲氫合金，包括鎂系 A_2B 型儲氫合金、FeTi 系 AB 型儲氫合金、Zr 系 AB_2 型 Laves 相儲氫合金、稀土系 AB_5 型儲氫合金、La－Mg－Ni 系超晶格儲氫合金等。

3.3.1 化學儲氫

(1) 金屬氫化物儲氫

在一定溫度和壓力下，氫分子在金屬（或合金）表面分解為氫原子並擴散到金屬（或合金）的原子間隙中，與金屬（或合金）反應形成金屬氫化物，同時放出大量的熱；對這些金屬氫化物進行加熱時，它們又會發生分解反應，氫原子又結合成氫分子釋放出來，而且伴隨明顯的吸熱效應。

1) 原理

目前工業上用來儲氫的金屬材料大多是由不同金屬混合而成的合金。儲氫合金通常由 A 側與 B 側 2 類元素組成，通式為 A_nB_m。其中 A 側元素容易與氫反應，形成穩定的氫化物並放出大量熱，這些金屬主要是 IA～VB 族金屬，如 Ti、Zr、Ca、Mg、V、稀土元素等，它們稱為氫穩定因素，控制儲氫量，是組成儲氫合金的關鍵元素；B 側元素與氫的親和力小，氫在其中極易移動，通常條件下不生成氫化物，這些元素主要是 VIB～VIII 族（Pd 除外）過渡金屬，如 Fe、Co、Ni、Cr、Cu、Al 等，這些元素稱為氫不穩定因素，控制吸/放氫的可逆性，起調節生成熱和分解壓的作用。

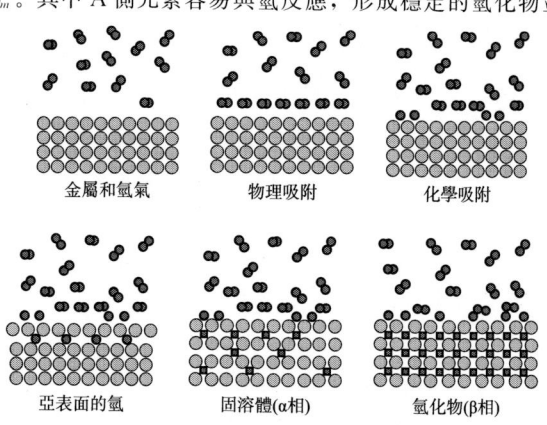

圖 3－12 儲氫合金的吸氫機理

儲氫合金吸收氫氣生成金屬氫化物 MH_x 和 MH_y 的反應分 3 步進行：
在合金吸氫的初始階段形成固溶體（α相），合金結構保持不變。

$$M + x/2H_2 \longrightarrow MH_x \quad (MH_x \text{ 是固溶體}) \qquad (3-4)$$

固溶體進一步與氫反應生成氫化物（β相）。

$$2/(y-x)\text{MH}x + \text{H}_2 \longrightarrow 2/(y-x)\text{MH}y + \Delta H \text{（MH}y\text{ 是金屬氫化物）} \qquad (3-5)$$

進一步增加氫壓，合金中的氫含量略有增加。

儲氫合金吸收和釋放氫的原理如圖 3-12 所示，吸放氫過程最方便的表示方法是壓力-組成等溫（PCT）曲線（見圖 3-13）。從圖 3-13 中的典型儲氫合金的 PCT 曲線來看：OA 段對應反應（3-4），在此階段平衡氫壓顯著上升，而合金吸氫量變化不十分明顯，表示合金同氫氣反應形成固溶體相，即 α 相；AB 段對應反應（3-5），固溶體相同氫氣進一步反應形成氫化物相，也稱 β 相，此時壓力恆定，也稱平臺區，此時的壓力稱為平臺壓。壓力恆定的原因是根據吉布斯相律 $F=C-P+2$（F 為自由度，C 為組分，P 為相數），系統組分為 2（合金和氫氣），當氫化物形成後相數為 3（氫氣、固溶體和氫化物），所以此時自由度為 1。B 點以後 α 相消失，自由度變為 2，氫化物繼續吸收少量氫氣，成分逐漸達到氫化物的成分計量比甚至更高，但這需要在很高的壓力下完成，因此圖中斜率急遽增加。

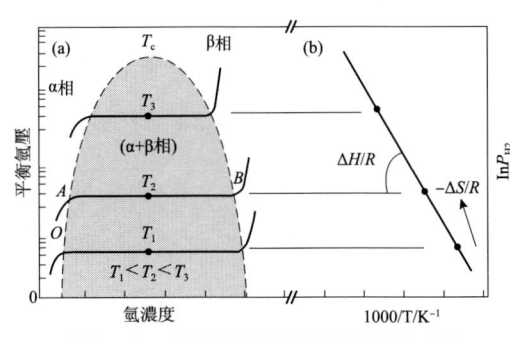

圖 3-13　典型的儲氫合金吸放氫 PCT 曲線

從圖 3-13 來看，隨著溫度升高，平衡氫壓升高，平臺逐漸縮短，若溫度達到 T_c，平臺將消失，這也意味著降低溫度有利於吸氫。絕大多數儲氫材料的吸放氫 PCT 曲線並不重合，放氫曲線滯後於吸氫曲線。

PCT 曲線是衡量儲氫材料熱力學性能的重要特性曲線。通過該曲線可以了解金屬氫化物中能儲多少氫和任意溫度下的分解壓力值。PCT 曲線的平臺壓力、平臺寬度與傾斜度、平臺起始濃度和滯後效應，既是常規衡量儲氫合金吸放氫性能的主要指標，又是探索新的儲氫合金的依據。對於實際應用的儲氫材料，總是希望其吸放氫 PCT 曲線的平臺平坦度高、滯後小。

2）金屬氫化物儲氫的性能要求

評價一種儲氫合金的性能，主要從以下方面進行，其中包括 PCT 曲線的平臺特性和滯後性、吸氫量、反應熱、活化特性、膨脹率、反應速率、壽命、熱導率、中毒性、穩定性、成本等。儲氫合金材料要具有實用價值，需滿足以下要求：

①儲氫量大，能量密度高。一般認為可逆吸氫量不小於 150mL/g。

②吸氫和放氫速度快。

③氫化物生成熱小。一般在 $-46 \sim -29 \text{kJ/molH}_2$。

④分解壓適中。在室溫附近，具有適當的分解壓（0.1~1.0MPa）。同時，PCT 曲線應有較平坦和較寬的平衡壓平臺區，在這個區域內稍微改變壓力，就能吸收或釋放較多的氫氣。

⑤容易活化。儲氫合金第 1 次與氫反應稱為活化處理，活化的難易直接影響儲氫合金的實用價值。它與活化處理的溫度、氫氣壓及其純度等因素有關。

⑥化學穩定性好。經反覆吸/放氫，材料性能不衰減，對氫氣所含的雜質敏感性小，抗中毒能力強。即使有衰減現象，經再生處理後，也能恢復到原來的水準，因而使用壽命長。

⑦在儲存與運輸中安全、無害。

⑧原材料來源廣，成本低廉。

表3-3所示為稀土系(AB_5)、鈦系(AB_2)、鐵系(AB)與鎂系(A_2B)4類儲氫合金中代表性材料的儲氫性能。可以看出：稀土系、鈦系、鐵系儲氫材料的質量儲氫密度在2.4%（質量分數）以下，鎂系合金（Mg_2Ni、Mg-Ni等）的儲氫密度可到3.6%（質量分數）。

表3-3 儲氫合金的性能

類型	AB_5	AB_2	AB	A_2B
典型代表	$LaNi_5$	ZrM_2，TiM_2（M；Mn、Si、V等）	TiFe	Mg_2Ni
質量儲氫量	1.4%	1.8%~2.4%	1.86%	3.6%
活化性能	容易活化	初期活化困難	活化困難	活化困難
吸放氫性能	室溫吸放氫快	室溫可吸放氫	室溫吸放氫	高溫才能吸放氫
循環穩定性	平衡壓力適中，調整後穩定性較好	吸放氫可逆性能差	反覆吸放氫後性能下降	吸放氫可逆性能一般
抗毒化性能	不易中毒	一般	抗雜質氣體中毒能力差	一般
價格成本	相對較高	價格便宜	價格便宜、資源豐富	價格便宜、資源豐富

(2)複雜氫化物

與傳統AB_5、AB_2和AB型合金類儲氫材料不同，由輕質元素組成的高容量儲氫材料，如鋁氫化物、硼氫化物、胺基氫化物等，理論儲氫密度在4%（質量分數）以上，為製備高質量儲氫密度的固態儲氫設備帶來希望。

與金屬氫化物相比，這類複雜氫化物具有較高的理論含氫量。人們發現複雜氫化物放氫過程可通過水解或熱解方式來實現，但是其放氫產物卻無法可逆重複再利用，直接導致氫的使用成本居高不下。因此很長一段時間，無法將複雜氫化物作為儲氫材料應用。直到1990年代，有人發現$NaAlH_4$摻雜少量含Ti催化劑，可在相對溫和條件下實現放氫產物的逆向再吸氫，再次點燃了複雜氫化物作為儲氫材料使用的希望，並極大地激發了人們的研究興趣。

目前報導的複雜氫化物按照陰離子配體的種類可分為4類：第一類是含有$[AlH_4]^-$陰離子的鋁氫化物，如$LiAlH_4$、$NaAlH_4$、$Mg(AlH_4)_2$等；第二類是含有$[BH_4]^-$陰離子的硼氫化物，如$LiBH_4$、$NaBH_4$、KBH_4、$Mg(BH_4)_2$等；第三類是含有$[NH_2]^-$陰離子的氮氫化物，如$LiNH_2$、$NaNH_2$、$Mg(NH_2)_2$等；第四類是氨硼烷基氫化物，同樣具有上述配位特性且有較高的含氫量，但其可逆儲氫性能目前仍存在巨大技術挑戰。

1)鋁氫化物儲氫材料

鋁氫化物是4個H原子與1個Al原子以共價鍵構成$[AlH_4]^-$陰離子四面體，再與金

屬陽離子以離子鍵配位形成的。由於共價鍵與離子鍵共存，屬於強化學鍵，故鋁氫化物普遍具有較高的熱穩定性，如純 NaAlH₄ 需加熱到 220℃ 以上才能緩慢放氫。常見金屬鋁氫化物的理論含氫量、熱穩定性和晶體結構如表 3-4 所示。

表 3-4 常見金屬鋁氫化物的理論含氫量、熱穩定性和晶體結構

金屬鋁氫化物種類	晶體結構	熱分解溫度/℃	理論含氫量/%(質量分數)
Li₃AlH₆	三方	228	11.2
LiAlH₄	單斜	187	10.6
Mg(AlH₄)₂	三方	130	9.3
Ca(AlH₄)₂	正交	80	7.9
NaAlH₄	四方	220	7.4
CaAlH₅	單斜	260	7.0
Na₃AlH₆	單斜	280	5.9
KAlH₄	正交	300	4.3

LiAlH₄ 和 NaAlH₄ 在常溫下為白色粉末，不溶於烴類、醚類，但易溶於乙醚、乙二醇、二甲醚和四氫呋喃中。在室溫和乾燥空氣中，能穩定存在，但對潮濕空氣和含質子溶劑非常敏感，易發生劇烈反應並放出氫氣。在真空環境下，鋁氫化物會逐漸分解生成其組成單質元素。

LiAlH₄ 和 NaAlH₄ 通過 3 步反應來實現放氫，如 LiAlH₄ 的分解反應如式(3-6)～式(3-8)所示。第 1 步放氫時伴隨著 LiAlH₄ 熔化，第 2 步為 Li₃AlH₆ 的分解放氫，第 3 步 LiH 的分解溫度過高，實際應用價值不大。一般情況下僅考慮前兩步反應的吸/放氫性能。在真空加熱條件下，LiAlH₄ 的 3 步反應的理論放氫量分別為 5.3%、2.65% 和 2.65%，共計 10.6%；而 NaAlH₄ 的 3 步反應放氫量分別為 3.7%、1.85% 和 1.85%，共計為 7.4%。

$$3LiAlH_4 \longrightarrow Li_3AlH_6 + 2Al + 3H_2 \tag{3-6}$$

$$Li_3AlH_6 \longrightarrow 3LiH + Al + 3/2H_2 \tag{3-7}$$

$$LiH \longrightarrow Li + ½H_2 \tag{3-8}$$

2) 硼氫化物儲氫材料

金屬硼氫化物作為儲氫材料被研究始於 21 世紀初期。B 與 H 先形成 [BH₄]⁻ 基團，再與金屬陽離子配位形成金屬硼氫化物，如 LiBH₄、Mg(BH₄)₂ 和 Ca(BH₄)₂ 等，普遍具有較高含氫量(>5%)。然而，這類金屬硼氫化物具有較高的熱穩定性，其分解放氫大多按照反應式(3-9)進行，而且放氫後生成高惰性的單質硼，其逆向的再吸氫反應異常困難。

$$MBH_4 \longleftrightarrow MH + B + 3/2H_2 \tag{3-9}$$

鹼金屬/鹼土金屬硼氫化物在通常情況下多為白色粉末，密度在 0.6～1.2g/cm³，大多不溶於烴類、苯，但溶於四氫呋喃、乙醚、液氨、脂肪胺類等。在乾燥的空氣中能穩定

存在，對潮溼空氣、含質子溶劑非常敏感。

過渡金屬硼氫化物一般在常溫下很不穩定，不能直接暴露在空氣中，不宜長期儲存放置。其顏色與金屬陽離子密切相關，存在形態也不同，有液態、氣態、固態。如 $Sc(BH_4)_3$ 為無定形態的白色固體，在惰性氣體中常溫下較穩定，但在潮溼空氣中迅速分解。$Ti(BH_4)_3$ 是一種揮發性的白色固體，在室溫下極不穩定，20℃時會分解生成 TiB_2、H_2 和 B_2H_6。$Al(BH_4)_3$ 在常溫下為易揮發性的無色液態，熔點為 $-64℃$，沸點為 44.5℃，極不穩定。$LiBH_4$ 具有較高的熱穩定性，其標準放氫反應焓變為 $-69kJ/molH_2$。純 $LiBH_4$ 在常壓下的分解溫度為 370~470℃。

3) 金屬胺基化合物儲氫材料

20世紀初，金屬胺基化合物主要用於有機反應中作為還原劑。2002年，人們發現 Li_3N 具有高達 10.3% 的可逆儲氫容量(在 200℃ 即可快速吸收約 6% 的氫氣)，並首次提出金屬氮化物、亞胺基和胺基化合物可作為儲氫材料的設想。這一發現拓展了固態儲氫材料的研究範圍，掀起金屬氮基化合物作為儲氫材料的研究熱潮。

複雜氫化物具有較高的含氫量，是目前儲氫材料的研究焦點。相關研究工作主要集中在以下幾方面：①鋁氫化物主要集中在高效催化劑的優化篩選、催化機理的研究探索、尺寸效應對材料吸放氫動力學性能的影響，以及新型金屬配位鋁氫化物的合成；②硼氫化物集中在熱力學穩定性、空間奈米限域約束及新型混合離子硼氫化物的合成；③氮氫化物集中在成分調變、材料奈米化及儲氫機理分析；④優化現有製備技術和探索新的合成方法，關注材料規模化製備的工程問題，簡化工藝，降低成本。

3.3.2 吸附儲氫

(1) 碳材料吸附儲氫

用碳質材料作為儲氫介質的吸附儲氫是近年來根據吸附理論發展起來的儲氫技術。碳質儲氫材料主要有活性炭、碳纖維和奈米碳管3種。

1) 活性炭吸附儲氫

活性炭是一種無定形碳，具有很大的比表面積，對氣體、溶液中的無機或有機物質及膠體顆粒等都有良好的吸附能力。活性炭材料的化學性質穩定，機械強度高，耐酸、耐鹼、耐熱，不溶於水和有機溶劑，可以再生使用。活性炭儲氫是在中低溫(77~273K)、中高壓(1~10MPa)下利用超高比表面積的活性炭作吸附劑的吸附儲氫技術。與其他儲氫技術相比，超級活性炭儲氫具有經濟、儲氫量高、解吸快、循環使用壽命長和容易實現規模化生產等優點，是一種頗具潛力的儲氫方法。

2) 碳纖維吸附儲氫

碳纖維，是一種含碳量在 95% 以上的高強度、高模量的纖維材料。碳纖維「外柔內剛」，耐腐蝕，質量比金屬鋁輕，但強度卻高於鋼鐵，不僅具有碳材料的固有本徵特性，又兼備紡織纖維的柔軟可加工性，是新一代增強纖維。碳纖維表面是分子級細孔，內部是直徑約 10nm 的中空管，比表面積大，可以合成石墨層面垂直於纖維軸向或者與軸向成一定角度的魚骨狀特殊結構的奈米碳纖維，H_2 可以在這些奈米碳纖維中凝聚，因此具有超

級儲氫能力。

3）奈米碳管吸附儲氫

奈米碳管，是一種具有特殊結構（徑向尺寸為奈米量級，軸向尺寸為微米量級、管子兩端基本上都封口）的一維量子材料。奈米碳管主要是由呈六邊形排列的碳原子構成數層到數十層的同軸圓管。層與層之間保持固定距離，約 0.34nm，直徑一般為 2～20nm。奈米碳管作為一維奈米材料，重量輕，具有許多異常的力學、電學和化學性能。奈米碳管對氫氣的吸附儲存行為比較複雜，可用物理吸附和化學吸附進行描述。關於奈米碳管儲氫的研究有理論研究和實驗研究 2 類，都已經取得了豐富的研究進展。

(2) 金屬－有機骨架材料吸附儲氫

金屬有機骨架（MOF）材料是由無機金屬中心（金屬離子或金屬簇）與橋連的有機配體通過自組裝相互連接，形成的一類具有週期性網絡結構的晶態多孔材料，具有孔隙率高、吸附量高、熱穩定性好等特點。其在構築形式上不同於傳統的多孔材料（如沸石和活性炭，它通過配體的幾何構型控制網格的結構，利用有機橋連單位與金屬離子組裝得到可預測的幾何結構固體，而這些固體又可體現出預想的功能。$Zn_4O(BDC)_3$（MOF－5）是最早研究的金屬有機骨架材料，其在 78K、2.0MPa 下能夠儲氫 4.5%（質量分數），即使在室溫 2.0MPa 下也能儲氫 1%。$Zn_4O(BTB)_2(DEF)_{15}(H_2O)_3$（MOF－177）是另一種金屬有機骨架材料，密度為 $0.42g/cm^3$，是目前所報導的儲氫材料中最輕的，且比表面積大。MOF－177 在 77K 時單層吸附面積可達到 $4500m^2/g$。MOF－177 具有獨特的立方微孔，這些微孔具有規則的大小和形狀，可在室溫和小於 2MPa 條件下快速可逆地吸收氫氣。總體來說，MOF 材料具有產率較高、微孔尺寸和形狀可調、結構和功能變化多樣等特點。另外，與碳奈米結構和其他無序的多孔材料相比，MOF 具有高度有序的結晶態，可以為實驗和理論研究提供簡單的模型。

隨著人們對金屬－有機骨架化合物研究的深入，各種各樣的 MOF 材料被合成出來。目前研究較多的 MOF 材料主要包括 MOF－5、HKUST－1、ZIF 系列（ZIF－7 和 ZIF－8 等）及 MIL 系列。可調孔徑和可修飾的內表面，使得 MOF 材料有很多潛在的應用。MOF 儲氫以吸附方式進行，在恆定溫度下，氫氣吸附量隨著壓力的增大而增加，當壓力增加到一定值後，吸氫量增加緩慢。在低溫下，MOF 材料通常具有較高的儲氫容量，可高達 9%。

(3) 沸石類材料吸附儲氫

沸石類儲氫材料的奈米孔道可以是一維或二維，甚至是三維尺度，通常具有較大的比表面積，且外比表面積相對於內比表面積可以忽略不計。理論上，多孔礦物儲氫原理與多孔固體材料儲氫相似，但由於礦物表面通常具有極性，而極性表面會對氫分子產生靜電吸引，因此礦物儲氫的形式可能是多樣的。沸石類微孔材料作為儲氫介質的研究已成為近年來儲氫領域中備受關注的焦點問題。

沸石是一類水合結晶的矽鋁酸鹽，其骨架結構主要由矽和鋁的四面體（SiO_4 和 AlO_4）在三維空間共享氧原子結合而成。這種結構可形成孔徑在 0.3～1.0nm 的微孔洞，選擇性地吸附大小及形狀不同的分子，故沸石又被稱為「分子篩」。根據結構、矽鋁比以及陽離子

的不同，沸石可分為 A 型、X 型、Y 型、MOR 型、MCM－22 型和 ZSM－5 型等。

物理吸附儲氫主要是依靠 H_2 和材料之間微弱的分子力。與化學儲氫相比，多孔材料的物理吸附儲氫雖然需要較低的溫度，但其過程完全可逆，並表現出非常快速的動力學特性。如何能高容量且安全儲氫在現實中仍是一個技術瓶頸。

3.3.3　固態儲氫設備

金屬氫化物儲氫罐是一種可逆固態儲氫設備，主要由儲氫材料、容器、導熱機構、導氣機構和閥門 5 部分組成，結構示意如圖 3－14 所示。在一定溫度下，儲氫罐吸氫速率和儲氫量隨著氫源壓力的增大而增大，冷卻液的溫度對儲氫時間及吸放氫速率有顯著影響，氫化過程的長短與熱交換面積的大小有關。對儲氫罐的基本性能要求如下：①吸放氫過程氫氣流動順暢；②吸放氫過程熱交換高效進行；③盡可能增大固態儲氫材料的填充量，提高儲氫比容量。

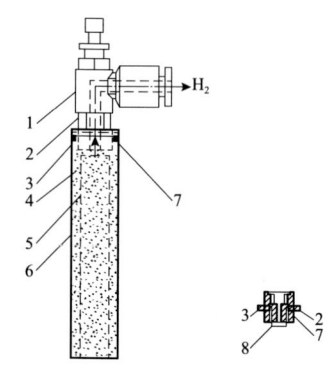

圖 3－14　金屬氫化物儲氫罐的基本組成示意
1—氣體閥門；2—連接頭；3—蓋；4—儲氫合金；
5—導熱、分散結構；6—筒體；7—密封圈；8—過濾器

與高壓氣態儲氫和液態儲氫相比，可逆固態儲氫設備具有諸多優點：①體積儲氫密度高；②氫源由儲氫材料解吸，可擷取大於 99.9999％ 的超高純氫，特別適合於燃料電池使用；③合適的放氫溫度和壓力，提高了儲氫設備的應用安全性，降低能耗。迄今為止，趨於成熟且已獲得應用的可逆固態儲氫設備，一般由稀土系 AB_5、鈦系 AB 和 AB_2、鈦釩系固溶體和鎂系儲氫材料裝填而成。由於儲氫材料在吸氫時會放出大量熱，而放氫時需要從外部吸收熱量，故裝填儲氫材料的固態儲氫設備，其結構設計應能保證良好的熱交換性能。按照外形和換熱結構不同，固態儲氫設備分為多種類型，下面介紹幾種常見結構的可逆固態儲氫設備。

(1) 簡單圓柱形固態儲氫設備

採用旋壓鋁瓶和不鏽鋼瓶為容器，將顆粒狀儲氫材料裝入容器內製成簡單圓柱形固態儲氫設備(見圖 3－15)。為提高固態儲氫設備的換熱性能，一般採用在儲氫材料內添加高熱導率材料，如鋁屑、銅屑或石墨等，或者在容器內部安裝導熱翅片等方式。該類儲氫設備結構簡單，但換熱能力有限，單體儲氫容量較小，一般在 $1Nm^3$ 氫以內，主要應用於對氫氣流量要求較小的場合，如氫原子鐘、便攜式氫源等。

圖 3－15　簡單圓柱形固態儲氫設備

(2) 外置翅片空氣換熱型固態儲氫設備

為了增強圓柱形固態儲氫設備的熱交換能力，在

圓柱形儲氫設備的外部增加換熱翅片，如圖3-16所示。圖中的儲氫設備由3個簡單圓柱形儲氫罐並聯在一起，外壁安裝若干翅片，由1個閥門控制吸/放氫過程。由於外置換熱翅片增加了系統的換熱面積，提高了換熱性能，其在室溫和空氣自然對流換熱條件下，連續放氫速率相對於無外置翅片的情況有顯著提升。圖3-17所示為一種帶有縱向換熱翅片管的AB$_2$型儲氫材料固態儲氫設備。該儲氫裝置吸/放氫時，風扇產生的風流經縱向換熱翅片管通道，對儲氫設備進行強制換熱，最大限度保證了儲氫設備不同位置的均勻換熱，使分布在儲氫設備不同位置的AB$_2$型儲氫材料同時進行吸/放氫，有效提高了儲氫設備的性能。此外，將風冷型質子燃料電池工作時產生的熱風導入儲氫設備換熱翅片管通道中，充分利用燃料電池的廢熱，可進一步提高儲氫裝置的放氫性能，提高系統綜合能效。

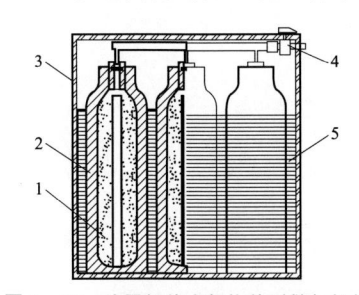

圖3-16 外置翅片空氣換熱型儲氫設備
1—儲氫材料；2—鋁或不鏽鋼容器；3—系統外殼；4—閥；5—換熱翅片

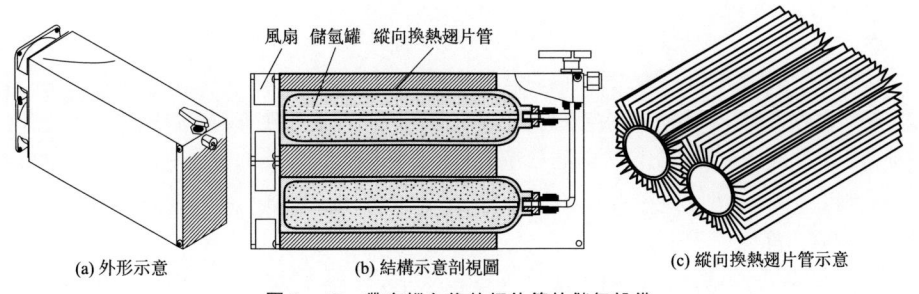

(a) 外形示意　(b) 結構示意剖視圖　(c) 縱向換熱翅片管示意
圖3-17 帶有縱向換熱翅片管的儲氫設備

(3) 內部換熱型固態儲氫設備

圖3-18所示為一種內部換熱型固態儲氫設備，為臥式圓筒形，直徑320mm，長2100mm，水容積140L，內部裝填LaNi$_5$Al$_{0.5}$儲氫材料，裝填480kg，儲氫設備總質量663kg，採用水介質內部換熱管進行換熱，換熱面積21.5m^2。儲氫設備在2.5MPa氫壓下，平均吸氫速率可達到800L/min以上，吸氫時間為1.5h，可儲存80Nm^{3}氫。該儲氫設備內部結構複雜，儲氫材料在系統內部進行均勻裝填有一定困難，且換熱水管直接與儲氫材料接觸，不可拆卸和修復，一旦

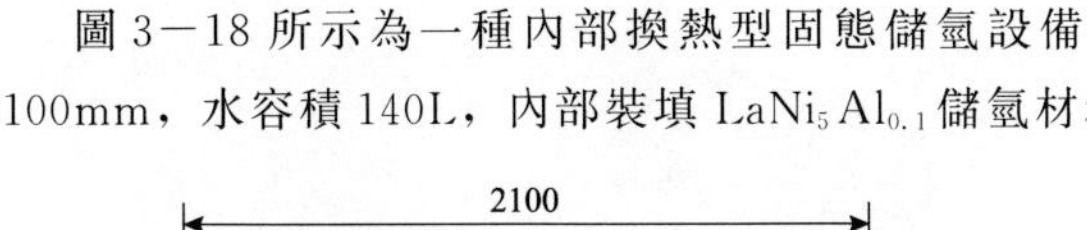

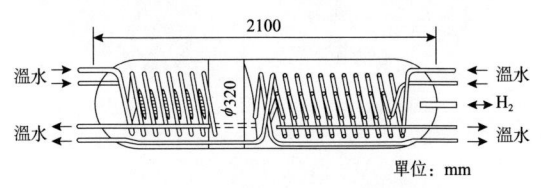

圖3-18 內部換熱型固態儲氫設備
單位：mm

· 53 ·

換熱結構出現破損等情況，儲氫設備將隨之報廢。

(4) 外置換熱型固態儲氫設備

圖 3-19 所示為中國研製的外置循環換熱型固態儲氫設備，直徑 150mm，長 1500mm，內部裝填 TiMn 系儲氫材料，裝填量 55kg，有效儲氫 0.94kg。為提高儲氫設備的安全性和換熱性能，採用臥式雙層圓筒形結構設計，最外層為換熱層，換熱層內設置環形導流結構。環形導流結構主要是用於增大儲氫設備的換熱面積和延長換熱介質在換熱層內的流程，進一步提高換熱效率。同時，導流結構可保證換熱介質的流動均勻與換熱均勻性。該儲氫設備在 65℃水換熱條件下，能以 50L/min 流量持續放氫 $11.2Nm^3$。採用該結構的儲氫設備可製成模組化儲氫系統，大幅提高儲氫設備的安全性。

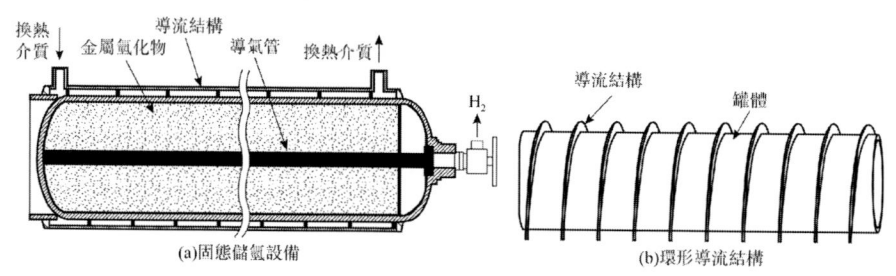

圖 3-19　外置換熱型固態儲氫設備及其環形導流結構示意

(5) 內外雙控溫固態儲氫設備

圖 3-20 所示為一種內外雙控溫固態儲氫設備。在中心直管換熱儲氫反應器的基礎上，設計了帶環狀翅片的內外雙冷卻的儲氫反應器。該儲氫反應器的換熱系統包括中心直管、外部套殼、內外部翅片，內外翅片分別安裝在內部直管上與外部套殼內側。直管與外殼連接，水從內部直管頂部流入，然後循環到外部套殼，最後從套殼的出口流出。儲氫合金為 $LaNi_5$。結果表明：與採用帶翅片的單直管換熱方式的反應器相比，該反應器充氫達到 90%的時間降低了 81.9%。

(6) 複雜氫化物固態儲氫設備

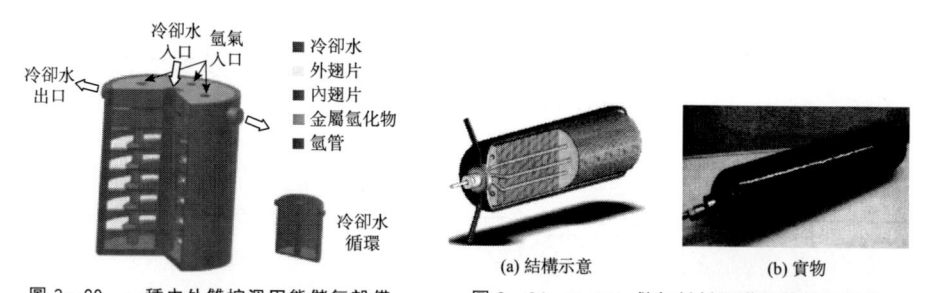

圖 3-20　一種內外雙控溫固態儲氫設備

圖 3-21　$NaAlH_4$ 儲氫材料可逆固態儲氫設備

圖 3-21 所示為 1 臺以 $NaAlH_4$ 為儲氫材料的固態儲氫設備。系統內設計有 8 根換熱管，換熱管上安裝約 80 個鋁換熱翅片，採用導熱油進行換熱。儲氫設備總質量為

6.846kg，水容積 6.45L，裝填 3.525kg 的 NaAlH$_1$ 儲氫材料，有效儲氫 136g，系統的質量儲氫密度和體積儲氫密度分別為 2.0%（質量分數）和 21kg/m^3。

(7) MOF 吸附型儲氫罐

圖 3-22 所示為 1 臺吸附型儲氫罐的設計結構。該儲氫罐是用 AX-21、MOF-177 或 MOF-5 等吸附型儲氫材料作為吸附劑製成的。儲氫罐體為內外雙層結構，儲氫材料裝在內膽中，內膽中裝有多條充氫氣的管道。殼體內裝有多條通氫氣的管道，可儲存 5.6kg 的氫氣。

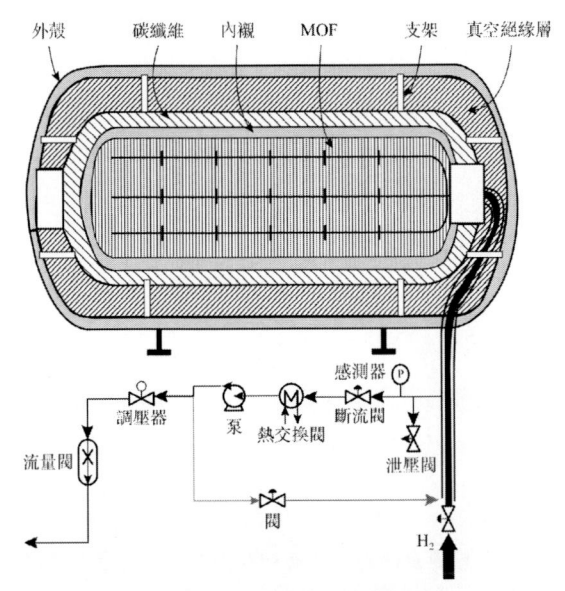

圖 3-22 MOF 吸附型儲氫罐的結構

(8) 儲氫材料/高壓混合儲氫設備

傳統 AB$_5$、AB$_2$ 和 AB 型儲氫材料體積儲氫密度高，但質量儲氫密度較低。纖維纏繞輕質高壓儲氫容器，具有高的質量儲氫密度和快速氫響應特性，但體積儲氫密度較低。有人結合二者的優點提出了混合儲氫設備的概念。儲氫材料/高壓混合儲氫設備無論是從質量儲氫密度還是體積儲氫密度來看，都是一種高效的儲氫設備。

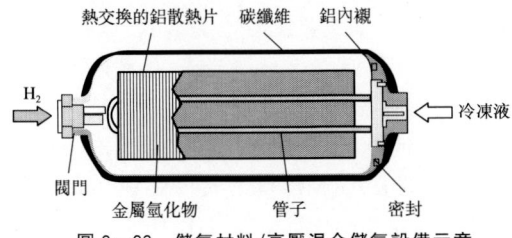

圖 3-23 儲氫材料/高壓混合儲氫設備示意

圖 3-23 所示為國外研製的一種儲氫材料/高壓混合儲氫設備結構示意。系統水容積為 180L，充氫壓力為 35MPa，內部裝填儲氫材料為 Ti$_{1.1}$CrMn，系統儲氫容量約為 7.3kg，相當於同規格 35MPa 高壓氫瓶儲氫容量的 2.5 倍。該混合儲氫設備總質量為 420kg，質量儲氫密度為 1.74%（質量分數），高於傳統

· 55 ·

AB$_5$、AB$_2$ 和 AB 型儲氫材料可逆固態儲氫設備的 1.0%～1.3%（質量分數）。

以上所述為幾種簡單常用的可逆固態儲氫設備，實際應用中還有多種其他結構更複雜的形式。儲氫設備設計的基本原則是在滿足使用安全的情況下，盡可能地提高儲氫設備的換熱性能，增加儲氫材料的裝填質量，並減小儲氫設備的質量和體積。

3.3.4 固態儲氫的應用

世界上第 1 臺金屬氫化物儲氫裝置始於 1976 年，採用 Ti-Fe 系儲氫合金為工質，儲氫容量為 2500L。經過三十幾年的發展，金屬氫化物儲氫裝置已經逐步完善，在許多領域如氫氣的安全儲運系統、燃氫車輛的氫燃料箱、電站氫氣冷卻裝置、工業副產氫的分離回收裝置、氫同位素分離裝置、燃料電池的氫源系統等領域得到實際應用。金屬氫化物除了在氣-固儲氫方面進行應用以外，在金屬氫化物-鎳(MH-Ni)電池負極材料中也有廣泛的應用。

3.4 氫的有機液體儲存

3.4.1 有機液體儲氫原理

有機液體儲氫，也稱為液體有機氫載體(Liquid Organic Hydrogen Carriers，LOHC)儲氫，是利用液體有機物在不破壞有機物主體結構的前提下通過加氫和脫氫可逆過程來實現氫氣儲運的技術。

LOHC 加氫過程為放熱反應，脫氫過程為強吸熱反應。催化加氫反應相對容易，儲氫應用的瓶頸和研究焦點主要是脫氫過程。芳香族化合物中如果有烷基存在，將有利於降低脫氫反應溫度，如甲基環己烷比環己烷脫氫溫度更低。苯-環己烷和甲苯(TOL)-甲基環己烷(MCH)具有較好的反應可逆性，儲氫量也較高，價格低廉，且常溫下為液體，是比較理想的有機液體儲氫體系，但加氫(250～350℃)和脫氫(300～350℃)過程需要較高溫度，難以實現低溫下脫氫。

3.4.2 液體有機氫載體

在篩選和研發液體有機氫載體時，重點關注的性能指標包括：①質量儲氫和體積儲氫性能高；②熔點合適，能使其常溫下保持穩定的液態；③組分穩定，沸點高，不易揮發；④脫氫過程中環鏈穩定度高，不污染氫氣，釋氫純度高，脫氫容易；⑤儲氫介質本身的成本；⑥循環使用次數多；⑦低毒或無毒，環境友好等；⑧脫氫反應的反應熱儘量低。

截至目前，研究的有機氫載體包括環烷類、多環烷類、咔唑類、N-雜環類等。海內外文獻中常見的有機物儲氫介質包括環己烷、甲基環己烷(MCH)、萘、N-乙基咔唑、二苄基甲苯、二甲基吲哚等。表 3-5 所示為幾種典型的 LOHC 儲氫介質的儲氫性能。可知：LOHC 儲氫體系都有較高的儲氫能力，各有優缺點，正在走向商業化的主要是甲基環己烷體系、N-乙基咔唑體系和二苄基甲苯體系。

表 3-5　幾種典型的 LOHC 儲氫介質的儲氫性能

儲氫介質	化學組成	分子結構	常溫狀態	熔點/℃	沸點/℃	質量儲氫能力/%	體積儲氫能力/(kg/m³)	脫氫溫度/℃	脫氫產物	產物化學組成	產物化學結構	產物常溫狀態
環己烷	C_6H_{12}		液態	6.4	80.74	7.2	55.9	300~320	苯	C_6H_6		液態
甲基環己烷	C_7H_{14}		液態	-126.6	100.9	6.2	47.4	300~350	甲苯	C_7H_8		液態
十氫萘	$C_{10}H_{18}$		液態	-30.4 反式	185.5	7.3	65.4	320~340	萘	$C_{10}H_8$		固態
十二氫咔唑	$C_{12}H_{17}N$		固態	76	—	6.7		150~170	咔唑	$C_{12}H_9N$		固態
十二氫乙基咔唑	$C_{14}H_{21}N$		液態	-84.5 (T_g)		5.8		170~200	乙基咔唑	$C_{14}H_{13}N$		固態
十八氫二苄基甲苯	$C_{21}H_{38}$		液態	-34	395	6.2	57	260~310	二苄基甲苯	$C_{21}H_{20}$		液態
八氫1,2-二甲基吲哚	$C_{10}H_{19}N$		液態	<-15	>260.5	5.76		170~200	1,2-二甲基吲哚	$C_{10}H_{11}N$		液態

3.4.3　有機液體儲氫的特點及應用

LOHC 具有儲氫密度高、可形成封閉碳循環、能夠實現跨洋運輸和長週期儲存等優點。LOHC 吸附氫氣和脫附氫氣後的分子常溫下多為液態，可使用儲罐、槽車、管道等已有的油品儲運設施，在氫氣的跨洋運輸與國際氫貿易、氫氣的大宗儲運、可再生能源儲能等領域均有良好的應用前景。

LOHC 儲氫技術能夠在常溫常壓下滿足長期、長距離、大規模的氫氣儲運需要，能夠藉助已有的油品儲運設備設施，與石油石化產業協同發展，具有較好的商業化潛力和發展前景，但距離大規模商業化還存在一些難題有待解決，包括：

(1)脫氫能耗偏高。有機物加氫是強放熱反應，相對容易進行，反應原理決定了逆反應脫氫時需要大量熱量，反應難度大，存在能耗高、成本高的問題。如果脫氫裝置周邊有電廠或鋼廠等產生廢熱的工業，可以利用廢熱作為脫氫熱量來源。

(2)脫氫催化劑開發難度高。脫氫催化劑的難題主要體現在貴金屬成本高、選擇性差、活性下降、壽命短等方面，中國這一領域的研究大多仍處於實驗室研究階段，大部分距工業化應用尚遠，需要加大對脫氫催化劑的研發。

(3)隨著循環次數增加儲氫性能下降。多次循環使用後，尤其在高溫脫氫過程，有機物環鏈容易發生斷裂並逐漸累積，造成儲氫性能的下降和催化劑積炭。一些試驗研究中甚至僅循環 4~5 次後儲氫性能就已大幅下降，難以滿足商業使用需要，需要在提高循環使用壽命方面加大研究力度。

習題

1. 簡述高壓氣態儲氫的原理。
2. 製作不同於圖 3－3 的高壓氣態儲氫容器分類圖。
3. 概述不同類別高壓氣態儲氫容器的結構特點、適用領域和主要製造方法。
4. 結合課外拓展閱讀，總結纖維纏繞複合氣瓶的主要工藝。
5. 舉例闡述高壓氣態儲氫技術的適用領域。
6. 通過文獻查閱總結高壓氣態儲氫技術的關鍵技術及發展趨勢。
7. 通過文獻查閱總結高壓氣態儲氫容器的選材原則，並列舉不同類別高壓氣態儲氫容器的推薦用材。
8. 簡述液態儲氫的原理。
9. 製作液態儲氫容器分類圖。
10. 結合文獻查閱和實例闡述液態儲氫在民用領域的發展前景。
11. 結合課外拓展閱讀，總結液氫儲罐高真空絕熱技術的特點和技術進展。
12. 結合課外拓展閱讀，了解液氫儲罐在工作過程中的典型載荷和可能出現的不穩定工況。
13. 通過文獻查閱總結液態儲氫容器的選材原則，並列舉液態儲氫容器內膽、外殼、絕熱材料和支撐材料的推薦用材。
14. 列舉固態儲氫材料的主要類別，並分別扼要總結不同類別固態儲氫材料的儲放氫原理。
15. 何為金屬氫化物和儲氫合金？請列舉代表性的儲氫合金的主要儲氫性能。
16. 簡述複雜氫化物的代表性種類及儲放氫性能。
17. 結合文獻調研和實例扼要分析固態儲氫合金的應用現狀。
18. 概述主要的物理吸附儲氫材料種類及儲放氫原理。
19. 總結固態儲氫設備熱管理的主要技術特點。
20. 提出 2～3 種固態儲氫技術與其他儲氫技術結合構成複合儲氫技術的可能性及關鍵點。
21. 簡述有機液體儲氫的特點。

第4章　氫氣的高效輸送與加注

氫的輸送連接上游制儲氫及下游用氫，解決了製氫與用氫在地域上的不匹配，是氫能產業鏈的重要一環。按照輸送時氫所處狀態的不同，氫的輸送方式主要有氣態輸送、液態輸送、有機液體輸送和固態輸送，前兩者是目前主要的輸氫方式。加氫站與氫氣利用緊密相關，通過加氫站可以將氫氣轉注給用氫設備。本章將對氫的主要輸送方式和加氫站進行介紹。

4.1　高壓氣態氫長管拖車輸送

根據氫的輸送距離、用氫要求及用戶的分布情況，氣態氫可通過帶有高壓集束的長管拖車進行輸送。長管拖車是目前最成熟、使用最廣泛的氣態氫運輸方式，適合於輸送距離較短、用戶比較分散的場景。

如圖4-1所示，氣態氫的長管拖車輸送流程為：將氫氣壓縮至高壓儲氫瓶中，然後利用長管拖車通過公路運輸到加氫站，到站後將裝有氫氣的高壓儲氫瓶與車頭分離，通過卸氣柱，將高壓管束內的氫氣卸入加氫站不同壓力級別的儲氫罐中進行分級儲存。

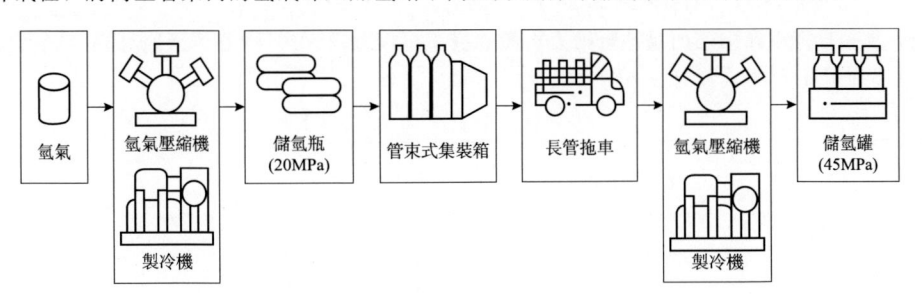

圖4-1　高壓氣態氫長管拖車輸送流程示意

4.1.1　高壓氣氫的製取

長管拖車所輸送的高壓氫氣一般採用氫氣壓縮機對氫氣進行壓縮得到。氫氣壓縮機有往復式、隔膜式、離心式、迴轉式、螺桿式等多種類型。選取氫氣壓縮機時應綜合考慮氫氣的流量、吸氣及排氣壓力等參數。

氫氣的壓縮方式主要有2種：一是直接用壓縮機將氫氣壓縮至儲氫容器所需的壓力後儲存在儲氫容器中；二是先將氫氣壓縮至較低的壓力儲存起來，需加注時，先引入一部分氣體充壓，然後啟動氫氣壓縮機進行增壓，使儲氫容器達到所需的壓力。

高壓氫氣通常儲存在圓柱形高壓儲氣罐或儲氣瓶內，這類高壓容器的結構細長且壁厚。在高壓儲氫容器運輸、裝卸過程中難以避免產生震動、衝擊等情況，為了保護儲氫容器的功能和形態，一般需要做防震設計和防撞擊設計。表4-1所示為一般氫氣管束式集裝箱的參數。

表4-1　一般氫氣管束式集裝箱參數

項目	數據	項目	數據
充裝質量/kg	300	工作溫度/℃	-40~60
工作壓力/MPa	20	主體材質	4130X
水容積/m³	26.88	設計使用壽命/a	20

4.1.2　氫氣長管拖車

氫氣長管拖車是短距離運送高壓氣態氫的主要交通工具，主要分為集裝管束(框架)式長管拖車和捆綁式長管拖車，如圖4-2所示。氫氣長管拖車由動力車頭、整車拖盤和儲氫管束3部分組成。動力車頭提供動力，儲氫管束安裝在整車托盤上並提供氫氣儲存空間，一般由6~10個壓力為20MPa、長約10m的大容積無縫高壓鋼瓶通過瓶身兩端的支撐板固定在框架中構成，可充裝3500~4500Nm³氫氣，且長管拖車在到達加氫站後動力車頭和拖車可以分離。表4-2所示為2種不同型號的集裝管束(框架)式長管拖車的參數。

(a) 集裝管束式長管拖車　　(b) 捆綁式長管拖車

圖4-2　氫氣長管拖車

表4-2　集裝管束(框架)式長管拖車參數

產品型號	型號1	型號2
儲氣瓶數量	7	6
儲氣瓶水容積/m³	26.88	26.88
箱體質量/kg	34505	31170
充裝質量/kg	398	356
額定質量/kg	34900	31526
充氣量/Nm³	4767	4264
外形尺寸/mm	12192×2438×2275	12192×2438×1730
設計使用壽命/a	20	20

氫氣長管拖車運輸技術成熟，規範較完善，中國加氫站目前多採用此方式運輸氫氣。但由於常規的高壓儲氫管束本身很重，而氫氣密度又很小，所以裝運的氫氣質量只占總運輸質量的1%~2%，適用於將製氫廠的氫氣運輸給距離不太遠而同時用氫量不大的用戶。因此在滿足安全性的前提下，未來可通過材料和結構的改進來提高管束的儲氫壓力以增大

儲氫密度，同時降低儲氫管束的成本，滿足商業應用。

作為一種移動式壓力容器，長管拖車行駛於人口密集的城市公路，一旦發生事故將對事故區域的人民生命和財產安全構成嚴重威脅和損害。因此，對在役長管拖車須按照相應法規進行定期檢驗，排除安全隱患，保障設備安全運行。氫氣長管拖車的定期檢驗主要包括氣瓶、連接管路、安全附件與固定裝置的檢驗。

4.1.3 高壓氣氫的裝卸車工藝

氫氣長管拖車裝卸車最常用的是一體式管束車充裝臺。因氫氣屬於易燃易爆氣體，氫氣充裝臺最好布置在常年最小風頻率的下風側，應遠離有明火或火花的位置。充裝臺上設有超壓洩放用安全閥、氫氣回流閥、分組切斷閥、壓力表、氮氣置換、吹掃口等。充裝臺管道設有放散管及安全閥放散管，可將氫氣放散至高空安全處，放散點高出地面10m，放散管口設阻火器。充裝臺區域設有導靜電接地樁，為長管拖車在充裝前做好靜電接地工作，防止靜電積聚。

（1）氫氣充裝工藝

氫氣長管拖車充裝的典型工藝流程如圖4－3所示，具體操作步驟如下：

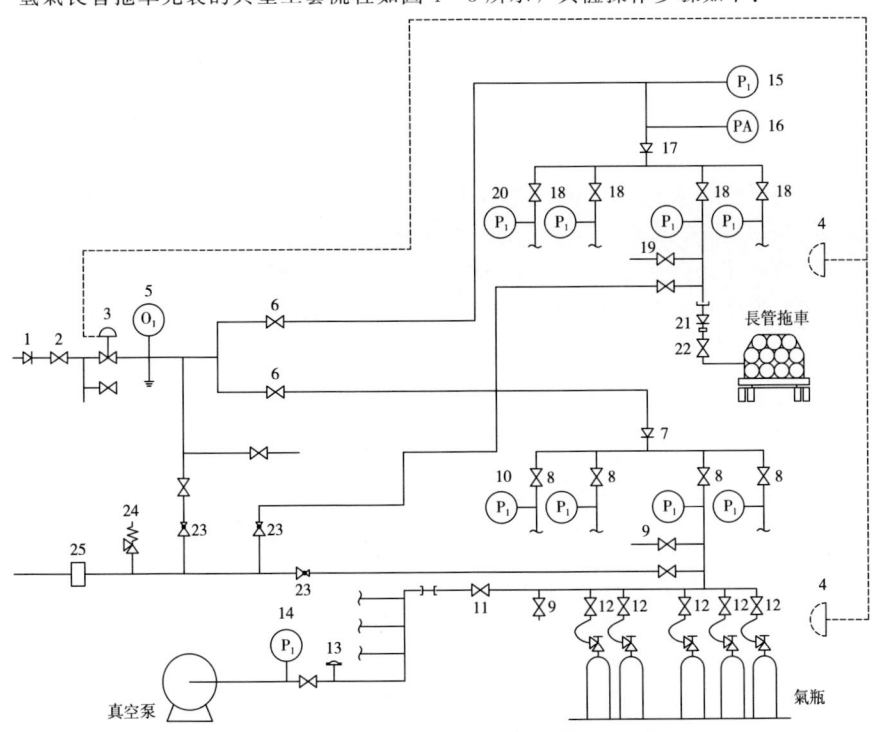

圖4－3　氫氣長管拖車充裝的典型工藝流程示意

1，7，17，21—逆止閥；2—主截止閥；3—遙控切斷閥；4—緊急停止按鈕；5—氧分析儀；
6，8，11，12，18，22—截止閥；10，15，20—壓力表；16—壓力警報；9，19—排放/置換閥；
13，24—安全閥；14—真空表；23—壓力調節閥；25—分析儀器

①按照氫氣充裝站要求放置好氫氣長管拖車,並確保氫氣長管拖車按照「防拉開程序」已處於不可移動狀態。

②連接好接地線,並確認氫氣長管拖車的各個儀錶、閥門靈活可靠;對於不太靈活的,應及時進行修理或更換,以保證充裝安全。

③確認氫氣長管拖車的殘餘氣體合格,可以現場取樣對殘餘氣體進行分析。對新氫氣長管拖車或檢修後首次充裝,必須特別注意:非首次充裝的加氫站用氫氣長管拖車氣瓶壓力宜不低於 2MPa,其他氫氣長管拖車氣瓶壓力不低於 0.5MPa。

④連接好充裝軟管,打開氫氣長管拖車截止閥和排放/置換閥,進行吹洗置換軟管。合格後,關閉排放/置換閥。

⑤打開充裝排放截止閥進行氫氣長管拖車充裝。充裝期間檢查氫氣長管拖車閥和接頭是否洩漏。

⑥充裝中應確保壓力和溫度變化處於正常範圍。應控制充裝速度,氣瓶瓶體溫度一般不應高於 60℃。各氣瓶應按照操作順序逐支充裝,不得出現長管拖車各分瓶通過主匯流管路均壓的情況。嚴格控制儲氫氣瓶充裝量,充分考慮充裝溫度對充裝壓力的影響,20℃時氣瓶壓力不得超過氣瓶公稱工作壓力。

⑦當氫氣長管拖車達到其充裝壓力時(考慮溫度修正),關閉充裝排放截止閥和氫氣長管拖車截止閥及各長管瓶閥。

⑧必要時分析產品純度,記錄分析結果和充裝壓力。

⑨充裝軟管放空後,拆開。檢查閥門是否洩漏。

⑩在準備移動氫氣長管拖車前,拆開接地連線。同時確保氫氣長管拖車按照「防拉開程序」已處於可移動狀態。

(2)氫氣卸車工藝

氫氣長管拖車卸車的典型工藝流程如圖 4-4 所示,具體操作步驟如下:

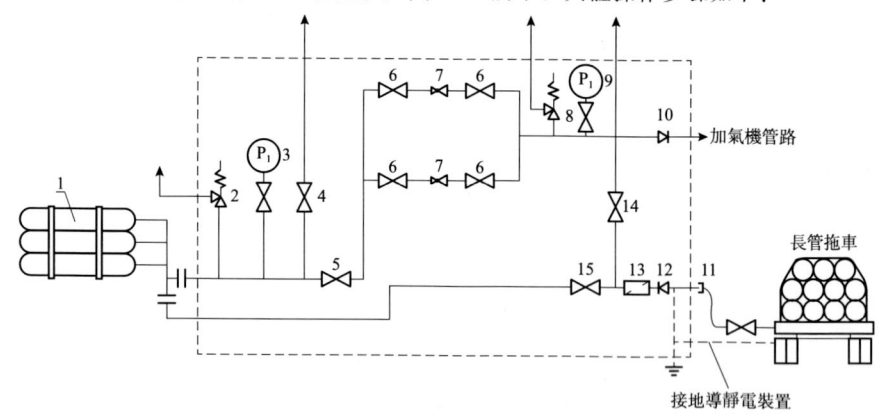

圖 4-4 氫氣長管拖車卸車的典型工藝流程示意

1—儲存容器;2、8—安全閥;3、9—壓力表;4、14—置換閥;5、6、15—截止閥;
7—壓力調節閥;10、12—逆止閥;11—充氣接頭;13—過濾器

①按照加氫站要求放置好氫氣長管拖車。確保氫氣長管拖車按照「防拉開程序」已處於不可移動狀態。

②連接好接地線,並確認氫氣長管拖車的各個儀錶、閥門靈活可靠,以保證供氫安全。

③確認加氫站的管路和儲罐是符合要求的,必要時可要求取樣進行分析。

④連接好軟管,並確認截止閥關閉而放散閥打開,斷續打開氫氣長管拖車截止閥吹洗置換軟管,吹洗置換合格後關閉放散閥。

⑤全開氫氣長管拖車截止閥,供氫開始。

⑥通常採用分級卸載法,以最大限度地將氫氣輸入用戶儲存容器。在這種情況下,需要按順序打開和關閉氫氣長管拖車上的長管瓶閥。

⑦檢查軟管接頭是否有洩漏。

⑧當儲存容器達到規定壓力,或者壓力平衡時關閉截止閥和氫氣長管拖車截止閥。供氫時溫度不得低於-40℃,加氫站用氫氣長管拖車氣瓶卸氫後壓力宜不低於 2MPa,其他氫氣長管拖車氣瓶卸氫後壓力應不低於 0.5MPa。

⑨經放散閥排放軟管中氣體後,拆開充裝軟管。

⑩在準備移動氫氣長管拖車前,拆開接地連線。同時確保氫氣長管拖車按照「防拉開程序」已處於可移動狀態。

4.2 純氫和摻氫天然氣管道輸送

4.2.1 純氫管道輸送

與天然氣輸送類似,將氫氣通過管道的方式進行輸送,是實現氫大規模、長距離輸送的重要方式。氫氣管道分為純氫管道和摻氫天然氣管道,本部分介紹純氫管道輸送。

(1)純氫管道概況

西方氫氣管道起步較早,氫氣的管道輸送歷史可以追溯到 1930 年代末。1938 年,德國建設了 1 條長約 208km 的純氫管道,管徑為 254mm,運行壓力為 2MPa,輸量為 9000kg/h。目前歐洲的純氫管道長度約 1770km,最長的純氫管道由法國液化空氣集團所有,該管道從法國北部一直延伸至比利時,全長約 402km。美國純氫管道規模最大,總里程約 2720km,其中全球最大的純氫供應管網位於美國墨西哥灣沿岸(見圖 4-5),於 2012 年建成,全長約 965km,連接 22 個製氫廠,輸量達到 150 萬 Nm³/h。

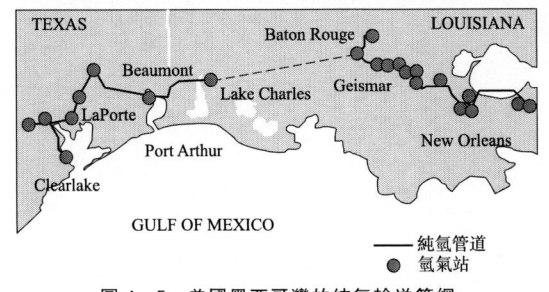

圖 4-5 美國墨西哥灣的純氫輸送管網

中國純氫管道建設較西方滯後,現有純氫管道總里程僅約 400km,主要分布在環渤海

灣、長三角等地。中國自主建設的代表性純氫輸送管道有2條：一條是2014年建成投產的中石化巴陵石油化工有限公司的巴陵－長嶺輸氫管道，是中國目前最長的在役純氫輸送管道(見圖4－6)；另一條是2015年建成投產的中國石化洛陽分公司的濟源－洛陽輸氫管道，是中國目前管徑最大、輸量最大的在役純氫輸送管道。2條純氫輸送管道的對比見表4－3。

圖4－6　巴陵－長嶺輸氫管道

表4－3　巴陵－長嶺和濟源－洛陽純氫管道對比

管道	全長/km	設計管徑/mm	年輸氫量/萬t	設計壓力/MPa	投資額/億元
巴陵－長嶺	42	350	4.42	4.0	1.90
濟源－洛陽	25	508	10.04	4.0	1.46

(2)純氫管道輸送系統

純氫管道輸送系統主要由氫源、壓氣站、管道、分輸站等組成。提供氫氣的氣源稱為氫源，如製氫廠。氫氣從氫源進入管道中進行輸送，為了長距離輸送，需要不斷供給壓力能，沿途每隔一定距離需要設置壓氣站，由壓縮機提供壓頭，壓氣站一般還兼具調壓計量等功能。管道一般採用抗氫脆性能好的鋼材。分輸站可以將氫氣分輸出管道或者將其他氫源的氫氣匯入管道。此外，純氫管道輸送系統還包括通訊、自動監控、道路、水電供應等一些輔助設施和建築。

純氫管道根據運行壓力的不同，分為高壓純氫管道(>4.0MPa)和中低壓純氫管道(≤4.0MPa)，目前中國純氫輸送管道的運行壓力一般為1.0～4.0MPa。

氫氣在管道中的流動可視為一元流動，下面給出氫氣在管道中流動的基本方程式。

由質量守恆定理，氫氣在管道內流動的連續性方程式為：

$$\frac{\partial(A\rho)}{\partial t}+\frac{\partial(\rho w A)}{\partial x}=0 \tag{4-1}$$

式中　A——管道橫截面面積，m^2；

　　　ρ——氫氣密度，kg/m^3；

　　　w——氣體流速，m/s；

　　　t——時間，s；

　　　x——管道長度，m。

根據牛頓第二定律，由流體運動的動量守恆可得到氫氣在管道內的運動方程式，又稱為動量方程式：

$$\frac{\partial(\rho A w)}{\partial t}+\frac{\partial(\rho w^2 A)}{\partial x}=-\frac{\partial(A p)}{\partial x}-\frac{\lambda}{d}\frac{\rho A w|w|}{2}-g\rho A \sin\theta \tag{4-2}$$

式中　d——管道內徑，m；

p——管道壓力，Pa；
θ——管道與水平面的傾斜角，rad；
g——重力加速度，m/s²；
λ——水力摩阻係數。

根據能量守恆定律，由流體運動的能量守恆可得到氫氣在管道內流動的能量方程式為：

$$\frac{\partial}{\partial t}\left[\left(e+\frac{w^2}{2}+gs\right)\rho A\right]+\frac{\partial}{\partial x}\left[\left(h+\frac{w^2}{2}+gs\right)\rho w A\right]=-\frac{\partial Q}{\partial x}\rho w A \quad (4-3)$$

式中　s——管道高程，m；
　　　e——氫氣單位內能，J/kg；
　　　h——氫氣單位焓，J/kg；
　　　Q_q——單位質量氫氣的熱損失，J/kg。

連續性方程式(4-1)和動量方程式(4-2)又稱為水力方程式，能量方程式(4-3)又稱為熱力方程式。

氫氣在管道輸送過程中須視為可壓縮氣體，其密度隨壓力和溫度的變化而改變，可以採用氣體狀態方程式描述其壓力、密度和溫度之間的數學關係。氫氣的真實氣體狀態方程式為：

$$pV=ZRT \quad (4-4)$$

式中　Z——壓縮因子；
　　　p——氫氣壓力，Pa；
　　　V——氫氣體積，m³；
　　　T——氫氣溫度，K；
　　　R——通用氣體常數。

純氫為單一組分氣體，還可根據真實氫氣性能數據進行擬合得到簡化的氫氣狀態方程式，如美國國家標準技術所(NIST)的簡化氫氣狀態方程式。

(3)純氫管道發展趨勢

中國純氫管道建設較滯後，為推動純氫管道建設，未來需對涉及的管道材料、氫氣壓縮機、完整性管理、標準規範等方面開展深入研究。

1)管道材料

管輸壓力波動和荷載頻率對管道本體和焊縫產生影響，未來需開展管道本體及焊縫抗氫脆能力評價，研發纖維複合材料和高強度抗氫脆鋼材等新型材料用於氫氣管輸，推動氫氣管輸降本增壓提效。

2)氫氣壓縮機

針對氫氣壓縮機功率要求高、運行可靠性低、對密封件要求高、易產生氣汙染等問題，從新型材料、壓縮機結構設計、非機械壓縮技術的應用等方面開展研究。

3)完整性管理

研究氫脆預測評價模型、管道及關鍵部件壽命預測模型、缺陷及裂紋檢測技術、氫氣微洩漏線上檢測技術、事故特徵演化規律等，推動氫氣管道及設備完整性管理實踐的發展。

4)標準規範

西方純氫管道設計建設技術整體比較成熟，已頒布了多項標準規範，例如美國機械工程師協會的 ASME B31.12 Hydrogen Piping and Pipelines、美國壓縮氣體協會的 CGA G5.6 Hydrogen Pipeline Systems、歐洲工業氣體協會 EIGA 的 IGC Doc 121/14 Hydrogen Pipeline Systems、亞洲工業氣體協會的 AIGA 033/06 Hydrogen Transportation Pipelines。中國氫氣管道輸送相關規範基礎較薄弱，現有氫氣管道基本參照油氣輸送管道和工業管道標準及西方氫氣管道標準設計建造，運行管理也基本按照油氣長輸管道模式進行，未來應加快推動標準規範的制定。

4.2.2 摻氫天然氣管道輸送

將一定比例的氫氣摻入天然氣管道或管網中，利用現有天然氣管道或管網進行輸送，被稱為摻氫天然氣管道輸送技術。截至 2020 年，中國天然氣管道總里程超過 11 萬 km，利用在役天然氣管道或管網輸送氫氣，可解決氫的大規模高效經濟輸送難題，未來具有廣闊的應用前景。

(1)摻氫天然氣管道概況

國際能源總署數據顯示，截至 2019 年初，全球有 37 個摻氫天然氣管道示範專案，包括通過摻氫天然氣輸送為家庭和企業供熱可行性、測試天然氣管網摻氫比對輸配關鍵設備、材料、終端設備和電器等的影響、摻氫天然氣地下儲存技術和監測要求等。其中，歐盟委員會在 2004－2009 年開展的 NATURALHY 專案是較早開展摻氫天然氣管道輸送研究的示範性專案。表 4－4 所示為西方部分代表性摻氫天然氣管道輸送示範專案概況。

表 4－4　西方部分代表性摻氫天然氣管道輸送示範專案概況

國家	年分	專案概況
歐盟委員會	2004－2009	包括天然氣營運商、設備製造商、研究機構、大學和諮詢機構等在內的 39 家單位參與，總預算 1730 萬歐元。在摻氫天然氣全生命週期社會經濟評價、管網及設備安全性、相容性和完整性、終端用戶等方面開展了研究，探究能否通過歐洲在役天然氣管網安全輸送氫氣，測試的摻氫比為 0～50%
荷蘭	2008－2011	在 Ameland 島開展將風電製得的氫氣摻入當地天然氣管網的示範專案，2010 年平均摻氫比達到 12%
法國	2014	開展了為期 5 年的「GRHYD」摻氫天然氣應用示範，除將風電製得的氫氣以低於 20% 的比例注入天然氣管網外，還將摻氫比為 6%～20% 的摻氫天然氣通過壓縮天然氣加注站供 50 輛天然氣大巴車使用
德國	2012	意昂公司在德國 Falkenhagen 建設了 1 座 2MW 的風電製氫示範工廠，將製得的氫氣以 2% 的體積比直接注入當地高壓天然氣輸送管道
德國	2015	在 Reitbrook 地區建設了 1.5MW 的 P2G 專案，將風電製得的氫氣在 3MPa 壓力下直接注入當地中壓天然氣管網，氫氣摻混量最高為 285Nm³/h
義大利	2019	義大利 Snam 公司將體積分數 5% 的氫氣和天然氣混合，納入義大利天然氣管網並成功完成輸送
英國	2019	向斯塔福郡基爾大學現有的天然氣管網注入 20% 的氫氣，為 100 戶家庭和 30 座教學樓供氣

圖 4－7　遼寧朝陽可再生能源
摻氫示範專案第 1 階段工程

中國也對摻氫天然氣管道輸送的可行性進行研究。2019 年，遼寧朝陽可再生能源摻氫示範專案第 1 階段工程完工（見圖 4－7）。該專案利用燕山湖發電公司現有 10Nm^3/h 鹼液電解製氫站新建氫氣充裝系統，氫氣經壓縮瓶儲後通過集裝箱式貨車運至摻氫地點，廠外在朝陽朝花藥業公司建設天然氣摻氫設施，實現天然氣摻氫示範。該專案是中國首個電解製氫摻入天然氣的專案，在一定程度上驗證了電力製氫和氫氣流量隨動定比摻混、天然氣管道材料與氫氣相容性分析、摻氫天然氣多元化應用等技術的成熟性、可靠性和穩定性，達到驗證示範氫氣「製取－儲運－摻混－綜合利用」產業鏈關鍵技術的目的。

（2）摻氫天然氣管道系統

摻氫天然氣管道系統與天然氣管道系統類似，只有相關配套工藝和設備不同。例如，精準摻氫技術及設備、摻氫天然氣的氫分離技術及設備。與天然氣管道和純氫管道相比，摻氫天然氣管道輸送需要氫氣－天然氣的摻混裝置，在摻混裝置內將氫氣與天然氣進行均勻摻混。

目前常採用隨動流量混氣橇將氫氣與天然氣進行混合，一般在天然氣摻氫混氣站內進行。天然氣摻氫混氣站是指採用混氣橇實現天然氣和氫氣 2 種氣體按比例混合的專門場所，混氣橇是天然氣摻氫混氣站的主要設備。混氣橇一般指將閥門、管道、混氣設備、儀器儀錶和控制系統等裝置整合並固定在同一底座上，實現 2 種或多種不同氣體互相均勻混合的可整體進行移動、就位的裝置。在混氣橇中，靜態混合器是天然氣和氫氣混合的主要裝置。圖 4－8 所示為一種典型的隨動流量混氣橇的摻氫工藝示意。

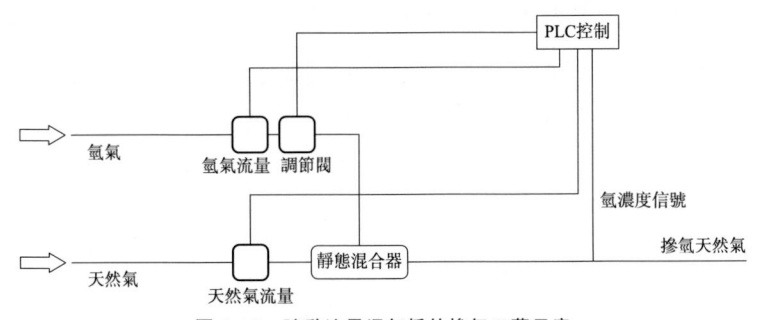

圖 4－8　隨動流量混氣橇的摻氫工藝示意

此外，天然氣摻氫混氣站還涉及氫氣工藝裝置，包括用於氫氣裝卸、過濾淨化、計量、加（減）壓等氫氣輸送的工藝設備，不包含以氫氣儲存為目的的儲氫容器及氫氣集中放散裝置。

(3)摻氫比的確定

將氫氣摻入天然氣管道中進行輸送，首先需要確定合適的摻氫比。但摻氫比受多個因素制約，目前尚無統一的確定方法。不同國家對摻氫比上限的規定也不盡相同，如圖4－9所示，各國天然氣管道中的摻氫比一般不超過10%。

摻氫比的確定是摻氫天然氣管道輸送的綜合性問題，摻氫比的確定受管道輸送系統和終端利用設備等多個因素共同制約，如管道材質、關鍵設備對氫氣的適應性，如圖4－10所示。一般而言，天然氣管道和管網的範圍越大，設備越多，運行工況越苛刻，對摻氫比上限的要求也越嚴格。

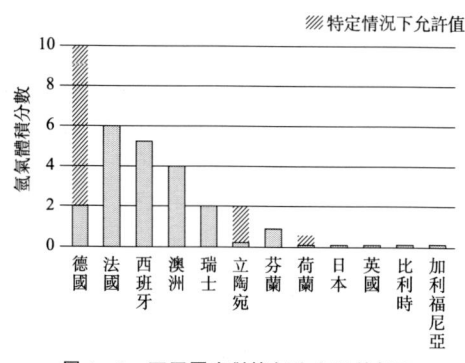

圖4－9 不同國家對摻氫比上限的規定

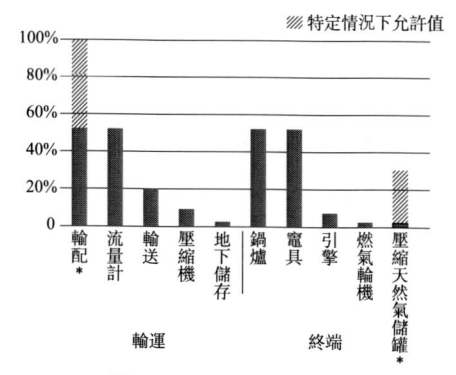

圖4－10 不同輸送設備和終端利用對摻氫比的適應性

(4)摻氫天然氣管道發展趨勢

摻氫天然氣管道輸送既要考慮技術可行性，還受安全性和經濟性等因素制約。雖然包括中國在內的多個國家均已開展摻氫天然氣管道輸送的初步示範，但目前仍不具備大規模推廣的條件，核心問題是如何確定合適的摻氫比，並明確不同摻氫比條件下天然氣輸送系統的安全性，未來應加強以下方面的研究。

1)摻氫比

明確天然氣管道、關鍵設施設備、下游終端用戶對摻氫的適應性，查明不同制約條件下現役天然氣管道的摻氫比，制定天然氣管道摻氫比的確定準則。

2)事故特徵及完整性管理

揭示不同摻氫比下天然氣管道及關鍵設施設備洩漏、積聚、燃燒和爆炸等安全事故特徵和演化規律，明確摻氫比對管道安全事故產生的影響，發展摻氫天然氣管道洩漏線上智慧監測技術、風險定量評估、安全性和可靠性評價方法，開展考慮摻氫影響的天然氣管道輸送全生命週期完整性評價和管理。

3)標準與示範

開展摻氫天然氣管道輸送相應配套設施設備、輸送工藝、摻混氫工藝、氫分離工藝等的研究，制定摻氫天然氣管道輸送技術相關標準規範和安全運行技術體系，發表相應法律

法規和政策。進一步開展摻氫天然氣管道輸送示範專案的建設,為摻氫天然氣管道輸送技術研究提供實際應用驗證。

4.3 液氫的車船輸送

當用氫量較大時,如果都採用長管拖車輸送,會造成運輸車輛的調配困難。將氣態氫降溫變成液態,液氫的體積僅約為標準狀態下氣態氫的 1/800,可滿足大輸量、經濟的運氫需要。

將氣態氫降溫到 −253℃時,氫氣變成液態,液氫在標準沸點下的密度為 70.8kg/m³,體積能量密度為 8.5MJ/L,是 15MPa 壓力下氫氣的 6.5 倍。液氫槽罐車輸送流程(見圖 4−11):首先將氫氣進行液化,然後通過液氫泵將液氫裝入保溫槽罐車中運輸至加氫站,在加氫站內將液氫汽化,汽化後的氫氣進入加氫站不同壓力級別的儲氫罐中進行分級儲存。

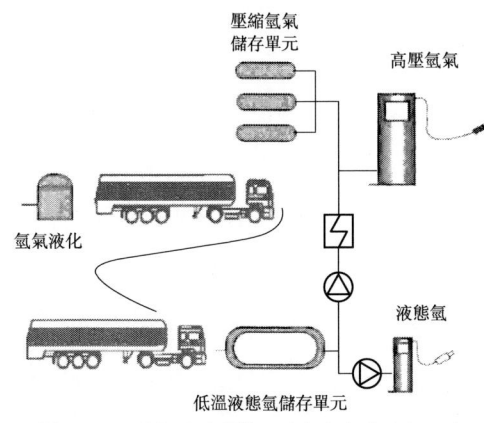

圖 4−11 液氫公路運輸至液氫加氫站流程示意

4.3.1 氫氣液化

氫氣液化和其他氣體液化的主要區別在於氫分子存在正氫和仲氫 2 種狀態,液氫會自發進行正、仲氫平衡轉化並釋放熱量。目前常見的氫氣液化技術有以下 4 種。

(1) 節流液化循環

節流液化循環(又稱預冷型林德−漢普森系統)是工業上最早採用的氫氣液化循環系統,該系統先將氫氣用液氮預冷至轉換溫度(204.6K)以下,然後通過焦耳−湯姆遜節流效應實現氫氣液化。採用節流液化循環時,須藉助外部冷源,如液氮進行預冷氫氣,經壓縮機壓縮後,經高溫換熱器、液氮槽、主換熱器換熱降溫,節流後進入液氫槽,部分被液化的氫積存在液氫槽內,未液化的低壓氫氣返流復熱後回壓縮機,工藝流程示意見圖 4−12。

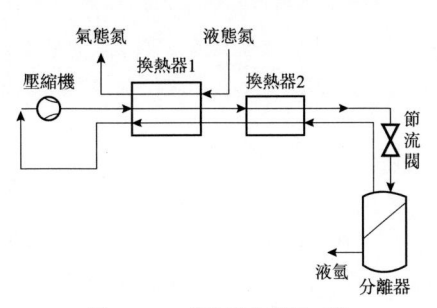

圖 4−12 節流液化循環工藝

(2) 帶膨脹機液化循環

帶膨脹機液化循環工藝(預冷型 Claude 系統)通過氣流對膨脹機做功來實現液化。其中,一般中高壓系統採用活塞式膨脹機,低壓系統採用透平膨脹機。壓縮氣體通過膨脹機對外做功可比焦耳−湯姆遜節流效應得到更多的冷量,因此帶膨脹機液化循環的效率比節流液化循環高。目前運行的大型液化裝置多採用此種液化流程,其工藝流程見圖 4−13。

(3)氦製冷液化循環

氦製冷液化循環包括氫液化和氦製冷循環2部分。氦製冷循環為 Claude 循環系統，這一過程中氦氣並不液化，但達到比液氫更低的溫度(20K)。在氫液化流程中，被壓縮的氫氣經液氮預冷後，在熱交換器內被冷氦氣冷凝為液體。該循環的壓縮機和膨脹機內的流體為惰性氦氣，對防爆有利，且可全量液化供給的氫氣，並容易得到過冷液氫，能夠減少後續工藝的閃蒸損失。

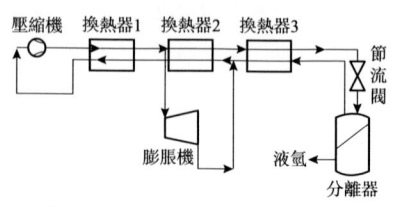

圖 4-13 帶膨脹機液化循環工藝

(4)磁製冷液化循環

磁製冷即利用磁熱效應製冷。磁熱效應是指磁製冷工質在等溫磁化時放出熱量，而絕熱去磁時溫度降低，從外界吸收熱量。磁製冷效率較高，且無須低溫壓縮機，使用固體材料作為工質，結構簡單、體積小、質量輕、無噪音、便於維修。磁製冷液化循環目前尚未商業化。

在液氫儲罐內，正、仲氫需要催化轉換達到平衡值，否則正、仲氫自發進行轉換，在儲罐內放出的熱量會使儲罐內的液氫汽化，從而不時地消耗液氫。此外，常壓下液氫的沸點為 20.3K，暴露在常溫下液氫極易汽化，所以液氫儲存容器必須採用保溫極好的多層絕熱的真空杜瓦容器。因此，液氫輸運的一個關鍵問題是減少漏熱損失。液氫儲罐材料、結構設計及加工工藝要求嚴苛。

4.3.2 液氫槽罐車充裝及運輸要求

(1)充裝液氫槽罐車的置換方法

①新啟用的或被其他氣體汙染的槽車，在充裝液氫前應進行置換處理。置換處理採用抽空置換與正壓通氣置換相結合的辦法。先用氮氣充壓 0.2MPa(表壓)，在保壓 5min 後，放壓並抽空車內氣體，直至氧含量不大於 0.001‰，然後改用超純氫置換直至達到超純氫質量指標。

②置換合格後，槽車內應充 50kPa(表壓)的超純氫，保存到開始加注液氫。

③對新置換需預冷的槽車，應對槽車進行預冷。預冷時，應以不大於槽車容積 5％的液氫先注入槽車降溫，隨著溫度降低逐步加大預冷液氫的加注量，直至溫度計顯示槽車內溫度接近液氫溫度時開始加注液氫。預冷過程中汽化的氫氣應予以回收利用。

④對裝過液氫或留有部分液氫的槽車，加注前，亦需對槽車內的氣體進行檢測，符合超純氫質量指標時，不必再做置換處理，不符合的，按照①、②、③的方法進行置換。

(2)液氫罐車及罐式集裝箱的運輸及充裝要求

①液氫罐車出發前，應確認罐車的運輸時間和運輸距離，並制定緊急情況排放措施，以確保運輸過程中不在公路上排放液氫。罐車、罐式集裝箱運輸液氫時，要經常監視壓力表的讀數，不應超過壓力規定值。當壓力表讀數異常升高時，罐車應開到人稀、空曠處，打開放空閥排氣洩壓。

②液氫罐車壓力接近安全閥起跳壓力時，應將罐車行駛到空曠處排放，並設警戒線。

③在工業企業廠區內，液氫罐車或載有液氫罐式集裝箱的車輛行駛速度不應超過10km/h，不應用手推行駛，禁止溜放。

④裝載液氫的液氫運輸車應露天停放，不得停放在靠近橋梁、隧道或地下通道的場所。液氫罐車、罐式集裝箱的拖車停放間距不小於3m。

⑤罐車、罐式集裝箱只有在得到有關人員同意後方可進入充灌場所進行充灌。充灌前，應對充灌的連接管道進行置換，直至管道內氣體中雜質含量符合液氫容器的置換指標要求。充灌時，操作人員應在現場。充灌操作應按操作規程進行，並應防止低溫液體外溢。

⑥罐車的液氫接收口應安裝 $10\mu m$ 的過濾器，濾芯採用與氫相容性材料，連續固定使用的氫過濾器宜採用可切換式。

⑦罐車拖車尾部在進入加注、轉注場所前應安裝汽車防火帽。

⑧罐車、罐式集裝箱在連接充灌輸液管前應處於製動狀態，防止移動，並應設置防滑塊；在充裝過程中應採取相應的安全措施，配置防拉脫裝置；充灌結束後應將輸液管置換至非氫氣環境，確認安全後再脫開輸液管，方可離開；在充灌裝卸作業時，汽車引擎應熄火關閉；充裝過程中，駕駛員不得駐留車內。

⑨罐車、罐式集裝箱內液氫不宜長期儲存，更不得混裝其他液體，漆色標誌應符合相關規定。

⑩液氫加注、轉注期間，應對管道連接處再次進行檢查確認，防止洩漏。

(3)液氫容器充裝操作安全規定

①液氫容器在使用前應檢查各種閥門、儀錶、安全裝置是否齊全有效、靈敏可靠、在檢驗有效期內。液氫容器應配置禁油壓力表、手動或自動洩放閥、安全閥、爆破片，爆破片安全裝置的材質應選用不鏽鋼、銅或鋁，並應脫脂去油。

②液氫容器的充裝量應符合儲罐的設計文件要求，液氫容器(用於生產系統的液氫專用接收容器除外)泄出後剩餘量不應少於總容積的5％。

③液氫容器常溫充灌時，加注口閥門的開度應不大於20％，緩慢充灌預冷，預冷時間不小於30min。

④當液氫容器上的閥門和儀錶、管道連接接頭等處被凍結時，不應用鐵錘敲打或明火加熱，宜用70～80℃潔淨無油的熱氮氣或溫水進行融化解凍。

4.3.3 液氫槽罐車船

液氫輸送最常用的工具是槽罐車，配有水平放置的圓筒形低溫絕熱槽罐，見圖4-14。目前商用的槽罐車液氫槽罐容量約為65m³，可容納約4000kg液氫，有些槽罐容量可達到100m³，可容納約6000kg氫氣。液氫的儲存密度和損失率與槽罐的容積有較大關係，液氫槽罐車氫氣容量高，是加氫站儲運氫的重要方式之一。

除了採用液氫槽罐車(見圖4-14)外，深冷鐵路槽車長距離運輸液氫的輸量大、相對經濟，儲氣裝置常採用水平放置的圓筒形杜瓦槽罐，儲存液氫容量可達到100m³，部分特殊的擴容鐵路槽車容量可達到120～200m³，但目前海內外僅有非常少量的液氫鐵路運輸路線(見圖4-15)。

图 4-14 液氢槽罐车

图 4-15 液氢运输火车

与运输液化天然气(LNG)类似,大量的液氢长距离运输可采用船运。一般是专门建造输送液氢的大型驳船,驳船上装载有容量很大的液氢储存容器。显然,这种大容量液氢的海上运输要比陆上的铁路或高速公路上运输经济、安全性更好。图 4-16 所示为日本川崎重工建造的液氢运输船。

图 4-16 大型液氢运输船示意

4.4 其他输送方式

除了采用长管拖车、管道及液氢车船输送方式以外,还可以采用有机液态氢化物输送及固态氢输送,本节进行简要介绍。

4.4.1 有机液态氢化物输送

在较低压力和较高温度下,某些有机液体可做氢的载体,达到储存和输送氢的目的,这一方法称为有机加氢化合物法(Organic Chemical Hydride Method,OCH 法)。OCH 法中氢气储运无须耐压容器和低温设备,需要氢时可通过催化剂进行脱氢反应释放氢气,脱氢后的有机化合物还可以再次加氢,实现多次循环使用。

(1) 有机液态氢化物储放氢原理

OCH 法常用的有机化合物载体有苯、甲苯、甲基环己烷、萘等。OCH 法由加氢反应和脱氢反应 2 部分组成。典型的加氢和脱氢反应对包括甲基环己烷型、环己烷型和十氢萘型,如图 4-17 所示。这些加氢和脱氢反应对具有较高的储存密度。

图 4-17 某典型的加氢和脱氢反应对

$\Delta H = 205$ kJ/mol
$\Delta H = 206$ kJ/mol
$\Delta H = 332$ kJ/mol

采用甲苯作为储氢有机液体时的脱氢反应和加氢反应示意见图 4-18。在加氢反应中,通常使用镍或钯催化剂提高加氢反应效率。在脱氢反应中,使用 10%(质量分数)Pt/C 活性

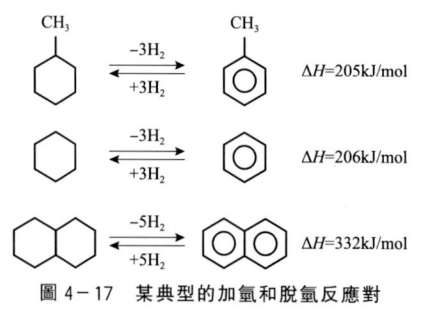

炭鉑催化劑促使甲基環己烷的C－H鍵斷裂，氫原子解離，產生甲苯，同時產生H_2。

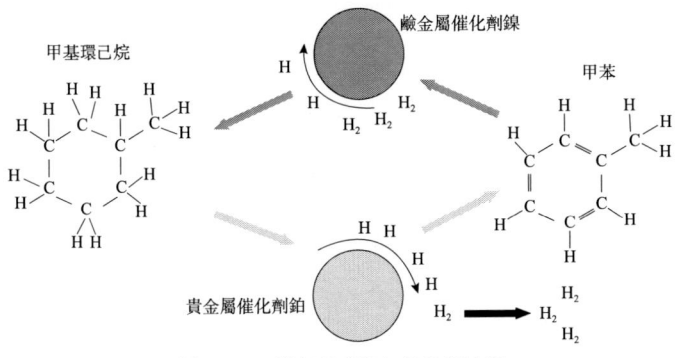

圖4－18 脫氫反應和加氫反應示意

與傳統儲氫方法相比，有機液態氫化物有以下特點：①儲氫量大、儲氫密度高；②氫載體環己烷和甲基環己烷在室溫下呈液態，與汽油類似，可方便利用現有的儲存和運輸設備，安全性高；③加氫、脫氫反應高度可逆，儲氫劑可反覆循環使用，且儲氫劑通常價格較低。

(2)有機液態氫化物車載運輸流程

有機液態氫化物可逆儲放氫系統是一個封閉的循環系統，由有機儲氫載體的加氫反應、儲氫載體的儲存和運輸、脫氫反應3個過程組成。如圖4－19所示，利用催化加氫裝置，將氫儲存在環己烷或甲基環己烷等有機儲氫載體中。由於儲氫載體在常溫、常壓下呈液態，儲存和運輸簡單易行。將有機氫化物儲氫載體運送到目的地後，通過催化脫氫裝置，在脫氫催化劑的作用下，釋放出被儲存的氫供用戶使用。儲氫載體則經過冷卻後儲存、運輸、循環再利用。需要注意的是，所生成的氫氣中含有作為脫氫生成物的芳香族化合物，需根據對氫氣純度的要求決定是否需要對氫氣進行純化處理。

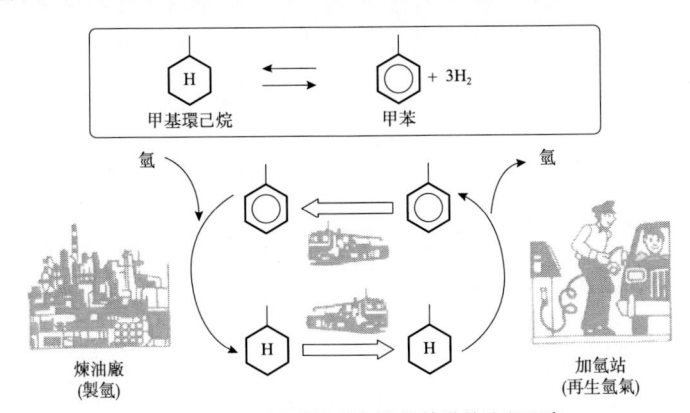

圖4－19 利用有機液態氫化物輸送的流程示意

目前，有機液態氫化物的車船輸送仍存在一些問題，儘管有機液態氫化物的儲氫密度較高，但運輸氫時沒有像汽油、液氫那樣返空車的概念，使用完的脫氫介質必須隨車返

廠，往返均為重載運輸，降低了其運輸的經濟性。此外，為實現高效催化加氫，用氫設備上需要增設加熱裝置，增加了系統的複雜性。

4.4.2　固態氫輸送

固態氫輸送是指用固體儲氫材料通過物理、化學吸附或形成氫化物儲存氫氣，然後運輸裝有儲氫材料的容器。固態氫的運輸具有如下優點：①體積儲氫密度高；②容器工作條件溫和，無須高壓容器和絕熱容器，不必配置高壓加氫站；③系統安全性好，沒有爆炸危險；④可實現多次(大於1000次)可逆吸放氫，重複使用。

固態氫運輸的主要缺點是儲氫材料質量儲氫密度不高，運輸效率低。因此固態氫的運輸裝置應具備質量輕、儲氫能力大的特徵。此外，由於儲氫合金價格較高(通常幾十萬元/噸)，放氫速度慢，還需要加熱，儲氫合金本身較重，長距離運輸的經濟性較差，目前固態氫運輸的情形並不多見。

4.4.3　不同氫氣輸送方式比較

表4-5對比了中國當前技術條件下不同的氫能輸送方式的特點。可以看出，不同的輸送方式適用於不同的輸送距離，載氫量及技術成熟度也不相同。目前，中國氫能示範應用主要圍繞工業副產氫和可再生能源製氫產地附近布局，氫能主要以高壓氣態方式輸送。隨著氫能產業的發展，氫能的輸送將更多以高壓長管拖車、低溫液氫、純氫管道、摻氫天然氣管道(示範)輸送等方式，因地制宜，多種輸送方式協同發展。

表4-5　不同氫能輸送方式比較

儲運狀態	輸送方式	壓力/MPa	載氫量/(kg/車)	體積儲氫密度/(kg/m³)	經濟距離/km	技術成熟度
氣態	長管拖車	20	300～400	14.5	≤150	成熟
	管道	1～4	—	3.2	≥500	不成熟
液態	液氫槽車	0.6	6000～7000	70.8	≥200	不成熟
有機液體	槽罐車	常壓	2000	73.7(咔唑)	≥200	不成熟
固態	貨車	0.5～4	300～400	106(MgH_2)	≤150	不成熟

4.5　加氫站

4.5.1　加氫站類別

按氫源不同，加氫站可分為站外供氫和自產氫。站外供氫進站後需進一步處理的有：管道輸送混合氫氣、有機液體氫化物與固體氫化物等。供氫原料是否要處理依賴於汽車用氫方式。例如，對於有機液體氫化物，若氫氣釋放在車上完成，那麼，就無須對進站有機液體氫化物進行處理，可直接給汽車加注。反之，有機液體氫化物僅作為運輸氫的載體，

那麼，在站內就需要被分解、釋放氫氣，然後進行壓縮儲存。固體氫化物與有機液體氫化物類似。

站外供氫進站後不需進一步處理的有長管拖車運輸進站的高壓氫氣和液氫。長管拖車可用作初級氫氣儲罐，或進行卸載、加壓輸送至站內高壓儲罐。液氫可直接加注給汽車，也可汽化、升溫與增壓後儲存於高壓儲罐。通過管道輸送高純氫也是一種技術方案。

站外供氫無論是否處理，由於其化學形態是單質氫或易分解、脫附等狀態，對其所進行的加工深度較低，相應工藝流程短、設備數量少、監控變數少、安全性較高。

站內自產氫最典型的是電解水製氫。電網或離網運行的電、太陽能發電等新能源形式均可作為電源。站內製氫還可以是如天然氣或輕烴蒸汽重整、煤或重烴氣化、氨分解、甲醇分解等化學方法製氫。站內製氫複雜度遠高於外供氫，對加氫站而言，相當於是一個小型工廠外加一套儲運、加注系統。

當前應用最廣的加氫站方案有兩種：一是拖車外供高壓氫，站內壓縮機增壓儲存，然後進行氣態加注；二是用液氫槽車供應氫，低溫泵直接對液體增壓或汽化後用壓縮機增壓、然後進行氣態加注。後面將主要介紹這2種加氫站方案。

圖4-20所示為1座集加油、加氫、太陽能發電、超商和休閒等多項功能於一體的綜合能源服務站。圖中右方為2輛長管拖車與9個固定儲氫瓶組；加油、加氫罩棚的靠近站房側為車輛加氫位置，配備35MPa雙槍接口加氫機；壓縮機和製冷機組布置在圖中站房右後方。其日供氫能力500kg，每天可滿足30輛氫能源公車、重卡物流等車輛用氫需要。此外，該站還預留了二期供氫能力500～1000kg的加注量設計，具備中遠期擴能能力，屆時將滿足60～100輛商用氫能源車輛加氫需要。

圖4-20　加油、加氫等綜合能源服務站

4.5.2　氫氣加氫站

氫氣加氫站是給車載氣瓶充氣，最簡單的流程是連通站內高壓儲罐與車載氣瓶，氫氣在壓差作用下由高壓儲罐流向低壓車載氣瓶，當氣瓶壓力達到設定壓力或充氣率之後，停止充氣。

充氣過程中的高、低壓轉換存在顯著熱效應，即：①向氣瓶內的充氣壓縮產生顯著溫升；②高壓氫氣在充氣管路中節流產生顯著溫升；③壓縮機加壓過程產生顯著溫升。

目前車載高壓氫氣儲罐均採用纖維增強、樹脂固化工藝。固化樹脂最高工作溫度為85℃，氣瓶本體溫度不能超過此溫度。因此，充氣過程熱效應是制約加氫工藝方案的主要因素。

(1) 氫氣加注過程熱效應

向氣瓶內的充氣壓縮產生顯著溫升，氣瓶初始狀態下氫氣壓力與溫度分別為 p_0 與 T_0，參數為 p_1、T_1 的儲罐向氣瓶充氣，充滿後氣瓶參數為 p_2、T_2。假定氣瓶充氣為絕

热过程，氢气为理想气体，质量定压与定容热容 c_p、c_V 为常数，忽略进入系统的气体动能，储罐容积远大于气瓶容积，充气过程中，储罐热力学参数不变。定义参数：

$\varepsilon = \dfrac{p_2}{p_0}$，表示储罐气瓶充气前后压缩比；

$\lambda = \dfrac{T_0}{T_1}$，表示气瓶充气前环境温度与预冷温度之比；

$k = \dfrac{c_P}{c_V}$，氢气质量热容比。

经推导，可得充气前后氢气温度比 T_2/T_0 为：

$$\frac{T_2}{T_0} = \frac{\varepsilon k}{k + \lambda(\varepsilon - 1)} \tag{4-5}$$

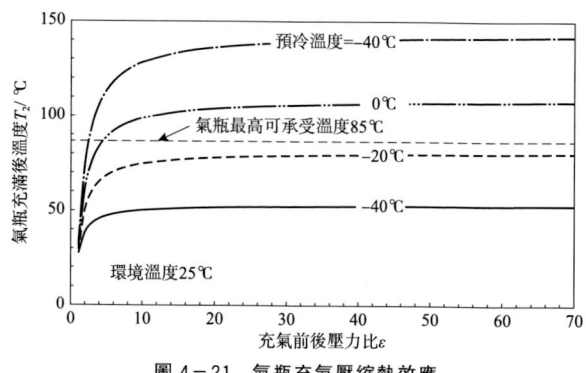

图 4-21 所示为按式（4-5）计算得到的气瓶充满后氢气温度，其中，环境温度为 25℃。可以看出：若预冷不足（如大于 20℃），那么，在稍高压比条件下，氢气加注后温度将显著超过限定温度 85℃。除非是气瓶初始压力较高，即大幅度降低压缩比，在充气量较小的条件下才能获得较低温升。但此时，氢气汽车行驶里程将大为降低。

图 4-21　气瓶充气压缩热效应

若氢气被冷却到 -40℃ 或 -20℃，那么，在图 4-21 中所列全部范围内，压缩温升均不超过 85℃。这也是国际上所通用氢气加注协定 SAE J2601 将预冷温度推荐为 -40～-20℃ 的主要原因。

尽管上述推导采用理想气体假设，但与采用真实气体所得结论差别不大。

上述充气压缩过程被限定为绝热过程，相当于充气过程极快。若充气过程不是那么迅速，气体在温度升高过程中，将加热气瓶与沿程管件，同时，向环境释放热量。这 2 种因素均能降低氢气温度。

对于典型Ⅳ型气瓶，若储存质量 4kg，仅考虑在加热气瓶与沿程管件的热容量影响时，氢气绝热状态下温度每升高 1℃，对应非绝热状态下系统总体温度升高约 0.36℃。

向环境的散热也会降低充气温升。重载汽车储罐一般置于车顶或处于通风良好状态，通过储罐外壁的散热显著影响氢气温升过程，而轿车气瓶一般处在较封闭状态，散热条件很差。

SAE J2601 加注协定基于某些特定型号气瓶进行实验，然后进行外推得到推荐加注数

據，由於當前氫能技術發展變化很快，協定不會立刻覆蓋最新各類氣瓶發展。此外，不同氣瓶安裝狀態也會影響該協定適用性，在使用該規範時需要仔細甄別被充氣的氣瓶型式及其當前狀態。否則，充氣超壓或超溫會直接帶來嚴重安全事故。

從散熱和熱容量角度來說，Ⅳ型、Ⅴ型氣瓶散熱性能不如Ⅲ型氣瓶，從而導致其充氣危險性增加，因此，確定不同車載氣瓶型式要綜合考慮各種因素。

氫氣加注總是存在節流過程。氣體節流是典型等焓流動過程，其溫度效應依賴於焦－湯係數 m_{JT}，定義為：

$$m_{JT} \equiv \frac{\partial T}{\partial p}\bigg|_H \qquad (4-6)$$

若 $m_{JT}>0$，那麼，隨著壓力降低，介質溫度降低，即節流降溫。一般流體節流後溫度下降，而氫氣恰好相反。在典型加注溫度、壓力條件下，$m_{JT}<0$，節流產生顯著溫升。

例如，在充氣過程中，氫氣壓力從 70MPa 降低到 35MPa，那麼，節流溫升接近 160℃。因此，在加注流程中，調節閥之後一般均配置預冷器，使得節流溫升後的氫氣降溫，同時預留充氣壓縮溫升空間。

(2) 儲罐分級對加氫站性能的影響

儲罐按壓力進行分級充氣有利於降低節流溫升不利的影響。此外，設置固定儲氣罐、對儲氣罐按壓力進行分級、增加儲氣罐額定壓力等均對加氫站工作性能產生顯著影響。

儲罐可充氣的質量與其儲存氣體的質量之比定義為儲罐取氣率 h（儲罐利用率）。對於固定水容積的儲罐，該數值越大，表明可用於充氣的氫氣越多，即加氣負荷越大。對於一定的加氣負荷，取氣率越大，儲罐的容積就可取較小數值，即儲罐造價降低。若加氫站僅設置 1 個高壓儲罐，如 85MPa 儲罐，對額定工作壓力為 70MPa 的氣瓶充氣，一旦儲罐壓力下降至 70MPa，儲罐將不能充滿下一個氣瓶。此時的取氣率為 $(85-70)/85=17.6\%$ 左右。但是，通過多個不同壓力級別的儲罐進行充氣，可顯著提高儲罐取氣率。

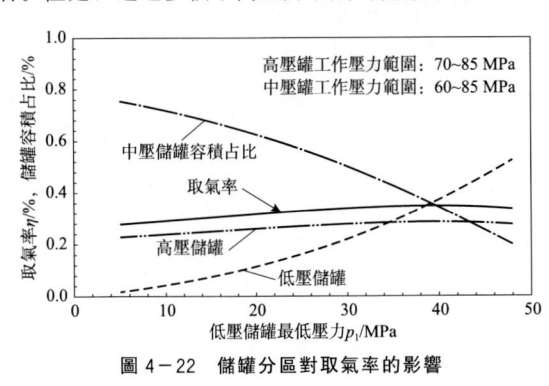

圖 4-22 所示為儲罐分區對取氣率的影響。給定高、中壓儲罐工作壓力範圍，改變低壓儲罐最低工作壓力，取氣率和各個儲罐的容積佔比連續變化。對初始壓力 1MPa 的氣瓶先用低壓儲罐進行充氣，當氣瓶壓力達到低壓儲罐設定壓力 40MPa 時，轉向中壓儲罐進行充氣；當氣瓶壓力達到中壓儲罐設定壓力 60MPa 時，轉向高壓儲罐進行充氣；當氣瓶壓力達到 70MPa 時，

圖 4-22 儲罐分區對取氣率的影響

氣瓶充滿，完成充氣。此時，取氣率可達到 35% 左右。

目前中國已建成加氫站多數採用三級儲罐，部分加氫站最後一級採用壓縮機進行增壓，這稱為三區（高、中、低壓 3 個壓力級別分區）四線（高、中、低壓儲罐和壓縮機 4 條

工藝管線進行充氣)制。中國數量眾多CNG加氫站也普遍採用此類配置並寫入行業規範作為推薦值。

但需要指出的是，由於氫氣的顯著熱效應，以及當前加氫站建站投資和能耗仍然未達到普遍希望的技術經濟目標，因此，不斷有研究者提出各種優化工藝方案。其中，美國能源部下屬阿貢實驗室提出對長管拖車進行增壓，從而大幅度降低隔膜壓縮機容量是一種有效工藝方案，此工藝授權給PDC公司進行商業推廣。

(3)無儲氣加氫站加注工藝

無儲氣，是指加氫站無單獨設立固定儲氣裝置，此時，可以採用外供長管拖車、外接氫氣供應管道或站內即時製氫作為氫源。圖4-23所示為某一建成運行加氫站的長管拖車供氣、壓縮機增壓充氣工藝流程。

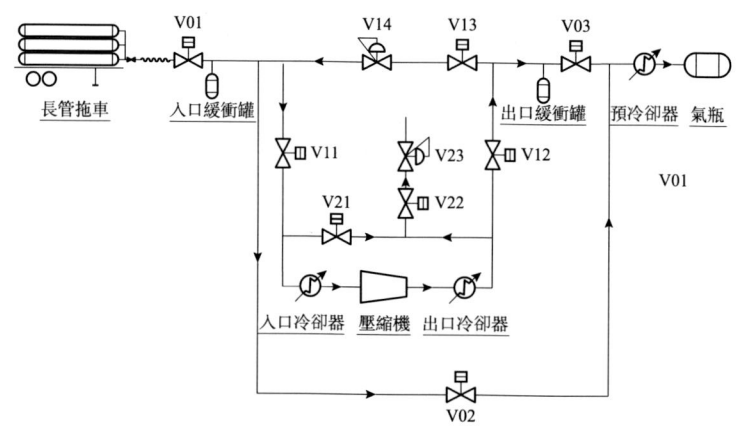

圖4-23　無儲氣加氫站加注工藝

加注充氣分為3個階段。

第1階段：車輛進站後，因氣瓶壓力較低，若此時長管拖車內壓力大於氣瓶剩餘壓力，V01、V02打開，V03關閉，氫氣經由下部管線，由預冷卻器冷卻到一定溫度後對氣瓶充氣，一旦氣瓶壓力上升接近拖車氣瓶壓力時，V02關閉，第一階段充氣完成。

第2階段：開動壓縮機自循環，V01處於打開狀態，V11、V12和V13打開，V14是減壓閥，壓縮機出口高壓氣體經此減壓閥降壓至17.9MPa後返回入口；V21、V22和V03處於關閉狀態。當壓縮機循環壓力大於設定壓力(如35MPa)時，V13關閉，自循環流程結束，轉為壓縮機增壓加注階段。

第3階段：V13處於關閉狀態，V03打開，氣瓶由壓縮機充氣，直至充滿，第3階段結束，氣瓶完成一次充氣過程。

充氣完成後，V21和V22打開，V23為出口放空減壓閥，壓縮機及管路中剩餘氣體經由放空管路排空，排空後氣體壓力由V23控制。在從長管拖車卸氣、旁路充氣、壓縮機自循環及壓縮機增壓充氣之前，各個管路進行氮氣吹掃與置換。

這種無固定儲氫或無高壓儲氫罐(壓力大於車載氣瓶工作壓力)的工藝方案比較簡單，

適用於當前氫氣加注較少的工況。但總體而言，這種工藝方案能耗較大，只有保持較大的設計裕度，尤其是要選擇相對於充氣需要，排量更大的壓縮機才能滿足現場加氫量要求。

(4)典型加氫站工藝

在上述工藝基礎上，增加固定儲氫罐可大幅度提高供氣能力，增強供氣可靠性，並降低壓縮機排量。下面介紹配置固定儲氫容器的某加氫站工藝流程及其設備。該站為196輛燃料電池汽車加注氫氣，氫氣供應量為 $6765m^3/d$。這種流程具備氣態加氫站的各種基本要素。

1)卸氣工藝。氫氣由長管拖車將 18～20MPa 高壓氫氣運至加氫站。現場設 3 個長管拖車車位，兩用一備。首先在卸氣泊位 1 處利用拖車－儲罐壓差，將長管拖車上的氫氣卸到儲罐，當壓差縮小至設定值，啟動壓縮機，將剩餘氫氣卸載到儲罐。拖車內氫氣壓力降至 6MPa 時，該拖車停止卸氣並離開加氫站去外部氫源加氣。同時，卸氣泊位 2 啟動，完成卸氣後離開加氫站去外部氫源加氣，如此循環完成週期性操作。

2)增壓工藝。加氫站壓縮機採用 PDC－4－6000 型隔膜式單級雙缸氫氣壓縮機，配置 4 臺組成壓縮機組，每個壓縮機組內的 2 臺壓縮機共用 1 套冷卻系統。4 臺壓縮機可獨立工作，也可並聯運行。依據加氫車輛負荷，可順序啟動單臺或多臺壓縮機。在氫氣加注過程中，當高、中、低壓儲氣瓶組中任意一個儲氫瓶壓力低於 38MPa 時，壓縮機啟動，對儲氣瓶組內氫氣增壓，增壓順序為高壓儲氣瓶組→中壓儲氣瓶組→低壓儲氣瓶組。

3)儲氫工藝。採用固定和移動式 2 種儲氣裝置，總儲氫量為 860kg，組成 4 級儲氫加注。2 組長管拖車作為站內儲氣，單車儲氫量為 280kg，考慮瓶組剩餘壓力，每車實際可用儲氫量為 250kg，故站內移動儲氫能力約為 500kg。根據加氫站連續加注要求，站內固定儲氫量需 300kg，分為低、中、高三級容量，採用 15 個 ASME 瓶，分配數量為 6：6：3。單瓶直徑 0.406m，水容積約 $0.767m^3$。

4)加氫工藝。加氫站設 3 臺 35MPa 加氫機，1 臺 70MPa 配有滿足其壓力等級的增壓器和額外的冷卻系統的加氫機。加氫系統主要包括高壓管路、閥門、加氣槍、過濾器、節流保護、用戶顯示面板、計量、溫度補償、控制系統及應急管路系統等。加氣槍安裝具有壓力感測器、溫度感測器、過電壓保護、軟管拉斷保護及優先順序加氣控制系統等功能。

5)氮氣相關工藝。加氫站配置有氮氣瓶組，作為氣控系統的氣源(儀錶風)、管路及設備的吹掃置換氣體。來自氮氣瓶組高壓氮氣經減壓後，壓力降至 0.7MPa，分 2 路，一路供給各緊急切斷閥氣動執行機構，另一路送至壓縮機內各氣動閥執行機構。氮氣輸送管路上預留接口，當系統需要吹掃時，利用軟管將氮氣吹掃接口與預留接口相連，進行氮氣吹掃置換或用於系統除錯維修過程中的吹掃置換。

4.5.3 液氫加氫站

這裡的液氫加氫站不是給汽車加注液態氫燃料，而是指氫來源或儲存狀態是液態氫。在加注至車載氫瓶之前，需要對液氫增壓、汽化和升溫。

液氫儲存密度遠大於當前技術下的高壓氣態氫，在加氫量較大的站場，其整體經濟性好於氣態加氫站。美國與歐洲已建成加氫站有相當部分為液氫儲存、氣氫加注加氫站，中

國目前還沒有此類加氫站。直接給汽車加注液態氫的技術目前正在研發階段，此類技術應用較少。

氫的液態與氣態熱力學狀態及其參數相差懸殊，對液體介質加壓時，不存在顯著熱效應，因此增壓數值相同時，泵耗功小於壓縮機。此外，液體增壓泵複雜度與造價低於壓縮機。但是，液氫泵始終處於極低溫度環境，對其工作可靠性要求很高。總體而言，泵送增壓技術經濟性好於壓縮機增壓。

與氣氫加氫站相比，液氫加氫站增加了低溫液氫泵、汽化器、加熱器和BOG處理等裝置，減少或消除了氣態儲罐與壓縮機等設備。圖4－24所示為一種典型液氫加氫站工藝流程。

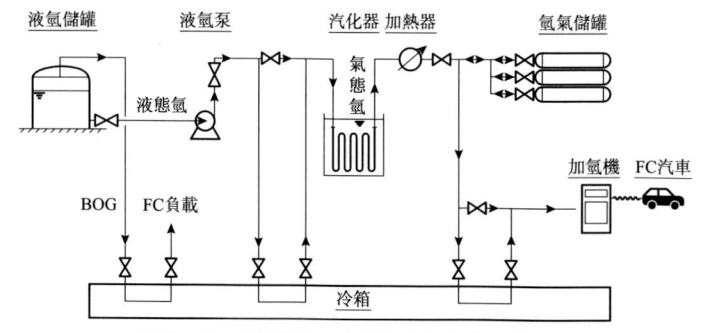

圖4－24　液態儲存、氣態加注加氫站工藝流程

從圖4－24中可以看到，外供液氫儲存在高度絕熱液氫儲罐中，經由低溫液氫泵增壓，然後經汽化器加熱汽化，汽化後氫氣溫度仍然很低，繼續通過加熱器加熱到適宜溫度，儲存至三級分區的氫氣儲罐。當有車輛進行加注時，氫氣儲罐按一定順序經由加氫機對FC汽車的車載氣瓶進行充氣，此時，由於儲存在氫氣儲罐的氣態氫溫度為環境溫度，因此，在加注前需要經由冷箱冷卻後加注。

低溫液氫含有大量冷量，此冷量一方面可冷卻加注時的氣態氫，另一方面可用於其他冷卻負荷。液氫汽化前的冷量可流經冷箱，利用這部分冷量。由於採用深冷低溫儲存，不可避免地存在馳廢氣(BOG)，此部分馳廢氣經由冷箱釋放冷量後繼續被加熱至適宜溫度，可用於各種燃料電池負載。

習題

1. 氫氣長管拖車按其結構分為哪兩類，各有何特點？
2. 氫氣長管拖車定期檢驗包括哪些檢驗？
3. 簡述氫氣長管拖車充裝的操作過程。
4. 氫氣液化的關鍵技術有哪些？各有何特點？
5. 液氫的運輸方式有哪些？試簡要說明其特點。
6. 什麼是有機加氫化合物法？

7. 試簡要說明有機液態儲氫的基本原理。
8. 與傳統的儲氫方法相比，有機液態氫化物儲氫具有哪些特點？
9. 固態氫儲氫材料有哪些？
10. 簡述固態儲氫的原理。
11. 試從不同角度對比分析各氫氣輸送方式的特點及適用性。
12. 簡述加氫站的類型及特點。
13. 氣氫加氫站系統的基本組成有哪些？
14. 氫氣節流與天然氣節流有何區別？
15. 液氫加氫站與氣氫加氫站的主要區別有哪些？
16. 請推導儲罐按壓力分為高、低壓兩級進行充氣時的儲罐容積利用率和單位總容積可充裝氣瓶的容積，並與不分區工況進行比較說明。

第 5 章　氫燃燒的原理與產業發展

氫作為一種燃料可通過直接燃燒釋放化學能。氫燃燒與傳統化石能源燃燒相比具有低碳環保的優勢。將氫燃燒釋放的化學能轉化為機械能的裝置有氫內燃機、氫燃氣輪機和液氫火箭等。本章主要對這 3 種裝置進行詳細闡述。

5.1　氫燃燒與直接熱利用

5.1.1　氫燃燒及特點

氫燃燒是氫和氧反應釋放熱能的過程。氫分子中 H－H 鍵的離解能(435.6kJ/mol)比一般單鍵高得多(如 Cl_2 的離解能為 239.1kJ/mol)，和雙鍵的離解能不相上下(如 O_2 的離解能為 489.1kJ/mol)。因此在常溫下對於氫分子來說具有一定程度的惰性，在低溫下同氧分子不發生反應。

氫氣與氧氣混合物經引燃或光照都會猛烈地互相化合。這些反應都是放熱的，火焰為淡藍色，見圖 5－1。氫氣和氧氣體積比為 2：1 的混合物會猛烈地爆炸並燃燒。含氫量在 18.3%～59% 的氫氣和空氣的混合物都是爆炸性混合物，氫氧混合物的爆炸範圍有高壓和低壓的極限。氫氣在氧氣或空氣中燃燒時，火焰可以達到 3000℃ 左右。將氫氧焰射向冰塊使得燃燒混合氣迅速冷卻，發現混合氣中除了 H_2、O_2 和 H_2O 外，還有 H^+、O^{2-}、OH^-、H_2O_2。

氫氣擁有諸多優良的特性，具體如下：

(1) 易燃性

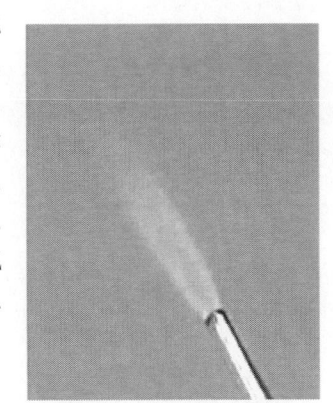

圖 5－1　氫氣燃燒火焰

氫燃料與其他燃料相比具有非常寬的可燃範圍。氫內燃機在過剩空氣係數 0.15～9.6 範圍內正常燃燒。一般而言，當車輛以稀混合物運行時，稀混合氣能降低燃燒溫度，生成較少的氮氧化合物，燃油越經濟，其燃燒也越完全。

(2) 低點火能量

點火能量是指能夠觸發燃燒化學反應的能量。氫氣在空氣中的最小點火能量為 0.017MJ，比一般烴類小一個數量級以上。因此氣缸中的熱源可用於點火。這一特點既有利於引擎在部分負荷下工作，又使得氫引擎實現稀混合物燃燒，確保及時點火。但是這一

特點使得熱氣體或氣缸壁上的「焦點」容易引起早燃和回火，成為氫引擎領域的挑戰之一。

(3)高自燃溫度

物質的自燃溫度是指化學物品在沒有外界點燃的情況下在大氣中自然地燃燒所需的最低溫度。壓縮過程中溫度上升與壓縮比相關，自燃溫度可決定引擎的壓縮比。自燃溫度越高，引擎壓縮比越大，因此，氫氣的自燃溫度高，氫氣引擎可使用更大的壓縮比，提高內燃機熱效率。

(4)小熄火距離

熄火距離是火焰在狹窄的管道中傳播直至不能傳播時管道的臨界尺寸。淬熄距離隨著初始壓力的不同而不同，氣體火焰速度越高，熄火距離越小。氫氣火焰的熄滅距離與汽油相比更短，故氫氣火焰熄滅前距離缸壁更近，因而與汽油相比，氫氣火焰更難於熄滅。與碳氫化合物空氣火焰相比，較小的淬熄距離使得氫氣與空氣混合物火焰在接近進氣閥處更容易發生回火。

(5)低密度

氫密度很低。在氣態條件下，氫氣作為燃料時需要的空間更大，在理論混合比下進入氣缸時，氫氣約占氣缸體積的30%（汽油僅占1%～2%），而且所含的能量也少，故而會導致效率下降（與汽油機相比降低15%）。氫釋放單位熱量所需的燃料體積極大，如採用0.1MPa、20℃的氫氣需3130L，30MPa、20℃的氫氣需15.6L，即使是液態氫也需3.6L；而汽油只需1L。

(6)高擴散速率

氫密度小，擴散係數很大，擴散速度很快，混合氣易均勻一致。氫在空氣中的擴散速率要比汽油高很多。這促進了燃料和空氣均勻混合，有利於氫內燃機的燃燒，因此，氫燃料引擎應比汽油機的熱效率高。如果發生氫洩漏，氫迅速分散可以避免不安全事故的發生。

(7)高火焰速度

氫具有非常高的火焰速度。在常溫常壓下空氣中氫的火焰速度為2.65～3.25m/s，而汽油只有0.34m/s，高火焰速度使引擎能最大限度地接近引擎理想的熱力學循環。但是，高的火焰速度對點火時間的要求更加嚴格。在稀混合物中，火焰速度明顯降低。

(8)低環境汙染

氫優於化石燃料，不僅由於氫是自然界廣泛存在的元素，而且因為氫與空氣混合氣燃燒產物中唯一的有害成分是氮氧化物NO_x，在廢氣中還會含有未參與燃燒的N_2和剩餘的O_2，以及沒有來得及燃燒的H_2，無其他有害排放物。

5.1.2 氫直接熱利用

(1)氫鍋爐原理

鍋爐是一種能量轉換設備，將燃料的化學能轉換為熱能。燃料包括煤炭、天然氣、重油、生物質等。鍋爐中產生的熱水或蒸汽可直接為用戶提供熱能，也可通過蒸汽動力裝置轉換為機械能，再通過發電機將機械能轉換為電能。鍋爐的種類依據其用途而分。提供熱

水的鍋爐稱為熱水鍋爐，產生蒸汽的鍋爐稱為蒸汽鍋爐。氫氣鍋爐就是用氫氣作為燃料的鍋爐。由於氫氣特別的性質，故氫氣鍋爐類是常規氣體燃料(如城市煤氣、液化石油氣、天然氣)鍋爐，但也有自己的特點。

氫氣鍋爐經歷了初始、成熟、發展的階段，即早期設計建造以立式氫氣鍋爐形式來回收氫氣熱能；之後過渡到以臥式氫氣鍋爐形式來回收氫氣熱能；近幾年又形成了新建爐窯或利用已建爐窯設備來回收氫氣熱能的多種形式。

氫氣能源回收系統由氫氣燃燒器及其燃燒系統、自製系統與儀錶、鍋爐與輔機和氫氣收集處理輸送系統 4 大部分組成。其中，氫氣燃燒器及其燃燒系統是氫氣鍋爐的關鍵設備與核心。氫氣壓縮後由管道輸送至氫氣鍋爐底部的燃燒器進口燃燒，純水通過給水泵加壓、除氧器除氧，送入鍋爐頂的省煤器內進行預加熱，然後進入鍋爐列管中進行加熱，產生的蒸汽進入鍋爐頂部的爐外汽水分離罐，通過總汽包後送至廠區低壓蒸汽管網，供生產、保溫、生活等崗位使用。氮氣主要用於開停車進行空氣置換，防止氫氣爆炸。

(2) 氫氣鍋爐的特點

氫氣鍋爐雖然是燃氣鍋爐，但與普通的煤氣或天然氣鍋爐相比有更高的安全性要求。這些要求帶來氫氣鍋爐的特別之處。

1) 點火系統

氫氣鍋爐採用二次點火方式，即先點燃液化氣後再點燃氫氣，目的是使氫氣在點火燃燒時更安全。氫氣鍋爐點火分為自動點火和手動點火 2 種方式。注意：氫氣鍋爐在點火前必須對燃燒室進行可燃氣體檢測分析，確保爐膛內不含任何氫氣方可實施點火。

自動點火爐膛經可燃氣體檢驗合格後，鍋爐進入自動點火操作程序。首先，系統進行氫氣管路自動檢漏分析，當檢測到氫氣無洩漏時，系統再進行爐膛氮氣吹掃、由高能點火器發出脈衝火花、自動開啟液化氣閥門、點燃副點火燒嘴。經液化氣穩定燃燒一定時間後，自動開啟氫氣閥門，氫氣主燃燒嘴被正式點燃。通過火焰監測器來觀察主、副點火燒嘴是否被點燃；如果副點火燒嘴或主燃燒嘴沒被點燃，操作順序均會自動停止，氮氣閥門會自動開啟再執行爐膛吹掃順序，當爐膛可燃氣體再次檢測分析合格後，才執行上述點火操作步驟。手動點火操作與自動點火順序基本一致，只是操作手動按鈕完成每一步驟。

2) 燃燒控制系統

燃燒控制系統是氫氣鍋爐裝置的關鍵系統，因為氫氣流量、壓力、鍋爐水位、產出的蒸汽用量等工藝參數直接影響氫氣燃燒的穩定性及鍋爐的正常運行，故需加以調節與控制。通常氫氣和空氣閥門設置比例調節；點火控制系統採用可編程式控制器(PLO)；鍋爐操作控制採用集中顯示、控制工藝參數。為保證氫氣燃燒時不會產生回火現象，燃料氫氣的壓力要求大於各種輔助氣體壓力。氫氣鍋爐採用多重聯鎖保護裝置，鍋爐的任何異常波動均會自動警報直至聯鎖停車。氫氣鍋爐及所有輔機均露天設置，防止洩漏氫氣在封閉的廠房內積聚而達到爆炸範圍。

5.2 氫內燃機

5.2.1 氫內燃機工作原理

氫內燃機（Hydrogen Internal Combustion Engine，HICE）是以氫氣為燃料，將氫氣儲存的化學能經過燃燒過程轉化為機械能的新型內燃機。氫內燃機基本原理與普通的汽油或者柴油內燃機的原理一樣，屬於氣缸－活塞往復式內燃機。按點火順序可將內燃機分為四衝程引擎和兩衝程引擎。

四衝程引擎的工作流程如圖5－2所示。它完成一個循環要求有4個完全的活塞衝程。進氣衝程，活塞下行，進氣門打開，空氣被吸入而充滿氣缸。壓縮衝程，所有氣門關閉，活塞上行壓縮空氣，在接近壓縮衝程終點時，開始噴射燃油。膨脹衝程，所有氣門關閉，燃燒的混合氣膨脹，推動活塞下行，此衝程是4個衝程中唯一做功的衝程。排氣衝程，排氣門打開，活塞上行將燃燒後的廢氣排出氣缸，開始下一循環。

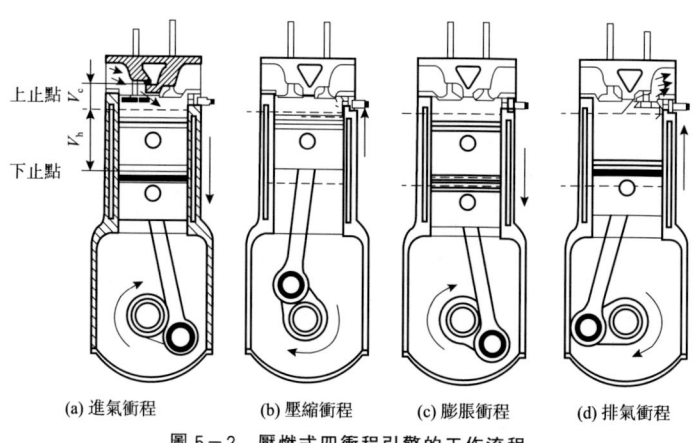

(a) 進氣衝程　　(b) 壓縮衝程　　(c) 膨脹衝程　　(d) 排氣衝程

圖5－2　壓燃式四衝程引擎的工作流程

兩衝程引擎是將四衝程引擎完成一個工作循環所需的4個衝程納入2個衝程中完成。圖5－3所示為兩衝程引擎的工作流程。當活塞在膨脹過程中沿氣缸下行時，首先開啟排氣口，高壓廢氣開始排入大氣。當活塞向下運動時，同時壓縮曲軸箱內的空氣－燃油混合氣；當活塞繼續下行時，活塞開啟進氣口，使被壓縮的空氣－燃油混合氣從曲軸箱進入氣缸。在壓縮衝程，活塞先關閉進氣口，然後關閉排氣口，壓縮氣缸中的混合氣。在活塞將要到達上止點之前，火花塞將混合氣點燃。於是活塞被燃燒膨脹的燃氣推向下行，開始另一個膨脹做功衝程。當活塞在上止點附近時，化油器進氣口開啟，新鮮空氣－燃油混合氣進入曲軸箱。在這種引擎中，潤滑油與汽油混合在一起對曲軸和軸承進行潤滑。這種引擎的曲軸每轉一圈，每個氣缸點火一次。四衝程引擎和兩衝程引擎相比，經濟性好，潤滑條件好，易於冷卻。但兩衝程引擎的運動部件少，質量輕，引擎運轉較平穩。

(a) 換氣　　　　(b) 壓縮　　　　(c) 燃燒　　　　(d) 排氣

圖 5-3　兩衝程引擎的工作流程

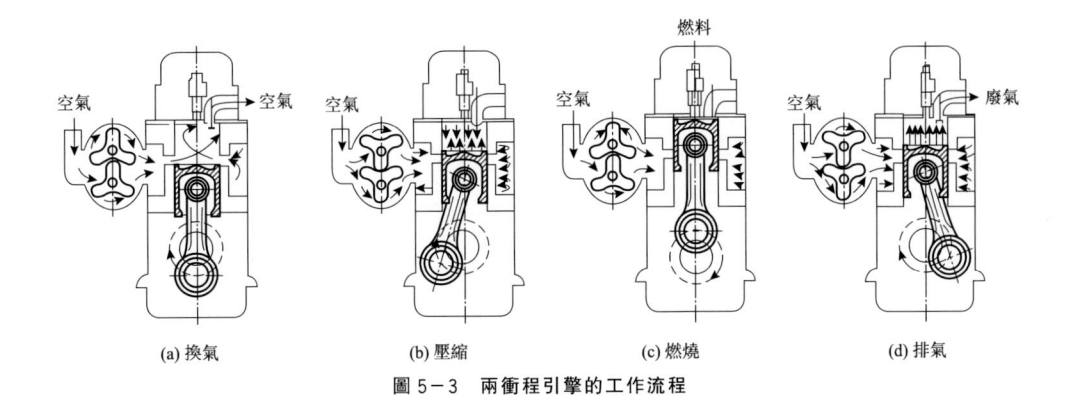

5.2.2 氫內燃機系統

一方面，氫燃料內燃機，保留傳統內燃機基本結構，沿用曲柄連桿機構、配氣機構、固定件等結構形式。另一方面，由於氫燃料與傳統的汽油機、柴油機不同，因此需要根據氫燃料的特點，對燃料供應系統、控制與管理系統及燃料燃燒系統和局部零部件進行改進設計。氫內燃機的主要結構組成如下：

(1) 氫燃料引擎控制系統

氫引擎配備了電子控制單位，控制系統的感測器包括曲軸位置感測器、凸輪軸位置感測器、空氣溫度/壓力感測器、氫氣溫度感測器、氫氣壓力感測器、冷卻液溫度感測器、爆燃感測器和節氣門位置等感測器。引擎控制系統可以監測水/油/空氣的溫度和曲軸/凸輪位置，也可控制噴油器開啟時間、火花點火系統和電子節流閥。具體能夠控制以下參數：引擎配置，其中包括氣缸數、點火順序、點火系統類型、觸發系統類型；噴射長度圖；點火示意圖（定時提前）；設置（如果存在的電氣油門）；噴射溫度補償；氧控制迴路參數。

(2) 引擎氫氣供給系統

整個氫氣供給系統主要包括氫氣瓶、減壓閥、氫氣過濾器、氫氣穩壓氣軌、氫氣溫度感測器、氫氣壓力感測器、氫氣噴射閥和氫氣引管。根據氫燃料噴射位置的不同，氫燃料內燃機可分為缸外噴射式（外部混合）和缸內直噴式（內部混合）2種。

缸外噴射方式如圖 5-4(a) 所示，是指在進氣道噴射氫燃料，進氣道噴射結構簡單，與傳統的氣體燃料（如天然氣）內燃機結構相似，因而大大減小了在研發生產上的難度。由於氫氣密度極低，進氣道噴射的氫氣必然佔據很大的氣缸空間，如圖 5-5 所示，導致可吸入空氣量減少，最終形成的氫與空氣的理論混合氣熱值降

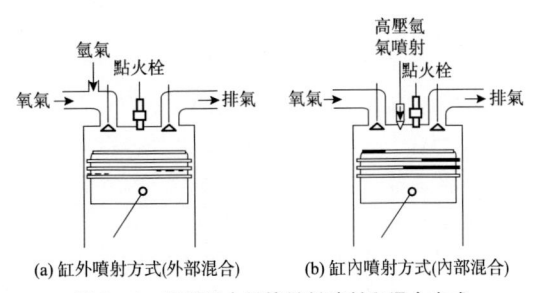

(a) 缸外噴射方式(外部混合)　　(b) 缸內噴射方式(內部混合)

圖 5-4　氫燃料內燃機燃料噴射和混合方式

低，單位工作容積發出的功率下降。在理論混合比狀態下，氫氣占用約 1/3 的氣缸容積，而相同工況下，汽油只占用 1.7% 的氣缸容積。這導致缸外噴射式氫燃料內燃機比汽油機的功率降低 15% 左右。進氣道噴射在高負荷、高壓縮比下易發生早燃、回火等異常燃燒，通過調整引擎的運行參數可以在一定程度上消除回火等不正常燃燒的現象。

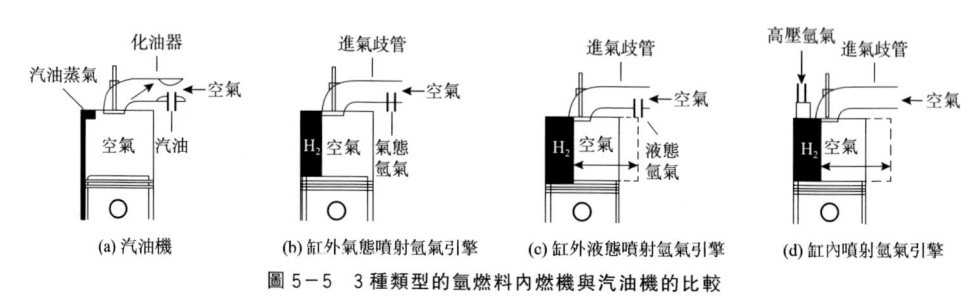

圖 5-5 3 種類型的氫燃料內燃機與汽油機的比較
(a) 汽油機　(b) 缸外氣態噴射氫氣引擎　(c) 缸外液態噴射氫氣引擎　(d) 缸內噴射氫氣引擎

缸內噴射方式，如圖 5-4(b) 所示，是更加完善的氫引擎，它在壓縮衝程過程中直接將氣體噴射進燃燒室。當氣體噴射後進氣閥被關閉，這樣就避免了進氣衝程中造成的過早點火，也防止了回火。直接噴射的氫引擎的輸出功率比汽油引擎提高了 20%，比缸外噴射方式的氫引擎提高了 42%。直接噴射解決了早燃問題，但是由於直接噴射系統減少了氣體和空氣的混合時間，使得兩者混合不是很均勻，可能造成氮氧化合物的排放量高於非直接噴射系統。另外，缸內噴射式氫燃料內燃機的噴射壓力較高，且噴嘴直接置於高溫高壓的氣缸內，使得噴射系統複雜、部件可靠性問題突出。另外，由於混合過程很短，增大了混合和點火控制的難度。但是，隨著技術的進步，這些問題都能得到解決。目前，缸內直噴式氫燃料內燃機是國際上氫燃料內燃機研究的主要方向。

(3) 點火系統

由於氫具有低點火能量，點燃氫可以使用汽油點火系統。在稀空氣/燃料比下，混合氣的火焰速度大大減少，因此最好使用雙火花塞。內燃機的火花塞有冷式和熱式 2 種類型。冷式火花塞能夠比熱式火花塞更快地將熱量從活塞端轉移至氣缸蓋，使火花塞尖端點燃空氣/燃料的機率降低。熱式火花塞的設計用來保持一定熱量以避免碳沉積。因為氫內燃機不含碳，所以一般採用冷式火花塞，目的是迅速降溫，因此避免出現熱式火花塞導致早燃的可能性。同時也應當避免採用鉑，因為鉑是一種促進點火的催化劑。

(4) 排氣系統

普通汽油排氣溫度約為 815℃，氫排氣溫度約為 371℃，約為汽油排氣溫度的 1/2，採用傳統內燃機排氣系統設計沒有問題。排氣系統的主要問題是引擎中生成大量的水。消耗每加侖氣體有 1 加侖的水生成。排氣系統必須設計使得水通過尾管排出，因為在寒冷的氣候中它可能結冰從而造成事故，所以，排氣設計應使用不鏽鋼排氣管，而不能使用易變形的鐵尾管，防止排氣系統部件生鏽和積水。

引擎的排氣系統上安裝一個渦輪增壓器，為進氣系統增壓。從圖 5-6(b) 可以看出，該渦輪增壓器由廢氣和燃燒過程中產生的熱量來驅動，沒有渦輪增壓器時這些能量會被浪費。由於渦輪增壓器的軸承潤滑和冷卻靠的是引擎油，從渦輪增壓器軸承流回的

引擎油的溫度會增加。需要添加渦輪增壓器的機油冷卻器，機油冷卻器要大小適當以維持安全工作溫度。

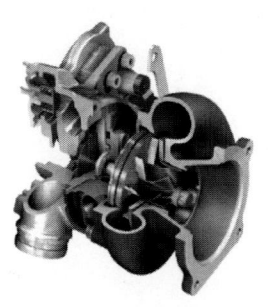

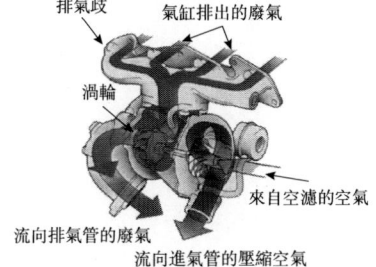

(a) 渦輪增壓器三維剖視　　(b) 渦輪增壓器工作原理示意

圖 5－6　渦輪增壓器

（5）曲軸箱通風和過濾系統

氫燃料內燃機採用火花塞點火，要包含曲軸箱通風和過濾系統。在燃燒室，活塞頂部的環溝和氣缸內的擠流區機油產生的積炭是潛在的發焦點。氫會與這些積炭發生反應並引起爆炸，這對引擎的內部組件危害極大。氫燃料的引擎在上述這些區域的積炭最有可能來源於曲軸箱通風系統。此外，通過活塞環的氣體含有油霧和水等。石油燃燒時會造成積炭，水分將導致腐蝕和引擎的性能惡化，並最終損害引擎的內部組件，因此減少積炭和降低水分至關重要。

利用合成引擎油（非碳基油），並通過機油過濾分離器，可消除曲軸箱的大部分排放問題。曲軸箱的氣流從引擎流經閥膜片下方的分離器進入元件，該閥可使曲軸箱保持較小的負壓以減少引擎震動並防止密封損壞。然後，氣流通過過濾介質，汙染物被過濾，機油從空氣中分離出並被收集於機器外殼，然後返回曲軸箱。在排水管道安裝一個止回閥以防止氣流從曲軸箱回流。過濾後的氣流再通過進氣口過濾器返回引擎進氣口以重新燃燒。

5.2.3　氫內燃機理論循環

氫內燃機的理論循環為奧圖循環，如圖 5－7 所示。奧圖循環又稱四衝程循環，是內燃機熱力循環的一種，為定容加熱的理想熱力循環。基於這種循環而製造的煤氣機和汽油機是最早的活塞式內燃機。奧圖循環主要分為進氣、壓縮、做功、排氣 4 個衝程。

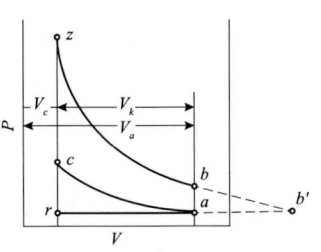

圖 5－7　奧圖循環 P－V 圖

（1）進氣衝程（$r-a$）

在進氣衝程中，進氣門開啟，排氣門關閉。活塞從上止點往下止點運動的過程中，活塞上部的容積逐漸增大，氣缸內部的壓力隨之減小。當氣缸內部的壓力逐漸低於大氣壓時，氣缸內部就產生了真空。此時，可燃混合氣從進氣門中直接吸入氣缸。從圖 5－7 中也可以看出，當活塞下行時，曲線 $r-a$ 在大氣壓線以下。

(2)壓縮衝程($a-c$)

在整個壓縮衝程中,進排氣門均關閉,活塞從下止點往上止點運動的過程中,活塞上部的容積逐漸減小,混合氣被壓縮,缸內壓力逐漸升高。在圖5-7中,曲線ac表示壓縮衝程。

(3)做功衝程($c-z-b$)

在這個衝程中,進排氣門仍然處於關閉狀態,當活塞將要接近上止點時,火花塞放出電火花,從而點燃氣缸內的壓縮混合氣。被點燃的混合氣釋放出大量的能量及熱能,使得缸內的壓力及溫度迅速增加,活塞在這一瞬間移動的距離很小,可以近似為等容過程($c-z$)。這一巨大壓強推動活塞向下止點運動做功,同時缸內氣體的壓強因膨脹而降低,這一過程可以看作絕熱過程($z-b$)。

(4)排氣衝程($b-r$)

進氣門關閉排氣門開啟,使得氣體壓強突然降為大氣壓,這個過程近似為一個等體過程($b-a$)。當活塞在飛輪慣性的作用下由下止點往上止點運動時,氣缸內的廢氣強制被活塞排到氣缸外。當活塞接近上止點時,排氣門關閉。這一過程,在圖5-7中用曲線$a-r$表示。

5.2.4 氫內燃機與汽油內燃機對比

(1)氫內燃機的優點

氫內燃機和汽油內燃機相比,有很多優點,其排放物汙染少,系統效率高,引擎壽命也長,具體比較參見表5-1。

表5-1 氫內燃機與汽油內燃機對比

項目	汽油內燃機技術經濟指標	氫內燃機技術經濟指標
CO_x排放量/(g/MJ)	89.0	零
NO_x排放量/(g/MJ)	30.6	不加技術處理時28.8
燃燒熱/(MJ/kg)	44.0	141.9
系統效率/%	20~30	40~47
90#汽油零售價/(元/L)	3.00	2.46(折算等效汽油價)
引擎使用壽命/萬km	30	40

(2)氫內燃機的異常燃燒

與化石燃料內燃機相比,氫內燃機有早燃、回火、爆燃等異常燃燒的現象,使引擎正常工作過程遭到破壞。早燃指火花塞點火以前,氫氣混合氣已經被一些焦點點燃,開始燃燒。焦點可能是燃燒室中的尖角、火花塞的過熱電極、排氣門、機油高溫分解的炭粒、雜質的過熱沉積物等。在濃混合氣發生早燃時,火焰傳播速度極快,壓力急遽升高,使引擎的正常工作遭到破壞。回火是在進氣過程中,進氣門尚未關閉,氣缸內混合氣未經火花塞點燃而被焦點引燃,火焰傳播到進氣管內的一種不正常現象。在濃混合氣工作情況,進氣管內回火會造成強烈的噪音,也容易損壞引擎。爆燃則是氫的滯燃期短,火焰傳播速度相當快,導致燃氣壓力急遽增高,燃燒過早結束,飛輪因克服不了壓縮功,會造成突然停車。經過科技人員的多年研究,已經採取一些措施,解決了上述問題。目前,氫內燃機的研究已經達到很高水準。例如,福特公司的氫

內燃機的壓縮比為(14～15)：1，空燃比接近柴油機的水準，熱效率比現在的汽油機高15%左右，並有望提高到25%；由於氫內燃機採用稀薄燃燒技術，有效地降低了引擎的最高燃燒溫度，從而使NO_x的排放量達到極低的程度。

氫氣引擎分為進氣道噴射氫氣引擎與缸內直噴氫氣引擎。進氣道噴射氫氣引擎噴氫系統結構簡單，易於改造，便於產業化，但這種結構易發生早燃、回火等異常燃燒現象。針對早燃與回火，研究人員進行了大量研究，目前已初步解決這些問題，所用措施如下：

①減少引擎系統焦點可針對缸內運動副、冷卻系統及點火系統等進行優化設計，減少缸內焦點產生。對運動副進行優化設計，如活塞、活塞環、缸套等優化後可降低進入燃燒室的機油量，減少焦點及熱灰分的產生。對冷卻系統優化設計，增強冷卻系統對局部的冷卻能力，可加強對火花塞及氣門座的冷卻，使這些易形成焦點的部位溫度降低。對點火系統尤其是火花塞進行優化設計，採用裙部短的冷型火花塞，使其散熱更快，不易成為焦點。除此以外，對引擎的壓縮比等進行合適設計，降低混合氣在壓縮終了的溫度，使其更不容易發生早燃。

②降低引擎混合氣溫度。降低引擎混合氣溫度可利用進氣道噴水或低溫氣體、廢氣EGR及調整配氣相位、液氫噴射等措施。噴水原理極為簡單，水汽化會吸收熱量，目前很多汽油機都通過缸內噴水來降低溫度以避免爆燃及氮氧化物的產生。噴射低溫氣體則是直接使混合氣降溫。廢氣EGR的加入使混合氣比熱容升高，使其在吸收同等熱量的情況下溫度不會上升太多，這樣也可使混合氣在被點燃之前溫度相對較低。調整配氣相位，減小氣門重疊角，在引擎進氣時使缸內廢氣排出較多，避免燃燒後的廢氣對進氣進行加熱。液氫噴射對儲氫及供氫系統要求較高，其主要技術難點並不在引擎方面，故目前使用較少。

③採用合適的噴氫策略。對噴氫策略進行優化，在進氣初期減少氫氣噴射量，使低濃度混合氣進入燃燒室，首先不易被廢氣及焦點點燃，其次低濃度混合氣中含有較多新鮮空氣，也可對缸內降溫。在排氣門關閉後再開始噴射氫氣，進氣門關閉之前就停止噴氫，可避免混合氣受到排氣加熱，且進氣道中殘存較少的氫氣，避免回火。但氫氣引擎噴氫策略優化也帶來一個問題，優化後的噴氫策略不僅使引擎無法完全地進氣與排氣，也減少了氫氣的噴射量。

進氣道噴射氫氣引擎，因氫氣常溫下為氣態，噴射時會占用進氣道空間，使進氣量減少，引擎充量係數減少。除此以外，為避免早燃、回火採用的噴氫策略等，都會造成進氣道噴射氫氣引擎功率與扭矩較低的問題，該問題目前可通過增壓技術解決。增壓可提高進氣充量，達到提升功率與扭矩的效果，但增壓也存在一個問題，增壓後的氣體在經中冷器冷卻後溫度還是較高，相當於增加了混合氣溫度，對早燃與回火的控制也有不利影響，因此增壓氫氣引擎中冷系統需有良好的冷卻功能，其冷卻功率必須足夠大。

針對缸內直噴氫氣引擎，因其燃料直接噴入燃燒室，不像進氣道噴射方式，氫氣要占用進氣體積，故可提高引擎的充量係數。而且直噴方式也不會帶來回火的問題，早燃問題也可通過進氣道噴射氫引擎的研究成果進行規避。此外，還可直接將液氫噴入缸內，進行功率提升。對缸內直噴氫氣引擎的研究目前還較少，主要集中在對噴氫特性方面。目前對直噴氫內燃機的研究主要還是依靠光學測試進行氫氣射流、缸內燃燒等相關研究。除紋影

法外，還有 LIF、PLIF 等方法，且研究一般是在光學引擎及定容彈中進行。但目前對液氫噴射特性研究較少。

④進氣道噴射氫氣引擎及缸內直噴氫氣引擎的共同問題為氮氧化物排放較高，雖然氫氣燃燒理論上只生成水，但實際情況氫氣是在空氣中燃燒，空氣中含有大量氮氣。氫氣燃燒速度快，燃燒溫度高，氮氣在高溫下會變為氮氧化物。針對其氮氧化物排放，主要的控制措施為調整點火提前角、採用稀薄燃燒及 EGR 技術等。在不同轉速與負荷下需設定合適的點火提前角，防止氫氣燃燒終了的溫度過高，且點火提前角的設定與噴氫相位也密切相關。氫氣燃燒極限廣，本來就接近稀薄燃燒的範疇，因此稀薄燃燒對氫氣引擎降低氮氧化物的排放作用較小。EGR 技術無論在何種燃料的引擎中都有明顯的降低排放作用，氫氣引擎也不例外。

5.2.5 氫內燃機應用實例

本節介紹一種氫內燃機典型應用實例，BMWHydrogen 7 整車系統。Hydrogen 7 整車設計都達到較完善的水準。與汽車界出現過的氫動力車相比，Hydrogen 7 有接近量產的成熟性。它完成了整個產品開發流程，包括各種使用環境、耐久性及安全性試驗，符合德國、歐盟通用法規標準，所有零部件也按照量產技術要求和標準製作。生產過程也與傳統接軌，在 BMW 的丁格芬工廠與 7 系、6 系和 5 系車型一同生產，驅動單位與所有 BMW12 缸動力單位一樣在公司位於慕尼黑的引擎廠生產。圖 5-8 所示為 BMWHydrogen 7 雙燃料整車系統透視圖。

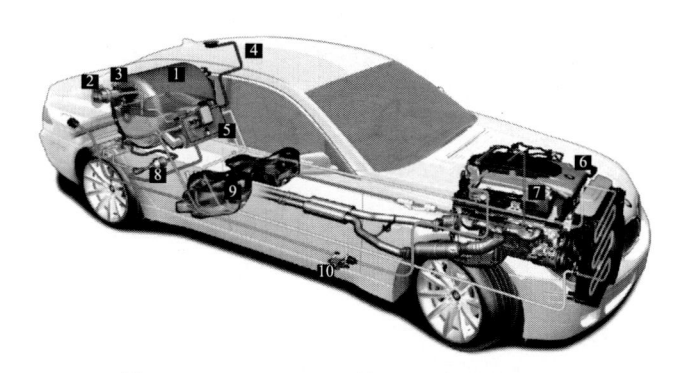

圖 5-8 BMWHydrogen 7 雙燃料整車系統透視圖
1—液氫罐；2—液氫罐蓋；3—加氫管接口；4—安全洩壓閥管路；5—氫氣變壓變溫控制單位；
6—雙模式複合引擎(氫/汽油)；7—氫氣進氣歧管；8—液氫汽化控制系統；9—汽油箱；10—壓力控制閥

(1)BMWHydrogen 7 引擎結構

Hydrogen 7 採用的引擎是在 760Li 的 6.0L 汽油引擎基礎上改造而成的。它的頂部增加了一組氫氣進氣管道，並加了一個碳纖維隔音板(因為氫燃燒比較劇烈，產生的噪音較大)。雙燃料氫 12 缸引擎(見圖 5-9)基於汽油 4 衝程 12 缸引擎改造而成，每缸排量為 500cm³。在汽油模式下，引擎以直接噴射方式運行。在氫氣模式下，引擎在外部混合氣形成的情況下運行。引擎功率輸出大於 170kW，扭矩大於 340Nm。為了使 2 種燃料切換時

沒有顯著區別，根據氫氣模式時可達到的輸出水準，工程師調低了汽油模式的動力輸出。雙燃料 12 缸引擎利用了氫燃料的優勢，且無須大量開發氫氣基礎設施。

（2）BMW Hydrogen 7 供氣系統

供氣系統的基本結構如圖 5－10 所示。從油箱供應的液氫通過電磁壓力控制閥和部分柔性供給管路被引導至進氣系統上的引擎集氣器。噴油閥通過一根小管向進氣口供應所需的氫氣。所有與氣體接觸的材料都經過大量氫相容性測試，以排除氫脆或老化的風險。在所有氣體中，氫的分子尺寸最小，因

圖 5－9　BMW Hydrogen 7 雙燃料引擎

此對燃料系統的密封性提出了嚴格的要求。壓力調節器和供給管路上的所有可拆卸連接件和密封面（螺栓、O 形密封圈等）均具有雙層壁。同時，引擎艙中的 H_2 氣體感測器可以及早檢測到可能的洩漏。在氫氣模式下，氫氣和空氣的混合氣通過氣缸選擇性進氣歧管噴射來獲得，壓力梯度相對較低，為 1bar。壓力完全由燃料箱中的低溫氫氣蒸發產生，因此無須額外的氫氣供應泵。所需熱量由引擎冷卻液提供，並由電動水泵控制。

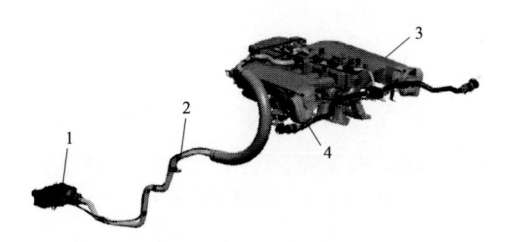

圖 5－10　供氣系統
1－電磁壓力控制閥；2－柔性供給管路；3－進氣系統；4－引擎集氣器

（3）BMW Hydrogen 7 儲氫罐

氫內燃機汽車業目前都選擇液態氫。液態氫雖然對儲存要求很高，在 $-250°C$ 之下才會保持液態，否則就會汽化並蒸發，但液態氫的能量密度比高壓氣態氫（壓縮到 70MPa）多出 75％，因此採用液態氫的車輛可實現相對較大的續航里程。採用液態氫的核心技術難題就是如何保持它的超低溫。Hydrogen 7 的一項核心技術就是它的液態氫燃料罐，見圖 5－11。這個燃料罐位於後座與尾廂之間，採用雙層壁式結構。罐體不鏽鋼板的厚度為 2mm，內罐和外罐之間真空超隔熱層為 30mm。這種結構極大地降低了熱量傳遞，

圖 5－11　BMW Hydrogen 7 液態氫燃料罐

中間層可提供相當於17m厚的Styropor(一種聚苯乙烯)的隔熱效果。此外，內罐和外罐之間連接部件採用碳纖維夾層，極大地避免了熱量傳遞。從燃料罐中汽化的氣態氫與引擎冷卻系統管路換熱，經預熱後才能進入燃料混合管道。

(4)BMW Hydrogen 7 的安全性

考慮氫氣是一種無色無味的氣體，BMW 現階段規定 Hydrogen 7 不能停放在室內停車場，以防止氫氣洩漏，積聚於密閉的室內發生危險，如果停放在室內停車場則需要加裝氫感測器。Hydrogen 7 車內也加裝了氫感測器，天花板上設有透氣口。在感知到有氫氣積聚於車內，或發生事故導致氫氣洩漏時，可以將車廂內的氫氣排出車外。此外，Hydrogen 7 採用碳纖維加強的車身縱梁和面板，確保了儲氫罐的撞擊安全。

5.3 氫燃氣輪機

5.3.1 氫燃氣輪機工作原理

目前應用最廣的是開式簡單循環的燃氣輪機，它主要由燃氣輪機的進氣道、排氣道和燃氣輪機的3大件：壓氣機、燃燒室和燃氣渦輪組成，其工作原理如圖5－12所示。壓氣機從大氣中吸取空氣，並把空氣壓縮到一定的壓力後送入燃燒室，進入燃燒室的高壓空氣與噴入的燃料混合燃燒，形成高溫、高壓的燃氣送入燃氣渦輪裡膨脹做功，推動渦輪轉子帶著壓氣機轉子同速旋轉，為循環提供高壓空氣的同時對外輸出機械功。在渦輪裡膨脹做功後，壓力和溫度都降低了的燃氣通過排氣擴壓段後由煙囪排入大氣。在這一循環過程中，工質把壓力能和由燃料的化學能轉化來的熱能部分地轉化為機械功。只要機組併網後，連續不斷地向燃燒室噴入燃料並維持正常燃燒，則上述過程就會連續不斷地進行下去，工質的壓力能和燃料中的化學能也將連續不斷、部分地轉化為機械功。這種機械功的一部分(約2/3)用來拖動壓氣機給空氣增壓，為循環提供高壓空氣，另一部分(約1/3)用於對外輸出。

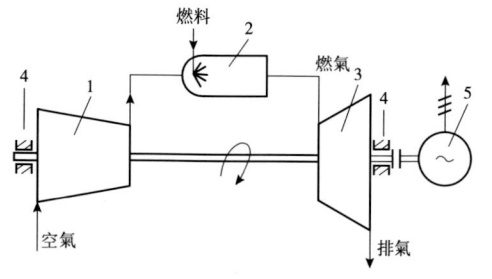

圖5－12 簡單循環燃氣輪機的工作原理

1－壓氣機；2－燃燒室；3－燃氣渦輪；4－軸承；5－負荷

5.3.2 氫燃氣輪機結構

(1)氫燃氣輪機與傳統燃氣輪機的區別

目前氫燃氣輪機是在傳統燃氣輪機結構上進行改進，燃料中摻入一定比例的氫氣，純氫燃氣輪機尚在研發階段。傳統燃氣輪機結構示意如圖5－13所示，具體結構可以參見相關書籍，本節主要對氫燃氣輪機結構改進部分進行闡述。氫燃氣輪機結構改進主要考慮以下幾個方面：

1) 氫氣防洩漏措施

首先，物理上，氫是一種較小的分子容易洩漏；其次，氫氣比天然氣或甲烷更易燃。甲烷的可燃極限為 5.3%～17%。而氫氣的可燃極限為 4%～75%，洩漏更危險。另外，相對於傳統的天然氣火焰，用肉眼觀察到氫火比更難，洩漏不易察覺。所以氫氣洩漏問題需要考慮。在傳統的燃氣輪機基礎上，配件和密封水準需要改進。通風系統、有害氣體檢測系統等在天然氣燃氣輪機上並不重要的輔助系統，卻成為氫燃氣輪機的關鍵組成部分。

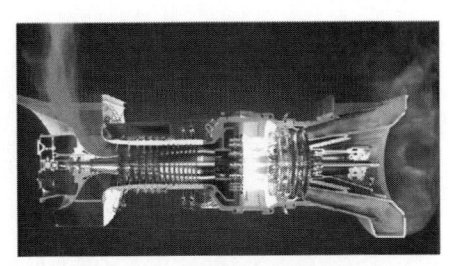

圖 5－13　傳統燃氣輪機燃燒示意

2) 燃料噴嘴結構改進

氫氣是典型的低熱值燃料，其燃燒熱值為 119.93～141.86kJ/g。在同等體積下，液化天然氣和頁岩氣的熱值約是氫氣熱值的 3 倍，這意味著燃氣輪機在輸出功率不變的情況下，氫氣注入流量更大，標準燃油噴嘴不能使用，因為無法通過它實現 3 倍流量的提升，所以必須修改燃料噴嘴。從燃燒的角度來看，氫氣火焰速度快，容易回火，需要設計特有的燃燒系統確保穩定性。

3) NO_x 排放

氫燃燒比甲烷或其他碳氫化合物燃燒的溫度更高，因此在獲得低 CO_2 的同時，NO_x 排放可能更高。因此，燃料中混入 H_2 時，需要計算其對排放的影響。

(2) 氫燃氣輪機結構研發

2019 年以來，三菱日立動力系統公司、西門子能源公司、安薩爾多能源公司和通用電氣發電公司等主要燃氣輪機廠商均針對氫燃料燃機推出了相應的發展計劃，開啟了富氫燃料甚至是純氫燃料燃機的研究、開發、優化、測試及示範應用工作。表 5－2 所示為目前各大燃機廠氫燃機研究機型和擬解決問題。

表 5－2　燃機廠商氫燃機研究進展

公司	機型	主要解決的問題	可適應氫氣含量範圍
三菱日立動力系統公司	M701F/J	NO_x 排放及回火問題	30%～90%
西門子能源公司	SGT－600/SGT－800	NO_x 排放問題，積層製造	60%以下
安薩爾多能源公司	GT26/GT36	開發先進燃燒系統	0～100%
通用電氣發電公司	6B/7E/9E/9H	環形燃燒器、多噴嘴燃燒器，積層製造	0～100%

1) 三菱日立動力系統公司

三菱日立動力系統公司認為藉助氫燃料燃機可以推動全球實現以可再生能源為基礎的「氫能社會」，該公司希望在以往含氫燃料燃機設計及製造的經驗積累上，通過進一步的投入及研發，未來 10 年內實現燃機燃燒純氫燃料的目標。自 1970 年以來，三菱日立動力系統公司業已為客戶生產製造了 29 臺氫氣含量為 30%～90% 的氫燃料燃機，總運行時間已

超過 3.5×10^6 h。在保證燃機高熱效率的同時保持低 NO_x 排放,是氫燃料燃機技術的關鍵。相比天然氣,氫氣的火焰傳播速度更快,富氫燃料的火焰更靠近噴嘴,有回火風險,燃燒過程中放熱與壓力釋放耦合易產生燃燒振盪。為解決以上問題,三菱日立動力系統公司提出將開發乾式低排放技術和注水/主蒸汽技術結合的燃燒室,在保證低 NO_x 排放的同時實現較寬的燃料適應範圍,使燃燒器能夠燃燒富氫燃料。2018 年,該公司開展了大型氫燃料燃機測試,氫氣含量為 30% 的氫燃料測試結果表明,新開發的專有燃燒器可以實現富氫燃料的穩定燃燒,與純天然氣發電相比可減少 10% 的 CO_2 排放,聯合循環發電效率高於 63%。該公司認為,已在運行的燃機僅通過燃燒器的升級改造即可實現燃燒富氫燃料,控制用戶燃料轉換的成本。

2)西門子能源公司

與三菱日立動力系統公司相似,西門子能源公司在氫燃料燃機開發方面需要解決的關鍵問題也是 NO_x 低排放和回火控制問題,但是與三菱日立動力系統公司不同的是,西門子能源公司仍將在氫燃料燃機中繼續採用乾式低排放技術。西門子常規旋流穩定火焰結合貧燃料預混燃燒的乾式低 NO_x 排放技術可以適應氫氣含量為 50% 的氫燃料。柏林清潔能源中心在 SGT-600 及 SGT-800 上的測試結果表明,氫氣含量為 60% 的氫燃料穩定燃燒是可行的,但是燃燒純氫燃料時則需要進行新的燃燒室設計並對控制系統進行修改。積層製造技術為西門子氫燃料燃機乾式低 NO_x 排放燃燒室的設計與製造提供了新的工具及手段,可以完成更複雜精巧的燃燒室設計,突破原來燃燒科學上的一些限制,同時減少燃燒室的質量問題及製造時間。2019 年,該公司用純氫燃料對優化設計的燃燒室進行測試,結果表明:針對純氫燃料優化設計的燃燒室還不具備很好的 NO_x 低排放特性,該技術還需要進一步研究。該公司計劃 2030 年實現採用乾式低 NO_x 排放技術的燃機均具備燃用純氫燃料能力。

3)安薩爾多能源公司

安薩爾多能源公司開展了一系列的燃燒室測試,結果表明其燃機可以燃用純氫燃料。該公司通過開發可適應不同燃料的先進燃燒系統,使燃機具備燃燒富氫燃料的能力,如為 F 級 GT26 燃機和 H 級 GT36 燃機開發的順序燃燒系統。該公司還可為在運行的 F 級燃機進行氫燃料轉換的改造,使現役 F 級燃機也具備燃氫能力。該公司還將針對 GT36 開展純氫燃料適應性測試。

4)通用電氣發電公司

通用電氣發電公司 1990 年以前就研發了能夠適應富氫燃料的燃燒器並應用在航改型燃機和 B、E 級重型燃機上,環形燃燒器在超過 2500 臺的航改型燃機上得到應用,該燃燒器可以適應氫氣含量為 30%~85% 的富氫燃料,安裝在超過 1700 臺重型燃機上的多噴嘴靜音燃燒器也具備高富氫燃料的適應能力,在其他氣體均為惰性氣體(氮氣或者蒸汽等)的情況下,可以燃燒氫氣含量 43.5%~89% 的富氫燃料。該公司評估了多噴嘴靜音燃燒器對高富氫燃料的適應情況,結果表明燃燒純氫燃料是可行的,多噴嘴靜音燃燒器可以燃用氫氣含量高達 90%~100% 的富氫燃料。

通用電氣發電公司現役重型燃機也能適應一定範圍內的富氫燃料。GE 地 6B、7E 和 9E 燃機的乾式低 NO_x 燃燒系統能夠在燃料中含有少量氫的情況下運行,在與天然氣混合

時，氫氣含量可達到 33％；DLN2.6＋燃燒器可以在氫氣含量 15％的情況下正常工作；9H 機組的 DLE2.6e 燃燒器採用先進預混技術，並且使用積層製造技術，該燃燒器可以燃用氫氣含量約 50％的富氫燃料。

使用 E 級和 F 級燃機的多個整體煤氣化聯合循環裝置在全球範圍內已投入商業運行，包括 Tampa 電站、Duke Edwardsport 電站和 Korea Western Power（KOWEPO）TaeAn 電站。韓國的大山精煉廠使用 6B.03 燃機燃用氫氣含量 70％的氫燃料超過 20 年，最大氫氣含量超過 90％，到目前為止，該裝置已累計使用富氫燃料超過 105h。Gibraltar－San Roque 煉油廠採用 6B.03 燃機，以不同氫氣含量的煉油廠燃料氣為燃料，如果燃料中氫氣含量超過 32％，則將煉油廠燃料氣與天然氣混合。截至 2015 年，該燃機已經運行超過 9000h。義大利國家電力公司（ENEL）的富西納電廠自 2010 年起就開始使用 1 臺 11MW 的 GE－10 燃機燃用氫氣含量 97.5％的氫燃料。美國陶氏鉑礦工廠於 2010 年開始在 4 臺配備 DLN 2.6 燃燒系統的 GE 7FA 燃機燃用 5∶95（體積比）混合的氫氣和天然氣混合物。

世界上首個可再生能源製氫與燃氫發電相結合的示範工程 HYFLEXPOWER 專案於 2020 年正式啟動。該電廠將採用西門子能源公司基於 G30 燃燒室技術的 SGT－400 工業燃機，徑向旋流器預混設計使燃燒室具備更大的燃料適應性。該示範專案旨在探索從發電到製氫再到發電的工業化可行性，證明通過氫氣生產、儲存再利用的方式可以解決可再生能源波動性問題。

(3) 燃氫燃氣輪機燃燒器

為應對隨著燃燒溫度升高而呈指數級增長的 NO_x 排放量，三菱重工的大型燃氣輪機中安裝的乾式低 NO_x（又稱 DLN）燃燒器採用預混燃燒方法進行發電。

1) 用於氫氣混合燃燒的 DLN 多噴嘴燃燒器

三菱重工在原來的天然氣的傳統 DLN 燃燒器的基礎上新開發了摻氫混燒燃燒器，旨在防止因摻氫而增加回火的發生風險。從壓氣機供應到燃燒器內部的空氣通過旋流器並形成旋流，燃料從旋流器翼面的 1 個小孔供應，並由於旋流效應與周圍空氣迅速混合。在迴旋流的中心部(以下稱為渦核)存在流速低的區域，渦流中的回火現象被認為是火焰在渦核的低流速部分向回移動。新型燃燒器的特點是從噴嘴尖端噴射空氣，以提高渦核的流速，注入的空氣補償渦核的低流速區域並防止回火的發生。

三菱重工使用 1 臺全尺寸新燃燒器在實際燃氣輪機運行壓力下進行燃燒試驗，結果表明：即使在摻氫 30％的條件下，NO_x 仍在要求的排放範圍內，而且運行時沒有發生回火或燃燒振盪的顯著增加。

2) 用於高濃度氫氣燃燒的多簇燃燒器

隨著氫氣濃度越高，回火的風險就越大。如果針對純氫燃料使用 DLN 燃燒器，將需要非常大的物理尺寸空間，而且也會增加回火的風險。為保證在狹窄的空間內短時間內混合高濃度氫燃料和空氣，三菱重工設計了一種新型混合燃燒系統，可以分散火焰並將

圖 5-14 多簇燃燒器

燃料吹成更細的氣體，如圖5-14所示。

三菱重工設計的多簇燃燒器，其噴嘴數量比DLN燃燒器的燃料供應噴嘴(8個)更多，每個噴孔尺寸變小，通入空氣的同時吹入氫氣混合。可以在不使用渦流的情況下以較小的流量混合空氣和氫氣，這可以實現高抗回火性和低NO_x燃燒的兼容性。三菱重工目前正在研究這種燃料噴嘴的基本結構。

3)擴散燃燒器

擴散燃燒器是將燃料噴射到燃燒器中的空氣中，如圖5-15所示。與預混燃燒法相比，一方面，容易形成火焰溫度高的區域，NO_x的生成量增加顯著，因此需要通過蒸汽或注水來減少NO_x的措施。另一方面，由於擴散燃燒室的穩定燃燒範圍較廣，燃料特性波動的允許範圍也較大。

擴散燃燒器可以適應利用尾氣(煉油廠等產生的廢氣)作為燃料的中小型燃氣輪機，三菱重工已經在使用氫含量範圍廣(氫含量高達90%)的燃料中取得了實際應用。

圖5-15 擴散燃燒室

5.3.3 氫燃氣輪機簡單理想循環

本節對理想簡單循環燃氣輪機的熱力過程進行簡單介紹，詳細內容請參考燃氣輪機相關專業書籍。燃氣輪機的理想開式簡單循環包含4個過程：壓氣機中的理想絕熱壓縮過程、燃燒室裡的等壓加熱過程、渦輪裡的理想絕熱膨脹過程和排氣系統與大氣中的等壓放熱過程。如果將壓氣機入口處的狀態以「1」表示，壓氣機出口處，即燃燒室入口處的狀態以「2」表示，燃燒室出口處，即燃氣渦輪入口處的狀態以「3」表示，渦輪出口處的狀態以「4」表示，將燃氣輪機理想簡單開式循環表示在$p-v$圖和$T-s$圖上，如圖5-16所示。

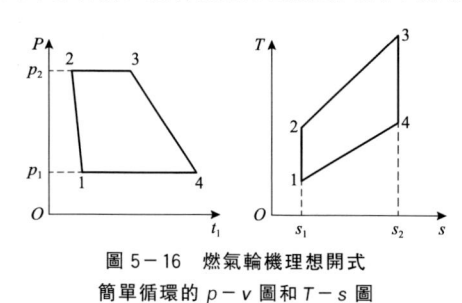

圖5-16 燃氣輪機理想開式簡單循環的$p-v$圖和$T-s$圖

在壓氣機中，空氣被壓縮，比容減小，壓力增加，同時伴隨溫度升高，因此，必須輸入一定數量的壓縮功。當忽略壓氣機與外界發生的熱量交換時，這一壓縮過程可以認為是絕熱的。如果過程進行十分理想，沒有摩擦和擾動等不可逆現象存在，這一過程就是理想絕熱過程。

在燃燒室中，從壓氣機來的高壓空氣與由燃料噴嘴噴入的燃料混合燃燒，將燃料化學能釋放出來而轉化為工質的熱能，使燃燒產物達到很高的溫度而成為高溫高壓的燃氣。這一燃燒加熱過程中，工質與外界只有熱量交換，並不做功。空氣或燃氣在燃燒室裡的流動過程中伴隨因摩擦和紊流等而產生的損失，使壓力有所下降，但在設計良好的燃燒室裡，壓力損失很小。因此在進行理論分析時，可以認為燃燒室中工質的壓力保持不變，也就是

說，可將燃燒室裡的燃燒升溫過程看作一個等壓加熱過程。

從燃燒室排出的高溫高壓燃氣進入燃氣渦輪，順著燃氣流動的方向在渦輪的各級裡一次膨脹做功，帶動壓氣機一塊同速旋轉，同時對外輸出一定數量的機械功。同時，燃氣的溫度和壓力降低、比容增大。在這一過程中，燃氣通過渦輪氣缸對外散熱，但是，由於燃氣的流速很高，燃氣通過渦輪氣缸的時間很短，因而，燃氣的對外散熱相對很小，可以忽略不計，這樣就可把燃氣在渦輪裡的膨脹做功過程看作是絕熱過程。在這一過程中，燃氣與外界只有機械功的傳遞而沒有熱量的交換。在沒有摩擦、尾跡和端部次流等損失的情況下，燃氣渦輪裡的膨脹做功過程可看作是理想絕熱過程。

在燃氣渦輪裡膨脹做功後的燃氣經過排氣擴壓器後，通過煙囪排入大氣，在大氣中自然放熱，溫度降低到機組周圍大氣的溫度，也就是壓氣機入口處空氣的溫度。當忽略排氣系統的壓力損失時，這一自然放熱過程中，壓力保持不變，所以是一個等壓放熱過程。

5.3.4 氫燃氣輪機性能影響因素

評價一臺燃氣輪機設計和性能優劣的性能指標有很多，如機組的效率、尺寸、壽命、汙染物排放(NO_x，CO等)、動態和熱力特性、製造和運行費用，以及啟動和攜帶負荷的速度等。但是從熱力循環的角度看，燃氣輪機的性能指標包括燃氣輪機熱效率、燃氣輪機的燃機的出力(發電機輸出功率)、比功率、有用功係數，以及壓比和溫比等，其中最引起投資方注意的主要指標就是熱效率、出力和比功率。

熱效率是燃氣輪機的淨能量輸出與按燃料的淨比能(低位熱值)計算的燃料輸入之比。燃氣輪機的熱效率與熱耗率本質上為同一指標，相互之間可以換算(熱效率與熱耗率的乘積為3600)。效率越高，熱耗值越低，發1度電所消耗的熱量越低，因此熱效率可表徵燃氣輪機的經濟性，也是衡量能量利用率高低的熱力性能指標。9E級燃氣輪機簡單循環效率為36%左右，配置餘熱鍋爐的聯合循環機組效率可達到52%或以上。

出力指燃氣輪機發電機輸出功率，等同於通常所說的燃氣輪機毛功率，也就是未扣燃機勵磁系統及燃氣輪機變壓器損耗前的出力。9E級燃氣輪機簡單循環出力可達到123MW，1+1+1配置S109E聯合循環機組出力可達到185MW左右。

比功率是燃氣輪機淨輸出功率與壓氣機進氣質量流量的比值。比功率越大，發出相同功率所需工質流量越少，尺寸越小，因此，比功率是從熱力性能方面衡量燃氣輪機尺寸大小的一個指標。

燃氣輪機性能指標的影響因素眾多，下面對燃料類型、空氣溫度、密度和質量、大氣壓力、相對濕度、啟動頻率、負荷和設備維修情況等因素的影響進行介紹。　　(1)燃料類型的影響

在各類型燃料中，天然氣的應用時間較長、範圍較廣，具有輻射能較低、雜質含量較少的優點，較適合作為透平材料，但是天然氣的價格較高，供應能力無法達到最佳，這限制了其進一步的應用。另外，天然氣中凝結的液體碳氫化合物，會降低高溫燃氣通道部件的使用時長。若被帶入的碳氫化合物量較小就會產生較小的影響，如果有大量的液體碳氫化合物，就會造成過高的溫度環境，導致設備部件壽命減少的同時，還會縮短檢修間隔期。

(2)空氣溫度、密度和質量的影響

較低的環境溫度下，空氣的比容較小，在壓氣機吸入同容積流量空氣的前提下，其質量流量較大，使燃氣輪機功率會有一定程度的提高。外界環境溫度越低，機組功率越大，環境溫度越高，機組功率越小。而且，隨著環境溫度降低，燃氣輪機的溫壓比逐漸增大，對改善燃氣輪機的熱力循環效率是有利的，其熱耗率也會相應地降低。以 GE 公司 9e 型燃氣輪機為例，環境溫度降低 10℃，其機組功率約增大 6%，熱耗率降低約 1%。

不同型號的燃氣輪機有著不同的溫度影響曲線。環境溫度低於 21℃ 時，環境溫度的變化對燃氣輪機的淨輸出功率影響很小；環境溫度高於 21℃ 時，隨著溫度增加，淨輸出功率呈線性下降趨勢；而發電效率在環境溫度高於 −5℃ 時，會隨著溫度上升而呈明顯下降趨勢。另外，空氣的質量和流量對於燃氣輪機的溫度影響曲線都有較大的影響。

空氣密度方面，數值較小的空氣密度會降低空氣流量和相應的輸出，這與工作所在地的海拔高度及空氣濕度都有關係，海拔越高，空氣越稀薄，空氣密度越小。空氣濕度越高，空氣密度越小，從而減少熱耗率。而空氣濕度的提升會降低燃燒室的空氣量，然後降低噴入的燃油，降低機組的出力情況。另外，壓氣機出口壓力的運行情況受到的影響也較大。

空氣質量對於燃氣輪機的維修情況和運行成本都起著很大的作用，不僅是灰塵和雜質，油汙和鹽等物質也會在較大程度上損壞高溫煙氣通道的相關部件，壓氣機葉片也會受到一定的腐蝕作用，從而出現表面有凹痕的情況，這在加大表面粗糙度的同時，也容易出現疲勞裂紋。上述問題將減少空氣流量及壓氣機的工作效率，也會影響燃氣輪機功率及總熱效率。

通常情況下，壓氣機工作環境較差會直接導致燃氣輪機工作效率降低，因此在實際使用時，要保證工作環境的乾淨整潔，還需要清洗壓氣機來確保其工作效率，也可通過過濾系統進行對環境的改善。

(3)大氣壓力(或海拔高度)的影響

隨著大氣壓力的降低，空氣將變得稀薄，在壓氣機吸入空氣容積流量不變化的前提下，燃氣輪機的進氣質量流量將會相應減少，導致燃氣輪機功率下降。大氣壓力的變化直接影響空氣的比熱容，進而影響進入壓氣機的空氣質量流量和輸出功率。當大氣壓力增加時，空氣的比熱容下降，其質量流量增加，從而增加了機組的輸出功率。由於燃料量隨著空氣質量流量的變化而調整，只要燃燒室內的溫度保持不變，燃氣輪機的效率就基本不變，從而其熱耗率的變化可忽略不計。以 GE 公司 9e 型燃氣輪機為例，大氣壓力降低 1kPa，其功率約降低 1%。

(4)相對濕度的影響

水蒸氣的比重較空氣小，濕空氣相對於乾空氣會對燃氣輪機組的功率和熱耗率產生影響。與環境溫度及大氣壓力對燃氣輪機功率的影響程度相比，相對濕度的影響最小。隨著市場對增大燃氣輪機功率的需求，以及排放標準不斷提高，而在燃燒器的首端或者壓氣機的排氣缸注入蒸汽或者水，從而加大功率及控制和消除 NO_x。對於採用此種方案的燃氣輪機，相對濕度對機組功率的影響較為顯著，對熱耗率的影響可忽略不計。對於不採用此

種方案的燃氣輪機，相對濕度的變化對其功率和效率的影響均可忽略不計。

(5) 啟動頻率的影響

燃氣輪機擁有啟動速度快的特點，該特點使其適合成為調峰機組。相應的高溫部件在啟動和停機動作的過程中，會存在一次降溫和升溫過程。因此，如果燃氣輪機啟動和停機的動作次數較多，就會導致其零件壽命下降，遠低於持續工作的同型號機組零件，儘管系統控制過程的運行曲線能夠減小熱效應，但並不能起到較大的作用。所以要實現對燃氣輪機長期且高效利用的目的，就需要根據實際情況的需求，對設備啟動頻率加以控制。

(6) 負荷的影響

如果燃氣輪機在尖峰負荷的狀態下運行，就會導致運行溫度升高，從而需要較為頻繁地進行高溫煙氣通道相關部件的維修及更換工作。對於尖峰負荷的狀態下運行的影響，能夠通過降低負荷運行進行平衡。降低負荷並不需要持續減少燃燒溫度，如果負荷不減少至額定功率的80%以下，在餘熱應用的情況下就不會減少燃燒溫度。同時，在應用不一樣的模式時，高溫通道部件的使用壽命也會變得不同，如由滿負荷跳閘甩負荷的影響結果等同於約10次的啟停動作，原因是葉片及噴嘴部位會出現熱效應，應力數值較大會導致在有限次的循環中出現裂紋。

(7) 設備維修情況的影響

在使用燃氣輪機過程中，也應以減少隱患為目標，如果不進行定期維護，就會出現一些安全問題。設備維護管理的首要目標是確保設備安全平穩地運行，這也是最基本的要求。工作人員需要嚴格把握現場管理的情況，通過對設備運行特點的具體分析對其運行情況進行監控，保證高質量的現場巡檢，從而能夠在設備出現問題時及時發現、及時解決。若要保證設備一直擁有良好的技術狀態，就應該對設備的修檢情況加以規劃，記錄設備運行時間，定期保養和檢修設備，從而降低設備出現故障的機率。

要重視對設備的狀態檢修，在設備運行時要通過設備的各項數據對其運行狀態進行判斷，以便及時解決故障隱患。另外，針對設備的運行狀況可以開展技術改造及整機更新等工作，從統計分析設備的缺陷故障、資產折舊程度、設計工況和實際運行工況的偏離情況等方面入手，以確保設備經濟低效的運行狀態，有效控制成本，提高經濟效益，全面且精準地對設備情況和設備狀態進行把握。

5.4 液氫火箭

5.4.1 液氫火箭結構及工作原理

「長征五號」起飛推力接近1100t，起飛規模約是中國上一代火箭的1.6倍，高、低軌運載能力分別是中國上一代火箭的2.5倍和2.9倍，綜合性能大幅提升，運載能力和運載效率位居世界前列。「長征五號」運載火箭歷經30餘年關鍵技術攻關和工程研製，在研製過程中，研發團隊攻克了大量的工程技術難題，建立和完善了中國大型低溫運載火箭的研製體系和規範，大幅提升了中國運載火箭的研製技術水準和能力。「長征五號」運載火箭採

氫能概論

用模組化設計方案，其中運載火箭總長約 57m，芯級採用 5m 直徑箭體結構、捆綁 4 個 3.35m 直徑助推器，起飛重量約 880t，採用兩級半構型，由「結構系統、動力系統、電氣系統和地面發射支持系統」4 大系統組成，「長征五號」運載火箭剖視圖見圖 5－17。

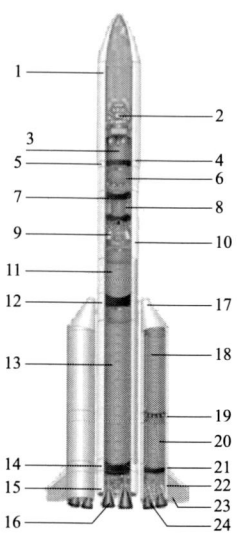

圖 5－17 「長征五號」運載火箭剖視圖
1—整流罩；2—探測器；3—有效載荷支架；4—轉接框；5—儀器艙；6—二級液氫箱；7—二級箱間段；8—二級液氧箱；9—YF-75D 氫氧引擎；10——、二級間段；11——級液氫箱；12——級箱間段；13——級液氧箱；14——級後過渡段；15——級尾段；16—YF-77 氫氧引擎；17—助推器斜頭錐；18—助推器液氧箱；19—助推器箱間段；20—助推器煤油箱；21—助推器後過渡段；22—助推器尾段；23—尾翼；24—YF-100 液氧煤油引擎

芯一級箭體直徑 5m，採用氫氧推進方案，安裝 2 臺地面推力 50t 級的 YF－77 氫氧引擎，引擎採用雙向擺動方案進行姿態穩定控制，捆綁 4 個直徑為 3.35m 的助推器，採用液氧煤油推進方案，每個助推器安裝 2 臺地面推力 120t 級的 YF－100 液氧煤油引擎，每個助推器僅擺動靠近芯級的 1 臺引擎，引擎切向搖擺用於姿態穩定控制；芯二級箭體最大直徑 5m，採用懸掛儲箱方案，安裝 2 臺真空推力 10t 級的膨脹循環氫氧引擎 YF－75D 作為主動力，YF－75D 引擎雙向擺動、二次啟動；芯二級採用輔助動力完成滑行段姿態控制、推進劑管理和有效載荷分離前末修、調姿；整流罩頭錐採用馮·卡門外形，直徑 $\varPhi$5.2m，高 12.267m；助推器採用斜頭錐外形等。

5.4.2 YF－77 氫氧火箭引擎系統

(1) YF－77 引擎系統組成

根據「長征五號」運載火箭總體設計要求，芯一級起飛推力為 100t。如果使用單臺百噸級氫氧引擎，則需要增加 1 套輔助動力系統用於芯一級火箭的滾轉控制，若使用 2 臺 50t 級引擎，則可通過雙機擺動完成箭體滾控，省去 1 套姿控動力系統，從而實現方案的總體優化。同時，50t 級引擎還可在未來用於中大型火箭的芯二級或重型運載火箭的上面級，具有更好

第5章　氫燃燒的原理與產業發展

的任務拓展性。另外，中國在此之前研製的氫氧引擎最大真空推力僅為 8t 級，考慮技術跨度的合理性，最終將該型引擎推力確定為地面 50t 級，真空 70t 級，雙機並聯使用。

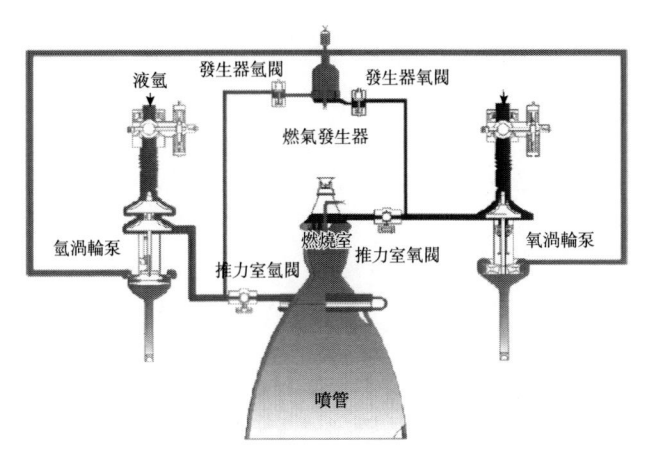

圖 5-18　YF-77 引擎系統簡圖

在滿足火箭總體性能要求的前提下，YF-77 引擎繼承中國 4.5t 級氫氧引擎 YF-73 和 8t 級氫氧引擎 YF-75 的技術基礎與研製經驗，採用燃氣發生器循環，結構簡單，使用維護方便，固有可靠性高，且相比高壓補燃循環節省經費近 1/4，具有低成本優勢，市場競爭力更強。為優化引擎總裝結構，YF-77 引擎未沿用 YF-75 引擎使用的燃氣串聯驅動氫氧渦輪泵方案，而是採用單燃氣發生器並聯驅動氫氧渦輪泵的方案。根據地面試驗和飛行任務的需求，引擎分為單機和雙機兩種狀態。其中，單機由氫供應系統、氧供應系統、燃氣系統、預冷泄出系統、起動點火系統、儲箱增壓與伺服機構氫氣供應系統、推力傳遞與搖擺系統、遙測系統等組成。圖 5-18 所示為引擎系統簡圖。

引擎工作時，採用火藥啟動器實現渦輪起旋，推力室和燃氣發生器由火藥點火器點火。燃氣發生器工作產生的燃氣分別供給氫渦輪和氧渦輪做功，然後分別由氫、氧渦輪排氣管排出。液氫、液氧由泵供給推力室和燃氣發生器。在氧渦輪入口設置 2 個燃氣閥實現引擎混合比的調節。液氧儲箱採用開式自生增壓方案，液氫儲箱採用閉式自生增壓方案，介質均由引擎提供；引擎液氫、液氧系統均採用循環預冷方案。

引擎單機以推力室作為總體布局基礎，渦輪泵垂直對稱布置在推力室兩側，採用泵前雙向搖擺方案，單向擺角 ±4°，最大合成擺角 5.7°。引擎雙機並聯使用，由 2 臺獨立單機並聯構成，通過常平座與機架連接為一體。引擎單機實物如圖 5-19 所示。

圖 5-19　YF-77 氫氧火箭引擎實物

(2)燃燒裝置結構

YF－77的推力室由頭部、帶短噴管的身部和噴管延伸段組成。頭部採用同心圓排列的同軸直流噴嘴和發汗冷卻面板，並在國際上首次採用與主噴嘴流強一致的高速排放冷卻噴嘴隔板及噴嘴聲學錯頻技術，確保推力室可在不同工況下穩定燃燒；帶短噴管的身部為鋯銅銑槽內壁、電鑄鎳外壁和高溫合金鋼套組成的3層結構，在中國首次採用隔熱層與高深寬比再生冷卻通道一體化熱防護設計，大幅提高了推力室內壁熱疲勞壽命；噴管延伸段為排放冷卻的高溫合金螺旋管束式銲接結構，首創帶呼吸式加強箍螺旋管束式噴管技術，使噴管型面在熱載荷交變下的變形得到控制，提高了噴管效率和承載能力。再生冷卻＋排放冷卻的熱防護方案繼承了中國8t級氫氧引擎的成功經驗，充分利用液氫吸熱能力強、排放消耗流量較小的特點，在對推力室比衝影響不大的前提下，實現了泵後壓力的降低和推力室結構質量的減小，推力室僅佔引擎結構質量的25％，而西方同類引擎普遍為30％。

燃氣發生器由頭部和身部組成，頭部採用同軸直流噴嘴，身部採用熱容式熱防護，不冷卻。在出口下游安裝火藥啟動器，用於渦輪泵起旋，結構如圖5－20所示。

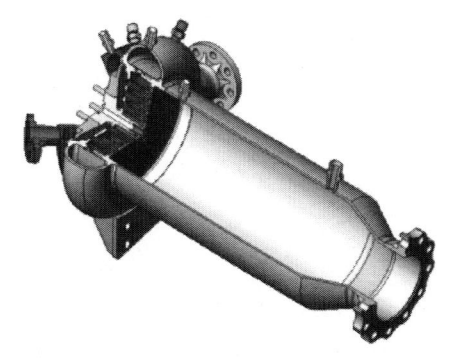

圖5－20 燃氣發生器結構

(3)氫渦輪泵結構

YF－77的氫渦輪泵設計轉速為3.5×10^4r/min，設計揚程約16MPa，渦輪設計壓比為15.5，是世界上比功率最大的氫渦輪泵。主要由氫渦輪、液氫泵、彈性支承系統、軸向力平衡系統、浮動環密封及軸承等組成。其中，氫泵為兩級離心泵，使用變螺距誘導輪，葉輪使用空間三維扭曲複雜型面葉片和流道設計，採用低溫鈦合金粉末冶金工藝製造，泵殼為低溫鈦合金鑄造，泵效率達到世界先進水準；氫渦輪為兩級壓力複合級衝擊式超音速渦輪，葉輪採用鈦合金粉末冶金工藝，外殼體為高溫合金鑄造；渦輪泵轉子為工作在二、三階臨界轉速之間的柔性轉子，使用高DN值重載混合式陶瓷球軸承，雙阻尼彈性支撐；軸向力自動平衡；瑞利動壓槽結構浮動環動密封。

(4)氧渦輪泵結構

YF－77的氧渦輪泵設計轉速為1.8×10^4r/min，設計揚程約14MPa，渦輪設計壓比為14.0，是國際上首次使用的高過載氧渦輪泵。主要由氧泵、氧渦輪、支承系統、動密封系統、軸向力平衡系統及軸承等組成。其中，氧泵為單級離心泵，使用高抗汽蝕性能誘導輪，泵前壓力適應範圍可達到設計值的9倍；誘導輪、葉輪、泵殼等均為高溫合金鑄件；氧渦輪為兩級速度複合級衝擊式超音速渦輪；渦輪轉子為工作在一、二臨界轉速之間的柔性轉子，使用雙列鋼軸承，單阻尼彈性支撐；軸向力自動平衡；浮動環動密封。同時，這也是中國首次使用超臨界柔性轉子技術的氧渦輪泵，減小了結構尺寸及質量，攻克了轉子異常振動問題。

5.4.3 氫氧火箭引擎的優勢

火箭引擎是將推進劑的化學能轉化為飛行器機械能的熱能動力裝置。通過推進劑的燃燒,火箭引擎對飛行器持續做功,使其機械能不斷增加,直到滿足進入特定軌道並穩定運行的要求。因此,推進劑自身的能量特性和引擎的能量轉化性能直接影響火箭的運載能力。

在所有的推進劑中,液氧/液氫組合是除液氟/液氧之外能量特性最高的,在推力室壓力為 5MPa、噴管面積比為 140 的條件下,其理論比衝比常規推進劑的高 38%,比液氧/煤油高 26%,比液氧/甲烷高 22%。在實際的引擎型號中,它們之間的差距更大。因此在起飛規模不能無限擴大的前提下,要獲得更大的運載能力,使用氫氧引擎是必然的選擇。液氧/液氫組合還具有燃燒穩定性好、燃燒效率高、燃燒過程振動量級小的特點,能在 4~40MPa 高壓下實現 98%~99% 的高效穩定燃燒,具有很高的能量轉化效率。

此外,液氫與液氧均易蒸發、不積存,燃燒產物清潔,無固相產物產生,有利於引擎的重複使用,符合航太運載器高效低成本的發展方向;且由於其燃燒產物為水蒸氣,清潔無汙染,也符合當今世界綠色、環保的發展理念。

5.4.4 氫氧火箭引擎性能影響因素

影響並聯結構的燃氣發生器循環引擎性能的內外因素眾多,根據引擎系統組成,可大致分為以下幾類:①外部條件,如引擎泵入口壓力、溫度及外界環境壓力等;②流阻特性,如噴嘴、節流圈及管路特性等;③組件性能,如渦輪泵效率和燃燒裝置效率等。一般情況下,同一類因素具有相同量級的影響效應,在實際敏感性分析中,不需要對所有影響因素進行全面分析,根據需要選擇具有代表性和參考性的因素即可。

1)在影響引擎性能的所有因素中,氫、氧渦輪泵的效率水準占有絕對的主導地位,引擎性能對該影響因素的敏感度遠遠大於其他因素,渦輪泵效率出現的偏差將導致引擎性能出現同樣量級的偏差。

2)引擎氫氧主路介質流速低,損失較小,其變化量對引擎性能的影響不大。同樣,引擎混合比和推力對外部影響因素(壓力、溫度)的敏感度也不高。

3)發生器燃氣路的音速噴嘴和管路特性影響渦輪的燃氣流量,本算例中基準狀態下氫渦輪的燃氣流量是氧渦輪流量的 2 倍多,在相同的氫、氧燃氣路影響因素變化量下,引擎性能對氫路影響因素的敏感度高。

4)對於雙渦輪泵並聯的發生器循環引擎來說,副系統液路流量的增量在兩渦輪的燃氣分配比例能夠基本保持不變,由此使得引擎混合比對副系統液路影響因素的敏感度低;相反,燃氣路影響因素決定氫、氧渦輪的做功能力,其變化量可同時對引擎混合比和推力產生影響。

在後續研製中要重點關注以下關鍵技術:

1)補燃循環引擎啟動關機過程控制技術。補燃循環引擎系統複雜,組件工作特性耦合程度高,引擎啟動關機過程控制複雜度相比於燃氣發生器循環大幅增加,調節引擎的啟動

氫能概論

工況、匹配引擎及其組件的工作協調性是需要重點突破的關鍵技術。通過引擎分系統試驗、半系統試驗和全系統短程試驗，結合大量的數值仿真分析，分步研究啟動關機控制過程。

2）引擎總裝結構技術。隨著管路直徑增大、壓力提高，補燃氫氧引擎管路成型、密封、安裝等難度顯著增加。隨著引擎功率水準大幅提升，結構動力學問題更加突出。須開展引擎總體布局優化設計、動力學控制、高壓密封、管路補償等技術研究。

3）高壓氫氧渦輪泵技術。在 SSME 和 RD－0120 引擎研製過程中，渦輪泵是故障最多、技術難度最大的組件。補燃引擎需要採用預壓泵和多級主泵來滿足高壓要求。高轉速渦輪泵優化、高公徑值軸承、動密封、抗汽蝕誘導輪、轉子動力學、預壓渦輪泵等是其關鍵技術。

4）補燃推力室技術。補燃推力室噴注器要保證液氧、高溫富氫燃氣、氣氫 3 種工質在變推力範圍內穩定高效工作，同時推力室熱流密度顯著增長，在研製中要解決大尺寸補燃推力室的燃燒穩定性和熱防護問題。

5）大範圍變推力調節技術。通過半實物仿真實驗、變推力調節試驗等研究變工況調節控制技術、引擎及其組件對變工況和低工況的工作適應性。

6）引擎材料及製造技術。大推力氫氧引擎要研究應用新材料、新的工藝製造方法；複雜結構件探索新的工藝方法提高產品合格率；機械加工製造探索研究新的工藝方法，以適應快速研製需要。

7）補燃引擎試驗技術。包括大推力補燃引擎真空點火和高模試驗技術、高精度測試技術、引擎故障診斷及健康管理技術等。

習題

1. 與傳統化石燃料相比，氫氣燃燒的優缺點是什麼？
2. 早燃、回火、爆燃等氫氣的異常燃燒現象分別指什麼？
3. 對於引擎，採用哪些措施可以避免氫氣的異常燃燒？
4. BMWHydrogen 7 內燃機汽車系統的主要組成有哪些？
5. 氫內燃機的理論循環包含哪些過程？
6. 氫內燃機汽車與氫燃料電池汽車相比，整車系統的特點有哪些？
7. 氫燃氣輪機的結構組成有哪些？
8. 氫燃氣輪機的簡單理想循環包含哪些過程？
9. 哪些主要指標是評價一臺燃氣輪機設計和性能優劣的技術指標？
10. 海拔高的地方為什麼不利於燃氣輪機的工作？
11. 燃氫鍋爐氫氣燃燒器控制系統方面考慮了哪些安全設施？
12.「長征五號」運載火箭的主要結構有哪些？
13.「長征五號」運載火箭研製過程突破的關鍵技術有哪些？
14. YF－77 引擎系統由哪些部分構成？

15. YF－77引擎系統的熱防護方案是什麼？

16. 哪些方面是氫氧火箭引擎後續研究的關鍵點？

17. 分析題：除了本書所涉及的氫能利用領域外，氫被用於鍋爐和燃氣灶等領域，請通過文獻調研撰寫相關領域的應用案例報告，詳細論述設備原理、主要技術性能指標和安全性等。

第6章　燃料電池的原理與產業發展

燃料電池(Fuel Cell，FC)是一種直接將儲存在燃料和氧化劑中的化學能高效地轉化為電能的發電裝置。輸出的電能可以用於汽車、電子設備、家庭應用等，或者作為電網的備用電源。相比燃料直接燃燒釋放的熱能，燃料電池的電能轉化不受卡諾循環的限制，轉化效率更高，同時還具有燃料多樣化、排氣乾淨、噪音小、環境汙染低、可靠性高及維修性好等優點。燃料電池是氫利用最重要的形式，通過燃料電池這種先進的能量轉化方式，氫能源能真正成為人類社會高效清潔的能源動力。本章將對燃料電池的基本構造及工作原理進行簡介，並對燃料電池在交通運輸領域及其儲能發電領域的利用進行扼要闡述。

6.1　燃料電池

6.1.1　燃料電池的基本構造

燃料電池的基本構造包括電極、電解質隔膜和雙極板3部分。

(1)電極

在燃料電池中，電極上主要發生氧化和還原反應。燃料電池電極性能受諸多因素影響，如電極材料種類、電解質性能等。電極主要可分為陽極和陰極兩部分，厚度一般為200～500mm。此外，由於氣體(如氧氣、氫氣等)是燃料電池燃料和氧化劑的主要成分，因此電極多為高比表面積的多孔結構。這種結構一方面提高了燃料電池的實際工作電流密度；另一方面降低了極化，使燃料電池從理論研究階段步入實用化階段。目前，燃料電池按照工作溫度的不同主要分為高溫燃料電池和低溫燃料電池。其中，高溫燃料電池以電解質為關鍵組分，包括固體氧化物燃料電池(Solid Oxide Fuel Cell，SOFC)、熔融碳酸鹽燃料電池(Molten Carbonate Fuel Cell，MCFC)等；而低溫燃料電池則是以氣體擴散層支撐薄層催化劑為關鍵組分，包括質子交換膜燃料電池(Proton Exchange Membrane Fuel Cell，PEMFC)、直接甲醇燃料電池(Direct Methanol Fuel Cell，DMFC)、磷酸燃料電池(Phosphoric Acid Fuel Cell，PAFC)、鹼性燃料電池(Alkaline Fuel Cell，AFC)等。

(2)電解質隔膜

電解質隔膜主要用於分隔陽極與陰極，並實現離子傳導，輕薄的電解質隔膜更有利於提高電化學性能。電解質隔膜構成材料主要分為兩類：一類是多孔隔膜，它通過將熔融鋰-鉀碳酸鹽、氫氧化鉀與磷酸等附著在碳化矽膜、石棉膜及鋁酸鋰膜等絕緣材料上製成；另一類則是常規隔膜，其主要組成為全氟磺酸樹脂(如PEMFC)及釔穩定氧化鋯(如SOFC)。

(3)雙極板

雙極板是將單個燃料電池串聯組成燃料電池組時分隔兩個相鄰電池單位正負極的部分。起到集流、向電極提供氣體反應物、阻隔相鄰電極間反應物滲漏及支撐加固燃料電池的作用。在酸性燃料電池中通常用石墨作為雙極板材料。鹼性電池中常以鎳板作為雙極板材料。採用薄金屬板作為雙極板，不僅易於加工，而且有利於電池的小型化。

6.1.2 燃料電池的基本工作原理

燃料電池的基本工作原理是通過陰、陽兩極的電化學反應將燃料和氧化劑中的化學能轉化為電能。當燃料電池工作時，陽極的燃料被氧化，發生氧化反應；陰極的氧化劑被還原，發生還原反應。總反應為陽極燃料與陰極氧化劑的氧化還原反應。圖6－1所示為燃料電池的基本工作原理。

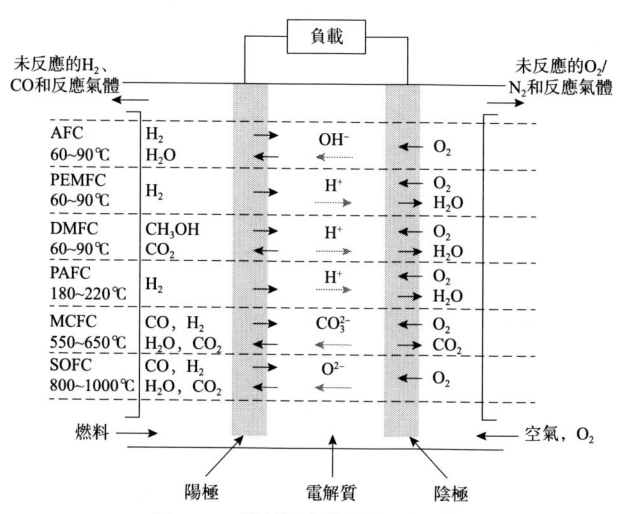

圖6－1 燃料電池的基本工作原理

下面以最基本的氫氧燃料電池為例，詳細描述燃料電池的基本工作原理。酸性氫氧燃料電池的電解液通常為硫酸溶液，陽極燃料為H_2，陰極氧化劑為O_2。如圖6－2所示，氫氧燃料電池可分解為兩個半電池反應。當燃料電池工作時，向陽極持續地通入H_2，在催化劑的作用下，H_2發生氧化反應失去電子變為H^+，生成的H^+進入電解液中，而電子則經外電路傳輸至陰極。在陰極一側不斷地通入O_2，在催化劑作用下，O_2得到陽極流出的電子發生還原反應，並與電解液中的H^+結合生成水。因此，酸性氫氧燃料電池的基本反應表示為：

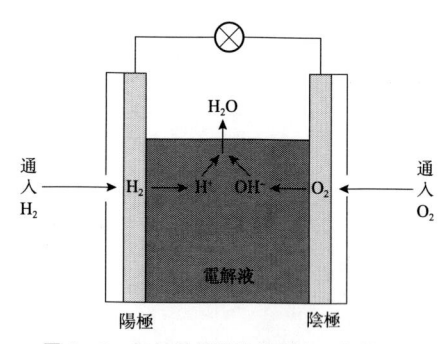

圖6－2 氫氧燃料電池的基本工作原理

陽極反應：$H_2 \longrightarrow 2H^+ + 2e^-$　　　　　　　　　　　　　　　　　　　(6－1)

陰極反應：$\frac{1}{2}O_2 + 2H^+ + 2e^- \longrightarrow H_2O$　　　　　　　　　　　　　　　(6－2)

總反應：$\frac{1}{2}O_2 + H_2 \longrightarrow H_2O$　　　　　　　　　　　　　　　　　　(6－3)

　　鹼性氫氧燃料電池的電解液通常為KOH溶液，電解液中傳遞的則為OH^-。陰極通入的O_2得到電子被還原，然後與電解液中的水反應生成OH^-進入電解液。陽極H_2失去電子被氧化並與電解液中的OH^-反應生成水。具體反應方程式為：

陽極反應：　　　　　　$H_2 + 2OH^- \longrightarrow 2H_2O + 2e^-$　　　　　　(6－4)

陰極反應：　　　　　$\frac{1}{2}O_2 + H_2O + 2e^- \longrightarrow 2OH^-$　　　　　　(6－5)

總反應：　　　　　　　$\frac{1}{2}O_2 + H_2 \longrightarrow H_2O$　　　　　　　　　　(6－6)

　　因此，無論電解液為酸性還是鹼性，氫氧燃料電池的總反應均為H_2與O_2的氧化還原反應。同理，基於其他燃料和氧化劑的燃料電池的總反應均為燃料與氧化劑的氧化還原反應。

　　燃料電池的工作過程主要包括4個步驟：輸入燃料和氧化劑、電化學反應、離子及電子的傳輸和反應產物的排出。為持續不斷地產生電流，就必須源源不斷地輸入燃料和氧化劑。此外，燃料和氧化劑輸入速度越快，理論上反應越多，產生的電流越大。因此，必須根據實際輸出電流的需求控制燃料和氧化劑的輸入速度。當燃料和氧化劑分別輸送到陽極和陰極後，會發生電化學反應。為提高輸出電流，燃料和氧化劑的氧化還原反應需要快速進行。因此，通常需要在陰、陽極上負載催化劑，從而提高燃料和氧化劑的氧化還原反應速率。陽極產生的電子經由外電路很快地傳輸到陰極，但是離子必須經過電解質從陽極傳輸到陰極或從陰極傳輸到陽極。在許多電解質中，離子是通過跳躍機理傳輸的，顯然離子傳輸要慢於電子傳輸，從而影響燃料電池的性能。為提高燃料電池的性能，電解質的厚度應盡可能薄，從而縮短離子傳輸距離。另外，與常規電池不同，燃料電池中燃料和氧化劑反應的生成物必須及時排出。否則，它們會在燃料電池內部不斷累積，最終造成電池的「窒息」，阻止電化學反應進一步發生。

　　雖然燃料電池和常規電池都是將化學能轉化為電能，但是燃料電池與常規電池存在明顯的區別。常規電池是對能量進行儲存，活性物質是其重要組成部分，其反應物存在於電池內部，電池能量的大小取決於電池中活性物質的數量。此外，在常規二次電池中，放電生成的物質可通過充電恢復至放電前的狀態，是一種可逆的電化學儲能裝置。而燃料電池需要不斷輸入燃料和氧化劑，且燃料和氧化劑反應的生成物需要排出電池體系。因此，燃料電池可以理解為一種能量轉換裝置，其能量取決於輸入的燃料和氧化劑數量。理論上，燃料電池和電池本身沒有太大關係，只要能不斷地輸入燃料和氧化劑，就可以不斷地產生電能。

6.1.3　燃料電池的種類

　　燃料電池可按照其工作溫度或電解質分類，也可按照其所使用的原料來分類。燃料電

池的電解質決定了電池的操作溫度和在電極中使用何種催化劑，以及對燃料的要求。此處按燃料電池的電解質將其分為：鹼性燃料電池（AFC）、質子交換膜燃料電池（PEMFC）、直接甲醇燃料電池（DMFC）、磷酸燃料電池（PAFC）、熔融碳酸鹽燃料電池（MCFC）和固體氧化物燃料電池（SOFC）。

(1) AFC

在 AFC 中，濃 KOH 溶液既作為電解液，又作為冷卻劑。它起到從陰極向陽極傳遞 OH^- 的作用。電池的工作溫度一般為 80℃，並且對 CO_2 中毒很敏感。AFC 的工作原理如圖 6-3 所示。

(2) PEMFC

PEMFC 又稱為固體聚合物燃料電池（SPFC），一般在 50～100℃下工作。電解質是一種固體有機膜，在增溼情況下，膜可傳導質子。一般需要用鉑做催化劑，電極在實際製作過程中，通常把鉑分散在炭黑中，然後塗在固體膜表面上。但是鉑在這個溫度下對 CO 中毒極其敏感。CO_2 存在對 PEMFC 性能影響不大。PEMFC 的工作原理如圖 6-4 所示。

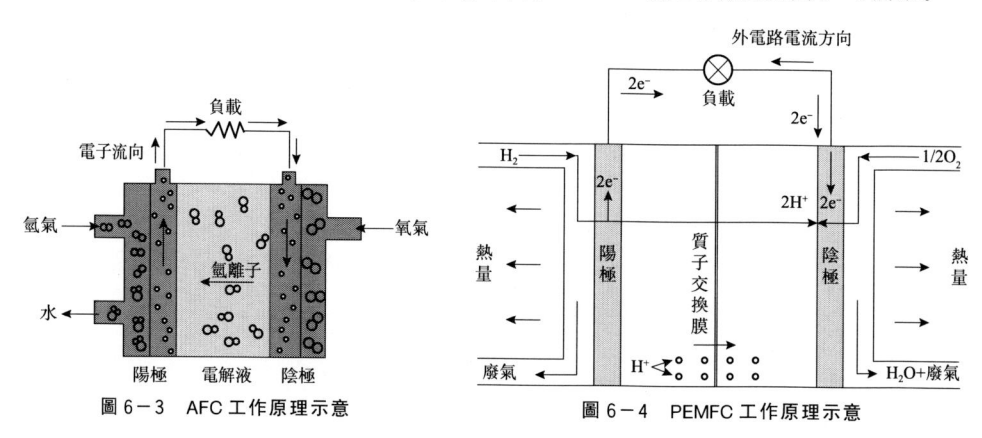

圖 6-3　AFC 工作原理示意

圖 6-4　PEMFC 工作原理示意

(3) DMFC

DMFC 是一種基於高分子電解質膜的低溫燃料電池，其基本結構和操作條件與 PEMFC 類似，所不同的主要是燃料，在 DMFC 中，將甲醇直接供給燃料電極進行氧化反應，而不需要進行重整將燃料轉化為 H_2。相比較以 H_2 為原料的 PEMFC，以甲醇為原料有一系列優勢。甲醇能量密度高，同時原料豐富，可通過甲烷或是可再生的生物質大量製造。在 DMFC 中，甲醇通常是以水溶液的形式供給，因此 PEMFC 中對電解質膜的溼潤也不再成為問題，能大大降低水管理的難度。DMFC 的工作原理如圖 6-5 所示。

(4) PAFC

PAFC 工作溫度為 200℃左右。通常電解質儲存在多孔材料中，承擔從陰極向陽極傳遞氫氧根。PAFC 常用鉑做催化劑，也存在 CO 中毒問題。CO_2 存在對 PAFC 性能影響不大。PAFC 的工作原理如圖 6-6 所示。

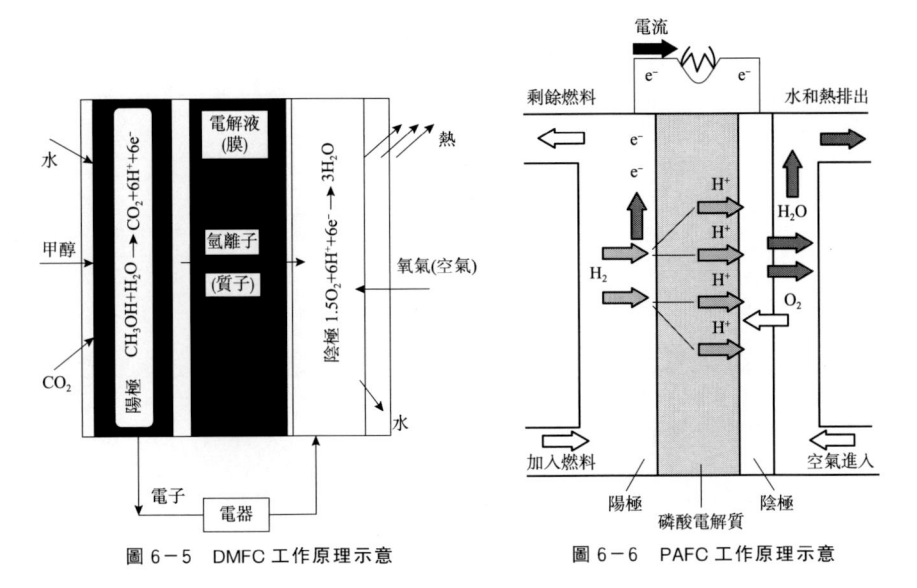

图 6-5　DMFC 工作原理示意　　　　　图 6-6　PAFC 工作原理示意

（5）MCFC

MCFC 使用碱性碳酸盐作为电解质，它通过从阴极到阳极传递碳酸根离子来完成物质和电荷的传递。在工作时，需要向阴极不断补充 CO_2 以维持碳酸根离子连续传递过程，CO_2 最后从阳极释放出来。电池工作温度在 650℃ 左右，可使用镍做催化剂。MCFC 的工作原理如图 6-7 所示。

（6）SOFC

SOFC 中使用的电解质一般是掺入氧化钇或氧化钙的固体氧化锆，氧化钇或氧化钙能够稳定氧化锆晶体结构。固体氧化锆在 1000℃ 高温下可传递氧离子。由于电解质和电极都是陶瓷材料。MCFC 和 SOFC 属于高温燃料电池。这种燃料电池对原料气的要求不高，从而使燃料 H_2/CO 能连续输入电池中。另外，燃料的处理过程可直接在阳极室中进行，如天然气重整化。SOFC 的工作原理如图 6-8 所示。

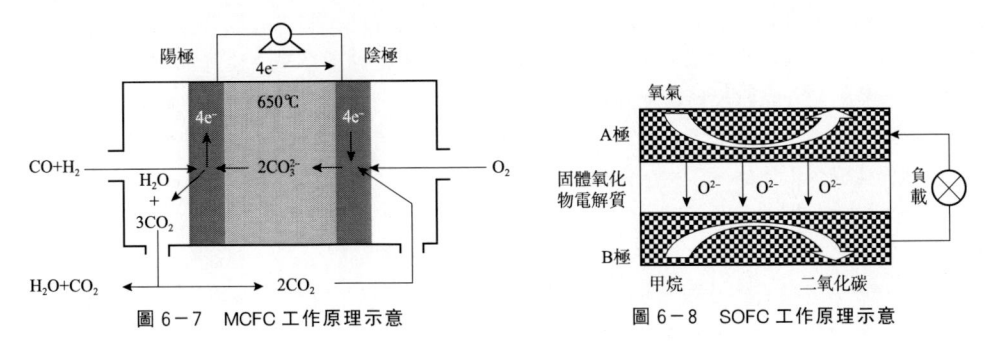

图 6-7　MCFC 工作原理示意　　　　　图 6-8　SOFC 工作原理示意

燃料電池的主要工作參數及應用情況見表 6-1。

表 6-1　不同種類燃料電池的主要工作參數及應用

類型	燃料	氧化劑	電解質	工作溫度/℃	應用
AFC	純氫	純氧	KOH	50~200	航太、特殊地面應用
PEMFC	氫氣、重整氫	空氣	全氟磺酸膜	室溫~100	電動車、潛艇、可移動動力源
DMFC	甲醇等	空氣	全氟磺酸膜	室溫~100	微型行動電源
PATC	重整氫	空氣	磷酸	100~200	特殊需要、區域性供電
MCFC	淨化煤氣、天然氣、重整氣	空氣	(Li, K)$_2$CO$_3$	650~700	區域性供電
SOFC	淨化煤氣、天然氣	空氣	ZrO$_2$：Y$_2$O$_3$	600~1000	區域性供電、聯合循環發電

6.1.4　燃料電池的特點

與傳統的火力發電、水力發電和原子能發電等技術相比，燃料電池展現出眾多優勢，具體如下：

(1)能量轉換效率高

燃料電池是一種可直接將燃料的化學能轉化為電能的裝置，在工作過程中不會發生如傳統火力發電機那樣的能量形態變化，因此極大地降低了中間轉換損失，具有很高的能量轉換效率。就目前發展現狀而言，火力發電和原子能發電具有 30%~40%的效率，溫差電池具有 10%的效率，太陽能電池具有 20%的效率，而燃料電池系統的燃料－電能轉換效率高達 45%~60%，比其他大部分系統都高。從理論上看，燃料電池無燃燒過程，不受卡諾循環的約束，燃料化學能轉化為電能和熱能的效率高達 90%。

(2)組裝和操作方便靈活

燃料電池可通過串並聯組成燃料電池堆，滿足不同的功率需要，具有運行部件少、占地面積小和建設週期短等諸多優勢。因此，燃料電池更適合集中電站和分散式電站的建立，在電力工業領域受到廣泛關注與應用。

(3)安全性高

在使用內燃機、燃燒渦輪機的傳統發電站中，轉動部件失靈、核電廠燃料洩漏事故近幾年時有發生。與這些發電裝置相比，燃料電池採用模組堆疊結構，運行部件較少且易於使用和維修。此外，當燃料電池負載變動較大時，其展示出高的響應靈敏度，當過載運行或低於額定功率運行時，燃料電池效率基本不變。基於這種優異的性能，燃料電池在用電高峰期仍能滿足人們的生產生活需要。

(4)環境友好

純氫型燃料電池的排放物僅為水蒸氣，使用化石燃料的燃料改質型燃料電池也不排放 NO$_x$、SO$_x$ 以外的有害物質。也就是說，燃料中含有的硫份在脫硫器中被除去，改質器內改質反應所需的熱由燃燒器內燃燒電池中的氫供給。由於氫的稀薄燃燒溫度較低，因此產生的 NO$_x$ 極少。燃料中含有的碳在改質過程中變成 CO$_2$ 被排出。另外，燃料電池屬於靜止型發電裝置，除鼓風機和泵以外沒有其他可動部分，因此沒有振動且低噪音。

(5)可彈性設置，用途廣

燃料電池的電池組由很薄的電池模組層組堆積製成。因為一枚模組的電壓僅為0.7～0.8V，所以這種電池組通常由數十至數百枚模組串聯成層組構成。因此，發電系統的容量通過自由的改變模組數、電極的有效面積和層組數，可以製成數瓦級的行動電子設備用電源，還能達到商業用或電力用的兆瓦級發電設備。

(6)供電可靠性強

燃料電池既可以輸電網路為載體，又可單獨存在。若在較為特殊的場合下採用模組化的設置，可在很大程度上提高燃料電池的供電穩定性。

(7)燃料多樣性

燃料電池所需的燃料種類繁多：一類是初級燃料(如天然氣、醇類、煤氣、汽油)，另一類是需經二次處理的低質燃料(如褐煤、廢棄物或者城市垃圾)。目前，以氫氣為燃料氣的燃料電池系統通常採用燃料轉化器(又稱重組器)，將烴類或醇類等燃料中的氫元素提取出來投入使用。此外，燃料電池的燃料也可來源於經厭氧微生物分解、發酵產生的沼氣。如果將可再生能源(如太陽能和風能)電解水產生的氫氣作為燃料電池的燃料氣，便可實現汙染物完全零排放，源源不斷的燃料供給使燃料電池可以不間斷地產生電力。

雖然燃料電池具有非常廣闊的應用前景，但也存在較多瓶頸，尤其是在價格和技術上：

1)製造成本高。例如，在車用PEMFC中，質子交換膜的成本約為每平方公尺300美元，其比例占燃料電池總成本的35%，而且鉑金屬催化劑的成本所佔比例為40%，這使得整車製造成本大大提升。

2)反應／啟動速度慢。與傳統的內燃機引擎啟動速度相比，燃料電池的啟動速度慢。若要加快啟動速度，可通過提高電極活性和電池內部溫度、控制電池反應參數等實現。此外，為了維持燃料電池反應的穩定性，需要在很大程度上減少副反應。然而，燃料電池的反應性高和穩定性好通常是不可共存的。

3)不能直接利用碳氫燃料。一般情況下，燃料電池不能直接利用碳氫燃料作為燃料氣，必須經過燃料轉化器、一氧化碳氧化器處理，才能將燃料轉化為可供利用的氫氣，因此燃料電池的使用成本大大增加。

4)氫氣基礎建設不足。雖然氫氣已經在世界範圍內被廣泛使用，但其製備、灌裝、儲存、運輸和重整的過程仍十分複雜。目前全世界的加氫站數量穩步增加，但依然處於示範推廣階段，因此需要建立更多標準且實用的氫氣供給系統。

5)密封要求高。燃料電池組由多個單體電池串並聯組裝而成，若密封未達到要求，燃料電池中的氫氣會發生洩漏，使得燃料電池中的氫燃料供給不足，最終降低燃料電池的輸出功率和利用率，甚至會引起氫氣燃燒事故。

6.2　燃料電池在交通運輸領域的利用

氫作為重要的能源載體，將會通過燃料電池應用於未來的交通領域。它可以作為汽

車、公車、火車、船舶、飛機等交通工具和重卡、堆高機等的動力源。而汽車將是開發的重點。

6.2.1 燃料電池車輛的原理

(1) 燃料電池車的工作原理

燃料電池車(Fuel Cell Vehicles，FCV)是利用燃料電池發出的電力驅動馬達，帶動汽車行駛，是一種電動汽車。其工作時，由車載氫氣和外部空氣供應給燃料電池，燃料電池發電帶動馬達驅動汽車。燃料電池車會產生極少的 CO_2 和 NO_x，副產品主要是水，因此被稱為綠色新型環保車。燃料電池車的續駛里程取決於車上所攜帶的氫的量，燃料電池車的行駛特性主要取決於燃料電池動力系統的功率。

(2) 燃料電池車的主要系統

燃料電池車和電動車相似，主要區別在於用燃料電池引擎代替動力電池組、附加供氫系統、動力系統、氫安全系統。下面介紹燃料電池車的上述系統及關鍵部件。

1) 燃料電池引擎

燃料電池引擎是燃料電池的核心部件，其系統示意如圖6-9所示。主要組成部分包括燃料電池堆、供氣系統和水熱管理系統。

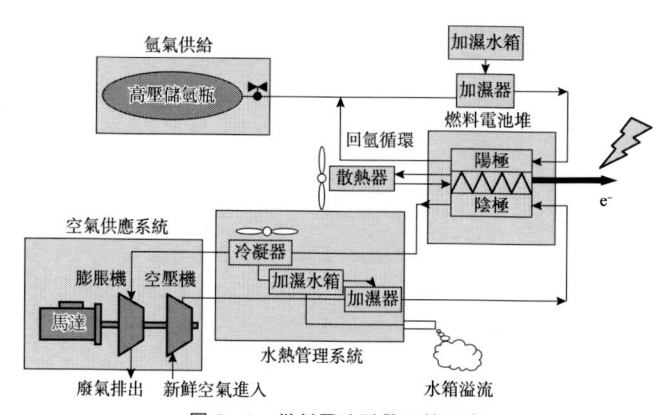

圖6-9 燃料電池引擎系統示意

從圖6-9中可以看到，儲氫瓶中的高壓氫氣和由空氣壓縮機提供的空氣經加溼器進入燃料電池堆，在那裡發電，空氣尾氣直接放空，氫氣尾氣回氫循環系統。可見氫氣利用率很高。當大功率燃料堆發電時，大約有相等的能量變成熱能，所以需要有冷卻水系統，保持燃料電池堆在80℃左右。由於運行過程中，碳材料為主體的燃料電池堆有各種離子溶解於水，使水的電導率增大，這些水又貫穿電堆的每塊單電池，可能給電池堆造成短路。因此對冷卻水的要求很嚴格，通常系統中都用離子交換樹脂處理水。

由於燃料電池引擎的功率很大，一般要幾十瓦到數百千瓦，因此通常用幾個電堆，經過串聯或並聯，使之互相連接起來，提供汽車所需的功率。

2）動力系統

燃料電池車的動力系統結構有多種，目前主要有2種類型：純燃料電池動力系統和燃料電池加輔助動力的混合型動力系統（見圖6－10）。

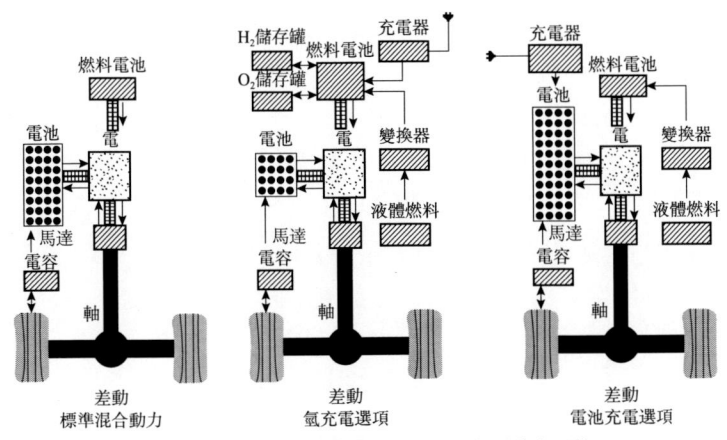

圖6－10　燃料電池加輔助動力的混合型動力系統

純燃料電池車只有燃料電池一個能量源，汽車所有功率負荷都由燃料電池承擔。這種結構中燃料電池的額定功率大，成本高，對冷啟動時間、耐啟動循環次數、負荷變化的響應等均提出了很高要求。

採用燃料電池和輔助電池的雙動力源結構可以滿足汽車的功率需要，使整車能量效率最佳，並可在一定程度上降低整車成本。因此大多數燃料電池車的動力系統目前都使用這種結構。

3）燃料系統

燃料電池車用供氫系統可分為車載製氫和車載儲氫2大類。

①車載製氫。車載製氫是利用燃料處理器，通過重整或部分氧化等方式由碳氫燃料中得到氫。適合於車載製氫的燃料可以是醇類（甲醇、乙醇、二甲醚等）、烴類（柴油、汽油、LPG、甲烷等）。

用於車載重整製氫的系統目前還存在一些問題。首先，車輛行駛的動態過程對燃料的供應要求很高。汽車加速或上坡時，需要加大氫氣供應量，而低速或等待交通訊號時，則用很少的氫氣，這就需要重整器具有極好的動態響應特性，這對於重整器而言很難實現。其次，目前使用的燃料電池大多數採用質子交換膜燃料電池，其對燃料氫的要求極為苛刻，如CO含量要少於5×10^{-6}，對於SO_2的要求要到10^{-9}級，加大了重整器的難度。由於以上兩點，原本在地面上已經工業化的醇類重整製氫技術遇到了難題。

②車載儲氫。目前，氫氣儲存可通過高壓氣態儲氫、低溫液態儲氫、有機液態儲氫和金屬氫化物儲氫4類方式實現。其中，車載儲氫主要採用高壓氣態儲氫和低溫/有機液態儲氫（見表6－2）。儲氫罐取代傳統汽車中的內燃機，放置在相應位置上，如底盤中部或後排座椅下方，這樣在保障安全的同時也節省了空間。

表 6-2 不同儲氫方式的對比

儲氫方式	儲氫質量密度/%（質量分數）	儲氫體積密度/(g/L)	應用領域
高壓氣態儲氫	4.0~5.7	約 39	大部分氫能源應用領域，如化工、交通運輸等
低溫液態儲氫	>5.7	約 70	航太、電子、交通運輸等
有機液態儲氫	>5.7	約 60	交通運輸等
金屬氫化物儲氫	2~4.5	約 50	軍用（潛艇、船舶等）、其他特殊用途

　　典型的燃料電池氫氣系統如圖 6-11 所示，車載高壓氫氣儲存供應系統由儲氫瓶組、壓力表、濾清器、減壓器、單向閥、電磁閥、手動截止閥及管路等組成。高壓氣瓶均置車頂，既節省空間也增加安全性。

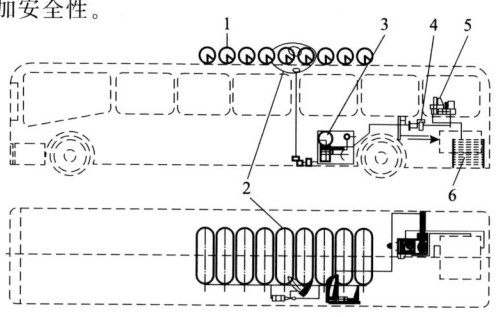

圖 6-11 車載高壓氫氣儲存供應系統
1—儲氫瓶組；2—車頂控制氣路；3—壓力表；4—濾清器；5—減壓器；6—燃料電池

　　氫氣儲罐通用鋁內膽，外纏碳纖維的高壓氫氣瓶，使用壓力可達到 35MPa，其尺寸從小到大有很多規格，燃料電池公車使用直徑約 0.4m，長約 2m 的大罐，而燃料電池家用汽車則根據車座下面的空間而靈活設計儲罐尺寸。

　　4）安全系統

　　燃料電池車氫安全系統包括氫供應安全系統、整車氫安全系統、車庫安全系統和其他措施。

　　①氫供應安全系統。整車的氫供應系統在儲氫瓶的出口處設有過電流保護裝置，當管路或閥件產生氫氣洩漏使氫氣流量超過燃料電池引擎需要最大流量的 20％時，過電流保護裝置會自動切斷氫氣供應；在儲氫瓶的總出口設計有一個電磁閥，當整車氫警報系統的任意一個探頭檢測到車內的氫濃度達到警報標準時，將通知司機切斷供氫的電磁閥。

　　②整車氫安全系統。整車氫安全電氣控制系統包括氫洩漏監測及警報處理系統。一般氫洩漏監測系統由安裝在車頂部的儲氫瓶艙、乘客艙、燃料電池引擎艙及引擎水箱附近的 4 個催化燃燒型感測器和安裝在車體下部的 1 套監控器組成，感測器即時檢測車內的氫濃度，當有任何一個感測器檢測到的氫濃度超過氫爆炸下限（空氣中的氫濃度為 4％體積濃度）的 10％、30％和 50％時，監控器會分別發出Ⅰ級、Ⅱ級、Ⅲ級聲光警報信號，同時通

知安全警報處理系統採取相應的安全措施。

③氫氣感測器。氫氣感測器用來監測進入燃料電池的氫氣流中氫含量和純度，理想情況下，氫中應含一些水以防燃料電池元件失靈，同時不能有 CO 和磷。

(3) 燃料電池車的優勢

1) 與傳統汽車相比的獨特優點

與傳統汽車相比，以質子交換膜為代表的燃料電池車主要優點在於：

①環保性好。燃料電池車在行駛過程中只產生水，並不會像傳統汽車那樣產生大量的碳氧化物、氮氧化物等汙染物質。此外，燃料電池車使用的燃料氫氣可通過一些較為環保的方式製取，如生物質製氫、太陽能製氫等。

②能源效率高。燃料電池所產生的動力並不會經過熱機過程，這在很大程度上減少了熱釋放和熱能損失，使得能量轉化效率大幅提高，是普通內燃機的 2～3 倍。

③燃料來源豐富。燃料電池車所需用的燃料氫氣來源廣泛，製取方法多樣，是一種清潔的二次能源。相對於傳統汽車所需的化石能源其來源更加豐富。

④乘坐舒適度高。與傳統汽車相比，燃料電池車的動力系統不存在機械振動和熱輻射等問題，這使得燃料電池車具有更長的使用壽命和更高的可靠性，而且保證燃料電池車在運行時更加平穩，更加舒適。

2) 與純電動車相比的獨特優點

與純電動汽車相比，燃料電池車具有以下優點：

①駕駛里程更長。受到蓄電池的限制，純電動汽車的續駛里程只有 100～200km。而燃料電池車所用燃料電池在實際工作時起到發電作用而非蓄電作用，其續駛里程取決於儲氫罐中氫的容量。而由於氫的能量密度要遠高於當前商業化的鋰離子電池，5kg 的氫氣大約可支持燃料電池汽車連續行駛 400km 以上。而且燃料電池相對於鋰離子電池要輕得多，因此燃料電池具有更長的駕駛里程。

②充能更快。與傳統汽車充能方式相同，燃料電池車也以補充燃料氫氣的形式進行續航使用。有報導稱，幾分鐘的加氫過程就能供給燃料電池車行駛 400km。與純電動汽車的充電速度相比，燃料電池車更能滿足現代人快節奏生活需要。簡單快速的充能方式也降低了對加氫設施建設密度的要求，大大降低了燃料電池車的推廣成本。

③電池安全性高。燃料電池工作時基本不會產生熱輻射，這在很大程度上降低了因電池過熱而產生爆炸的安全問題。燃料電池車的安全性能甚至與傳統汽車相當。

④更加環保。燃料電池的構成材料沒有毒性，其生產、使用及回收過程中也不會產生對環境有害的物質。因此，從燃料電池的全生命週期來講，其基本不會對環境產生汙染。

(4) 燃料電池車的發展難點

燃料電池車作為一個完全創新型、革命性的技術產品，它還存在以下不足之處。

1) 引擎技術性能較差

①由於燃料電池的功率密度較低，限制了燃料電池引擎的輸出功率，使得其動態響應較慢，特別是在加速或爬坡時，引擎無法及時提供大功率的需求，影響汽車的正常使用。

②燃料電池引擎耐久性較差。美國能源部制定的、可滿足正常使用的 2030 年燃料電

池引擎使用壽命目標為25000h,而目前實際使用的燃料電池車都無法滿足這一要求。

③燃料電池引擎的環境適應性較差。燃料電池車在低溫環境下的啟動較為困難,無法滿足汽車的正常使用。

2)系統可靠性較差

燃料電池是由成百上千的單體電池聚成一體構成的電池堆,其對於單體電池的質量及安裝時的操作都有很高的要求。當單體電池受到某些外部因素(如水、熱、壓力變化)影響或電池內部出現問題時,都會影響電池堆,進而導致引擎無法正常工作。此外,燃料電池引擎的結構也非常複雜,由許多不同的部件或單位組成,如果這些零件不能很好地匹配,也將影響燃料電池車的運行。

3)燃料電池車製造成本高

由於燃料電池的價格較高,尤其是質子交換膜燃料電池,鉑金屬催化劑和質子交換膜都非常昂貴,所以,燃料電池車的製造成本要遠高於傳統汽車。

4)配套設施不完善

作為一種新型的汽車類型,燃料電池車的基礎設施與現有的汽車都不相同。這是一個非常龐大而又複雜的系統,這些配套設施的建設也將是一個漫長的過程。

6.2.2　燃料電池車輛

(1)燃料電池家用汽車

1)PEMFC家用汽車

PEMFC可將電極中的氫燃料和氧氣通過化學反應產生化學能,進而轉化成電能對燃料電池汽車進行能量供給。PEMFC具有較高的能量轉換效率(60%～70%)、較好的耐低晶性、快速運行的啟動模式、良好的使用穩定性和環境友好性等優點,被業界公認為未來燃料電池汽車的最佳能量來源。當前研發的燃料電池汽車對質子交換膜燃料組(堆)的電壓要求達到350～400V、功率達到30～200kW。從投入市場的PEMFC家用汽車的性能來看,其運行可靠性、環境適用性和續航里程等方面均已達到與傳統內燃機汽車相媲美的水準。然而,燃料電池家用汽車商業化進程依舊受到限制,其主要原因在於:燃料電池壽命有限、燃料電池系統成本高昂和燃料電池汽車配套的基礎設施(加氫站等)不發達等。

2)固體氧化物燃料電池家用汽車

與PEMFC相比,SOFC可選燃料氣體種類很多,醇類和烴類等均可作為燃料。該燃料電池無須使用昂貴的鉑類催化劑,全固態結構也避免了液體燃料滲透和腐蝕等問題,因此SOFC被認為是一種有希望得到推廣應用的燃料電池。2001年2月,由BMW與Delphi Automotive System Corporation合作推出的第一代SOFC作為輔助電源系統的燃料電池汽車在慕尼黑問世,其功率為3kW,電壓輸出為21V,其燃料消耗比傳統汽車降低46%。但目前SOFC存在諸多缺點,如工作溫度高、啟動時間長、高溫對材料性能要求高、電池部件成本較高、需要額外注意系統密封和熱管理等問題。

3)甲醇重整燃料電池家用汽車

甲醇重整燃料電池發電機需先將甲醇氣體重整至較低熱值燃料氣再燃燒供能,其工作

原理與氫燃料電池汽車類似，區別在於儲氫罐需換成甲醇重整器。甲醇和水的混合液在甲醇重整器內部混合後，利用重整器將其轉化為富氫重整氣，再將其輸入膜電極電堆中參與發電，從而給整個汽車系統供能。甲醇重整燃料電池家用汽車（見圖 6-12）採用甲醇重整氣替代儲氫罐，汽車的商業成本與甲醇混合液成本及供應源密切相關。目前純氫燃料電池汽車的製氫成本約為 2 元/(kW·h)，而甲醇混合液成本最低為 0.9 元/(kW·h)。在燃料成本方面，甲醇重整燃料電池汽車佔有較大優勢。另外，甲醇加注站的建設成本

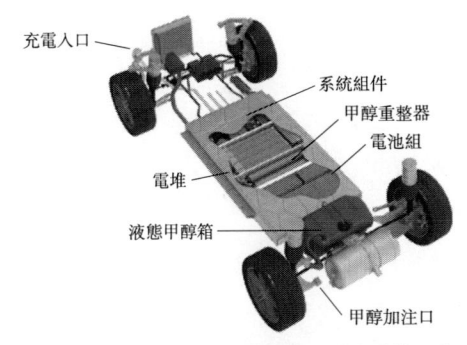

圖 6-12　甲醇重整燃料電池家用汽車結構示意

更低，基於中國甲醇生產量和甲醇加注站遠多於加氫站的現狀，甲醇重整燃料電池汽車在未來具有更加廣闊的發展前景。

(2) 燃料電池公車

與燃料電池家用汽車相比，燃料電池公車需要更大的輸出功率(150kW 左右)，需要車載更大量的氫燃料(20kg 以上)。通常可以選擇將氫氣罐置於公車頂部。頂部空間充足的燃料電池公車無須使用 70MPa 的高壓儲氫罐來減少空間，一般採用 35MPa 的高壓儲氫罐即可，該壓力下儲氫罐的成本和價格更低。此外，由於氫氣比空氣的密度小，一旦發生爆炸、氣流向上走，因此在公車頂部位置安裝儲氫罐相對較安全。自 2008 年起，世界各大汽車廠商相繼研發和推出燃料電池公車（見圖 6-13），並在日本、英國、美國、韓國和中國等國家展示和使用。與傳統的柴油公車相比，燃料電池公車最大的優點是零排放，這對於汙染嚴重和人口密集的城市尤為重要。

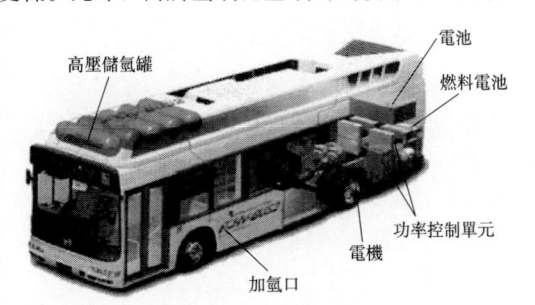

圖 6-13　豐田公司的燃料電池公車 FCHV-BUS2

(3) 燃料電池重型卡車

由於重型卡車（簡稱重卡）應用場景特殊，如港口碼頭、幹線物流等，往往載重量大、路線固定、運輸距離較遠。雖然純電動物流貨運已經佔據市場先機，但是由於鋰離子動力電池的能量密度低，導致純電動重卡續航里程短，限制其發展。而燃料電池能量密度高、綠色環保、續航里程長，因此更適合負載大、行駛距離遠的運輸領域的重型卡車（見圖 6-14）。且因重卡整車質量重，需要高功率高扭矩輸出，所以燃料重卡多為混合型動力結構，混合型燃料電池電動卡車除了燃料電池動力系統外，還配備蓄能裝置協助提供動力及回收製動能量來彌補燃料電池動態響應慢的不足。

图 6-14　燃料电池重型卡车

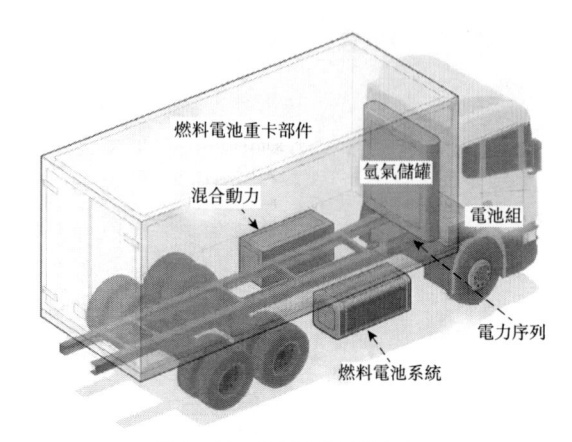

(4)燃料電池多功能車

除了家用汽車和公車外，還有相當一部分多功能車(如物料搬運車、機場地勤牽引車、機場擺渡車、高爾夫球車、草坪維護車和堆高機等)也開始採用燃料電池技術。通常情況下，這類多功能車使用鉛酸電池。儘管鉛酸電池成本低廉、技術成熟，但其存在充電時間長、維修困難等缺陷。在使用燃料電池供能後，多功能車營運成本降低、維修需要減少、營運時間增長。

在多種多功能車中，燃料電池技術在物料搬運設備(如堆高機，見圖6-15)中具有較為廣闊的應用前景。燃料電池可以降低操作和維護堆高機設備的成本，不需要定期長時間充電、加水和更換維修部件等日常維護，通常僅需短時間充燃料氣體即可，大幅度提高了倉庫操作的工作效率(30%～50%)。

(5)燃料電池機車和腳踏車

機車和腳踏車因成本低廉、占地空間小、使用方便等優點在中國等開發中國家佔據較大的市場份額。日本本田汽車公司已經在燃

圖6-15　燃料電池堆高機

料電池機車領域申請了諸多專利。設計中將原有的油箱、引擎部分換為1.6kW的燃料電池及其控制器等，座椅下方安裝氫燃料罐並配置相關系統。燃料電池機車(見圖6-16)具有續航里程長、輕便、安全無汙染等優勢。類似的配置系統也能運用到腳踏車中，從而設計出燃料電池腳踏車(見圖6-17)。雖然燃料電池機車和腳踏車有很多優點，但目前燃料電池成本較高，車載儲氫量不夠，加氫站等基礎設施尚未普及，這些問題亟待企業和科學研究單位進一步研究和解決。

圖 6-16　燃料電池機車　　　　　　　圖 6-17　燃料電池腳踏車

6.2.3　燃料電池船舶

全世界範圍 14% 的 NO_x 和 70% 的 SO_2 是由海船排放的，為了消除海洋汙染和有效地減少碳排放，開發無汙染的燃料電池船舶非常有必要。

(1) 燃料電池動力船舶

2018 年 6 月，美國金門零排放海洋公司宣布開始打造世界上第 1 艘氫燃料電池客輪（Water-Go-Round），以此為全球海上汙染問題提供新的解決方法。該船舶由雙 300kW 馬達提供船舶運行動力，360kW 的 Hydrogenics 質子交換膜燃料電池和鋰離子電池組共同產生電力，採用挪威海克斯康公司（Hexagon Composites）的儲氫罐並配有義大利薩萊裡公司（OMB-Saleri）的閥門和硬體，可以提供足夠整船運行 2d 的氫燃料。這艘船舶已於 2020 年成功下水，該專案的成功向世界展示了氫燃料電池在商業海運中的優勢和前景。

(2) 燃料電池潛艇

德國霍瓦茲船廠是潛艇的專業廠商。1990 年，該廠在 209 級 1200 型潛艇的基礎上研製了 212 型潛艇。這是世界上第一型裝備燃料電池（AFC）的 AIP 潛艇。此後，該廠在 212 型潛艇的基礎上又研製了 214 型燃料電池動力系統潛艇，如圖 6-18 所示。該潛艇裝備了 2 組 120kW 質子交換膜燃料電池單位，氫源也採用金屬儲氫方案，總輸出功率可達到 240kW，其水下潛航時間達到 21d。在 214 型潛艇之後，德國開始設計大噸位潛艇，以滿足世界更多國家海軍的需求，提出了 216 型潛艇的設計理念，採用鋰離子電池和甲醇重整製氫燃料電池 AIP 系統混合推進，其系統輸出功率可達到 500kW，水下潛航時間延長至 80d 以上。

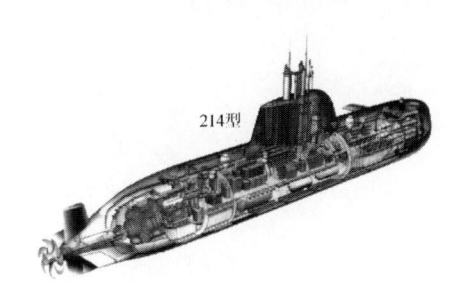

圖 6-18　214 型 AIP 潛艇

6.2.4　燃料電池機車

法國鐵路製造商阿爾斯通在 2018 年生產了第 1 輛氫燃料電池動力列車，並在德國下

薩克森州投入商業營運(見圖6-19)。該列車最高時速達到140km/h，最高行駛里程達到1000km。該列車加氫僅需15min且功率轉化率高，運行使用過程便捷無汙染。沿途流動式加氫站為列車提供充足的燃料。可確保列車長時間不間斷運行。這使得燃料電池動力列車成為最實用和最環保的交通運輸方式之一。

6.2.5 燃料電池飛機

圖6-19 氫燃料電池動力列車

燃料電池無人機具有綠色環保、低工作溫度、低噪音、維護方便等特點，非常適用於環境監測、戰場偵察等領域。美國國家航空暨太空總署設計並製造出燃料電池驅動的無人駕駛飛機「太陽神」(Helios)，該無人機同時配備了太陽能電池作為輔助動力系統，如圖6-20所示。這架飛機在2001年8月締造世界飛行高度的紀錄，飛抵32160m高空。「太陽神」號外形是1個飛行翼，長82m，由前面至後面只有2.6m。2名飛行員在地面可以利用手提電腦遙控它。

2009年7月，世界第1架有人駕駛的燃料電池動力飛機在德國首飛成功，如圖6-21所示。這架「安塔里斯」(Antares)DLR-H_2型機動滑翔機可連續飛行5h，航程達到750km。該飛機使用的燃料電池動力系統通過氫氣和空氣中的氧氣發生化學反應產生電能，反應產物只有水，沒有溫室氣體產生，燃料電池生產氫燃料的過程也能夠使用可再生能源，使得這種飛機實現真正的零排放。

圖6-20 無人駕駛飛機「太陽神」

圖6-21 「安塔里斯」DLR-H_2型機動滑翔機

2017年初，中國首架有人駕駛且以燃料電池系統為動力電源的試驗機試飛成功，如圖6-22所示。它採用中國20kW氫燃料電池為動力電源，配合小容量輔助鋰電池組，儲氫方式為機載35MPa氫儲罐。這是中國燃料電池技術在航空領域應用的重大進展，也使中國成為除美國和德

圖6-22 以燃料電池系統為動力電源的有人駕駛燃料電池試驗機

國外第 3 個掌握該項技術的國家。

6.3　燃料電池在儲能發電領域的利用

6.3.1　固定式燃料電池發電

固定式燃料電池發電可應用於行動通訊基站、家庭或者樓宇供電系統、野戰醫院、自然災害應急電源等領域。不同類型的燃料電池均被嘗試應用於固定式燃料電池發電系統，包括質子交換膜燃料電池、固體氧化物燃料電池、磷酸型燃料電池等。

(1)行動通訊基站用燃料電池發電

當前，多數行動通訊基站採用柴油發電機和鉛酸電池作為備用電源。柴油發電機有安裝條件受限及環境汙染等問題；而鉛酸電池能量密度過低，且因含重金屬鉛和硫酸，在製造和回收過程中有汙染問題，因此均不適用於基站備用電源系統。燃料電池電源系統具有能量密度高、環境友好、過載能力強、比傳統電池壽命長、可靠性高、易維護、運行維護費用低等優勢，被認為是行動通訊基站備用電源的理想選擇。按照當前行動通訊基站分布的密集程度，功率 3～5kW 的燃料電池即可完全滿足基站備用電源的需求。

德國建立的新型自給式行動通訊基站如圖 6-23 所示。其供能系統包含太陽能發電設備、風力發電設備、燃料電池發電系統和蓄電池儲能系統等。當太陽能和風力發電量不足，且蓄電池的充電狀態降低至低於配置值時，發電系統啟動氫燃料電池設備發電，因此氫燃料電池被作為備用能源來保障行動通訊基站持續可靠的運行。採用 Jupiter 公司生產的氫燃料電池發電設備，總額定功率為 40kW。由 2 個儲氫罐組連接燃料電池發電系統，每組有 12 個高壓儲氫罐，當燃料電池單獨供電時可以確保系統持續運行至少 5d。燃料電池發電系統由控制器、燃料電池模組和儲能模組組成。每個燃料電池單位輸出電壓為 48V，輸出功率為 2kW。

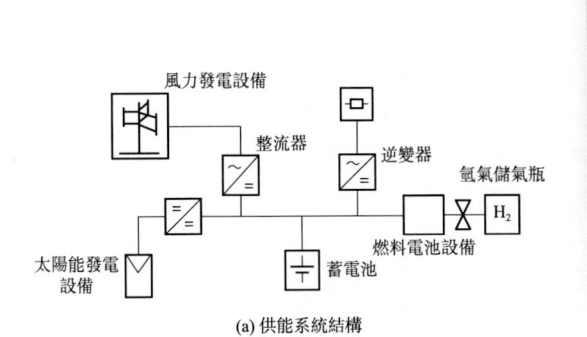

(a) 供能系統結構　　(b) 燃料電池發電系統

圖 6-23　德國開發的新型自給式行動通訊基站的供能系統結構及其燃料電池發電系統

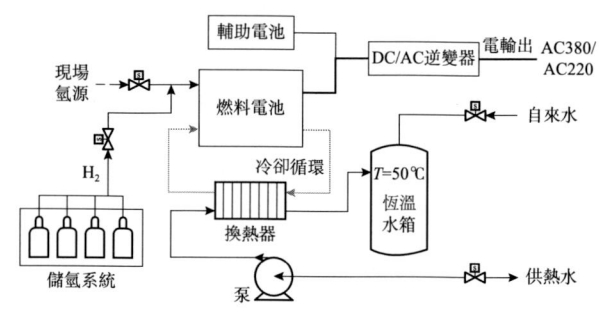

这一新型自给式行动通讯基站供能系统的电能供应数据统计表明，燃料电池年发电量仅占系统总量的8%，不是系统供电的主电源。但是除了风机在一次大雪中出现故障外，该供能系统能够保障通讯基站的持续稳定运行，其可靠性相对于多数其他类型的离网供电系统提高很多，同时对环境的影响非常小。

(2)燃料电池冷热电联供系统

美国、英国、加拿大和澳洲等国频繁发生的大规模停电事故给世界敲响了警钟，人们逐渐认识到传统的供电技术存在严重的技术缺陷。而以燃料电池为基础的冷热电联供系统具有安全可靠、效率高、分散度高和灵活性强等特点，得到大规模的研究和开发。随着燃料电池技术、微型燃机技术、吸收和吸附式制冷的发展，基于燃料电池与建筑物整合的冷热电联供系统逐渐得到推广和应用。

建筑物的能耗主要来源于建筑物的冷热系统。传统建筑物的冷热系统主要依靠电力驱动、而传统的发电方式主要利用化石燃料的燃烧。然而，化石燃料的燃烧会产生大量的污染气体。另外，传统的火力发电在长距离电能输送中会产生巨大的能量耗损，从而导致低的能量转换效率及严重浪费。而燃料电池的冷热电联供系统能摆脱传统能源的利用方式，提升能量使用效率，从而实现节能减碳、可持续发展的目标。

燃料电池冷热电联供系统又称为整合式能源系统，是一种基于燃料电池能量梯级利用的分散式能源系统。该能源系统将氢气或富氢燃料的化学能高效地转化为电能进行发电，从而满足建筑物用电需要、同时在发电过程中产生的余热则通过回收设备（如换热器、吸附式制冷机、吸收式制冷机、余热锅炉等）进行回收，并用于建筑物供暖、提供生活热水和空调调节等。燃料电池冷热电联供系统如图6-24所示，包括燃料供应系统、燃料电池系统、电力电子系统和余热回收系统。

图6-24 燃料电池冷热电联供系统

燃料电池冷热电联供系统具有供电可靠、噪音低、废气排放量低、高效节能和清洁环保等优点，得到世界各国政府的高度重视。美国的建筑物冷热电联供技术发展较早，早在2001年，为了解决快速增长的能源需要和电力负荷不足问题，美国颁布了国家能源政策，将建筑物冷热电联供系统作为美国的基本能源政策，并制定详细的实施规划。到2010年，美国5%的已有建筑将改造为冷热电联供系统，20%的新建商用建筑使用冷热电联供系统；到2020年，这2项数据分别提升至15%和50%。美国分散式发电联合会预计，在未来20年里发电量将增加20%，达到35GW。

从目前的技术来看、建筑物冷热电联供技术还处在发展阶段。其中，固体氧化物燃料

電池和熔融碳酸鹽燃料電池還處在實驗研發階段，而磷酸燃料電池及熱回收技術目前發展較成熟。

建築物冷熱電聯供系統要被普通用戶所接受，除了其能效高、環保等優勢能吸引大眾以外，尚面臨最大的障礙，即經濟性。Moussawi等測算了住宅用SOFC-CCHP（固體氧化物燃料電池－冷熱電聯產，純氫為燃料）系統的最大能量轉換效率為65.2%，最低系統成本1.5元/(kW·h)。顯然，這個成本價格還不具備競爭力，如何降低SOFC和燃料的成本是關鍵問題。當然，SOFC可以使用天然氣等價廉的燃料，是降低成本的有效方法，但還要依賴於化石燃料，其環保性問題仍然存在。

(3)其他用途固定式燃料電池發電

固定式燃料電池發電可應用於多種場景，如英國在蘇格蘭北部奧克尼群島(Orkney)的柯克沃爾(Kirkwall)港口安裝了1套75kW固定式燃料電池系統，為該港口供電。

此外，為了解決棄風、棄光、棄水電造成的電力損失，利用富餘的電能電解水製氫，採用儲氫的方式把能量儲存起來，在電力短缺時使用燃料電池發電，也是值得探討的能源利用方式。但是整條技術路線的經濟性尚需認真分析和思考。

6.3.2 移動式燃料電池電源

行動電源是移動式燃料電池電源正在拓展的一個廣闊市場。與目前市面上流行的鋰離子電池行動電源相比，燃料電池行動電源能量密度更大，待機時間更長，安全性更高，可隨身攜帶進入機艙。最早的商用燃料電池行動電源是2009年10月東芝公司推出的Dynairo，以甲醇作為燃料，電量為11W·h。隨後新加坡的Horizon公司、日本的Aquafairy公司等也陸續推出類似產品。雖然燃料電池這種新型的移動式電源還存在一定的侷限性，但仍有較大的發展空間。下面介紹2款典型的商業化燃料電池行動電源。

(1)基於水解製氫的燃料電池行動電源

較早實現商業化的燃料電池行動電源是2012年瑞典myFC公司推出的PowerTrekk，如圖6-25所示，也是目前出貨量最多的微型燃料電池行動電源產品。

PowerTrekk燃料電池行動電源分為3個功能區，包括製氫、發電和儲電。它使用一種固體材料矽化鈉(NaSi)作為燃料，該物質本身不含氫，一旦與水接觸即可發生水解反應釋放氫氣，製得的氫氣進入PEM燃料電池中發電；另還配置1個1500mA·h的鋰離子電池儲電。PowerTrekk外觀尺寸為68mm×27mm×43mm，重241g，燃料包43g，便攜性較好。

2015年，該公司推出純燃料電池模組JAQ產品，燃料盒可提供2400mA·h的電量，可將1部智慧型手機充滿電，如圖6-25(c)所示。產品體積比PowerTrekk更小，主機約200g，燃料盒約40g，便攜性更好。

需要關注的是，基於水解製氫的燃料電池電源中，燃料與水反應雖然可產生大量的氫氣，但是水解反應是不可逆的，反應產物需要丟棄或者專門回收，大量使用後可能引起新的環境汙染問題。

氫能概論

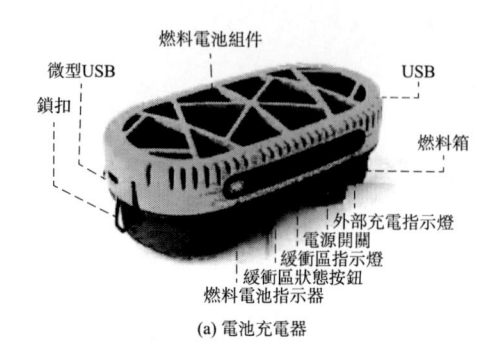

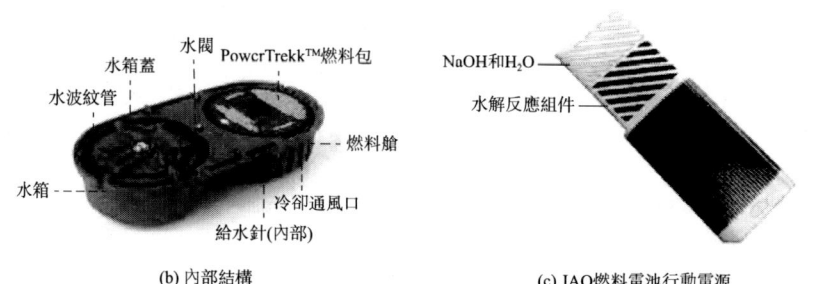

图 6-25　PowerTrekk 微型燃料電池充電器、內部結構和 JAQ 燃料電池行動電源

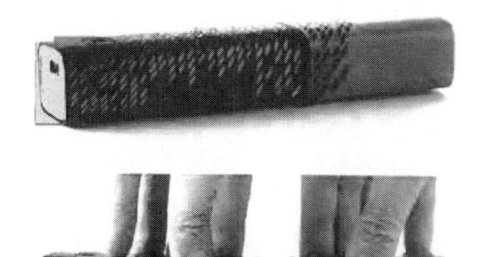

(a) 電池充電器
(b) 內部結構
(c) JAQ燃料電池行動電源

(2) 基於可逆氣固儲氫的燃料電池行動電源

2013 年，英國的 Intelligent Energy 公司推出一款小體積、低價格的 Upp 燃料電池行動電源，如圖 6-26 所示。行動電源外觀尺寸為 120mm×40mm×48mm，燃料棒尺寸為 91mm×40mm×48mm；行動電源外殼重 235g，燃料棒重 385g，總重 620g，售價 226 美元。

Upp 採用具有可逆吸放氫性能的儲氫合金 LaN5 作為儲氫介質，每個燃料盒充滿氫氣後，可產生 25000mA·h 的電量，可以為智慧型手機提供 1 週的電力，即 900h 待機時間，或 32h 通話時間。這款產品的優點是燃料棒可以反覆使用，氫用完後燃料棒的更換費用僅 9 美元。但由於沒有配套銷售家用加氫機，消費者需要去 Intelligent Energy 公司特約的商店更換 Upp 燃料棒，使用便利性還有所欠缺。

圖 6-26　英國 Intelligent Energy 公司推出的 Upp 行動電源

6.3.3　微型燃料電池電源

微型燃料電池定義為幾瓦功率的電池，用於日常微電器上。微型燃料電池可以是直接

甲醇燃料電池，也可以是改型的質子交換膜燃料電池。

(1)手機和數字攝影機電源

美國 MTI Micro Fuel Cells(MTI Micro)公司於 2006 年設計出一款 95W·h 的燃料電池樣品，如圖 6－27 所示。在不到 1 年的時間裡，該公司陸續開發出不同尺寸的樣品，其最新樣品總尺寸縮小 60%，且自帶 1 個燃料盒，可為 1 部手機供電使用約 1 個月。

MTI Micro 公司為單眼反光數位相機研發出手帶式燃料電池樣品，如圖 6－28 所示。該燃料電池所提供的電量是相同尺寸的單眼數位相機所用鋰電池提供電量的 2 倍。此外，在移動狀態下，可通過重新注入燃料甲醇為相機即時供電，這大大地延長了相機的使用時間，從而避免了煩瑣的充電過程。

圖 6－27　MTI Micro 公司的不同尺寸燃料電池　　　圖 6－28　手帶式燃料電池數位相機

圖 6－29　內嵌 Mobion 燃料電池的智慧型手機

MTI Micro 公司還設計了一種可內嵌於智慧型手機中的 Mobion 技術概念模型，如圖 6－29 所示。該公司利用 Mobion 技術試製了驅動三星智慧型手機的燃料電池，該燃料電池可獲得約 1.6V 的電壓，其中包含 4 個電池單位。

(2)筆記型電腦電源

日本電氣股份有限公司 NEC 新推出的原型機筆記型電腦帶內置燃料電池，它的輸出功率密度為 40mW/cm^2，平均輸出為 14W，最大輸出為 24W。內置燃料電池是通過提供燃料電池功率和開發中的外設技術而開發的，開發中的外設技術可將燃料電池置於 PC 內。該燃料電池工作電壓 12V，工作時間 5h，質量 900g（見圖 6－30）。

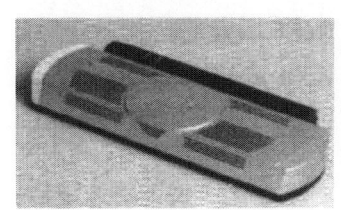

圖 6－30　NEC 新推出的帶內置燃料電池的筆記型電腦

習題

1. 什麼是燃料電池？簡述燃料電池的用途。
2. 燃料電池的基本構造有哪些？
3. 簡述燃料電池的基本原理。
4. 簡述燃料電池的種類。
5. 與傳統的火力發電、水力發電和原子能發電等技術相比，燃料電池具有哪些優勢，存在哪些發展瓶頸？
6. 燃料電池車發電系統示意如下圖所示，簡述其工作流程。

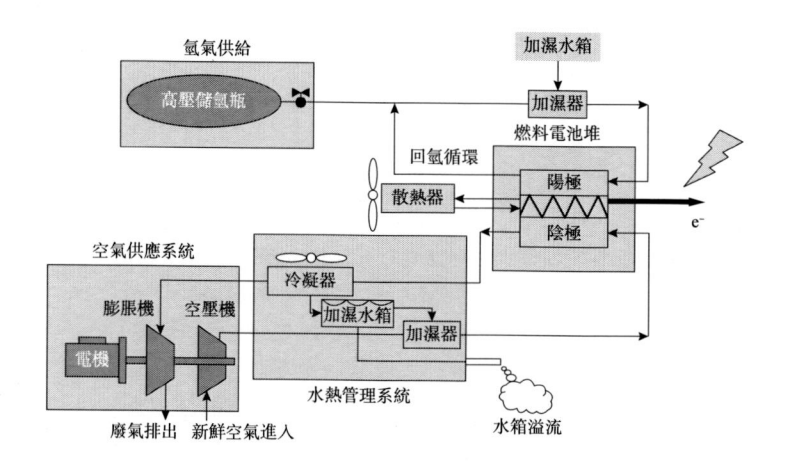

7. 燃料電池車系統包括哪些，各有何特點？
8. 燃料電池車用供氫系統可分為哪2大類？
9. 與傳統汽車及純電動汽車相比，燃料電池車存在哪些優勢？
10. 請結合相關知識分析氫燃料電池車在未來是否具有發展前景。
11. 航空領域造成的溫室氣體排放迅速增加，航空公司正面臨越來越大的「減碳」壓力。請結合相關知識分析氫燃料電池在航空領域的應用前景。
12. 常用的固定式燃料電池發電系統包括哪些？
13. 建築整合燃料電池系統如下圖所示，試結合圖中內容分析燃料電池的冷熱電聯供系統區別於傳統能源的利用方式，以及如何實現節能減碳、可持續發展的目標的？

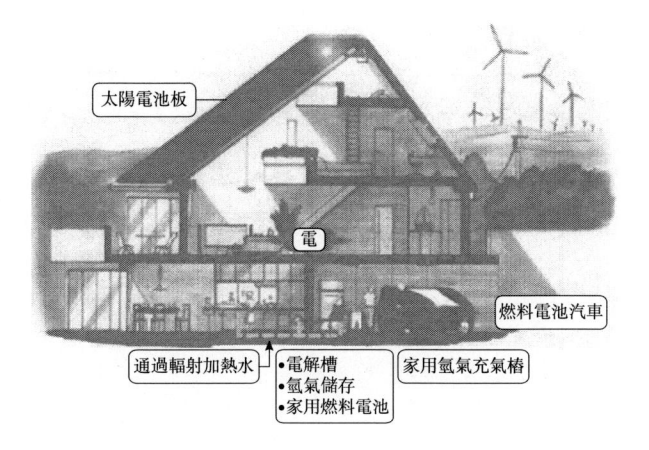

14. 簡述移動式燃料電池電源的特點。
15. 微型燃料電池電源包括哪些？

氫能概論

第 7 章　氫氣在能源化工領域的實踐

氫氣是現代煉油工業和化學工業的基本原料之一，它以多種形式用於能源化工領域，全世界每年工業用氫量超過 5500 億 m^3。石油和其他化石燃料的精煉需要氫，如烴的增氫、煤的氣化、重油的精煉等；化工中製氨、制甲醇也需要氫。其中，氫氣在合成氨上用量最大。世界上約 60% 的氫是用在合成氨上，中國的比例更高，約占總消耗量的 80% 以上。石油煉製工業用氫量僅次於合成氨。在石油煉製過程中，氫氣主要用於石腦油、粗柴油、燃料油的加氫脫硫，改善飛機燃料的無火焰高度和加氫裂化等方面。本章將對化工領域、石油化工領域及煤化工領域的氫利用進行扼要闡述。化學製藥屬於精細化工，在其生產過程中需要使用紛繁複雜的有毒、有害化學品，並且存在許多極易導致洩漏、火災、爆炸、中毒的危險工藝，如化學製藥過程中使用的加氫工藝。但是因其生產規模通常遠遠小於石油化工、煤化工等大化工行業，本章不再贅述。

7.1　化工領域的氫利用

7.1.1　合成氨工業的氫利用

目前氫在化工行業的最大用量是在合成氨工業。合成氨工業是基礎化學工業之一，其提供的氨在工農業及日常生活中用途極其廣泛，對國民經濟的發展起到舉足輕重的作用。合成氨是重要的無機化工產品之一，其產量居各種化工產品首位。

1901 年，法國化學家勒沙特列（Le Chatelier）第 1 個提出氨的合成條件是在高溫、高壓下，並採用適當的催化劑。德國化學家哈伯（Haber）提出在鐵催化劑存在下，氮氣和氫氣在壓力為 17.5～20MPa 和溫度為 500～600℃ 下可直接合成氨，反應器出口氨含量達到 6%（目前已達到 15% 以上）。

$$N_2 + 3H_2 \longrightarrow 2NH_3 \tag{7-1}$$

不同的合成氨廠，生產工藝流程不完全相同，但是無論哪種類型的合成氨廠，直接法合成氨生產均包括以下 3 個基本過程（見圖 7-1）：原料氣的製備、原料氣的淨化及氨的合成。

原料 → 原料氣的製備 → 原料氣的淨化 → 氨的合成 → 產品

圖 7-1　合成氨生產過程

氫氣作為合成氨的原料氣，主要由天然氣、石腦油、重質油、煤、焦炭、焦爐氣等製

取。工業上通常先在高溫下將這些原料與水蒸氣作用製得含氫、一氧化碳等組分的合成氣，這個過程稱為造氣。由合成氣分離和提純氫，即得到合成氨所需的氫氣。原料氣的淨化工序是將合成氨粗原料氣經脫硫、變換、脫碳、精煉等過程，除去原料氣中的雜質以滿足合成氨的需求。氨的合成工序是將符合要求的氫、氮混合氣在高溫、高壓及催化劑存在的條件下合成氨。

7.1.2 合成甲醇工業的氫利用

甲醇是最簡單的脂肪醇，是重要的化工基礎原料和清潔液體燃料，廣泛應用於有機合成、染料、醫藥、農藥、塗料、交通和國防等工業中。甲醇是除合成氨之外，唯一由煤經氣化和天然氣經重整大規模合成的化學品，是重要的一碳化工基礎產品和有機化工原料。

1923 年，德國兩位科學家米塔許（Mittash）和施耐德（Schneider）試驗了用 CO 和 H_2，在 300～400℃ 的溫度和 30～50MPa 的壓力下，通過鋅鉻催化劑的催化作用合成甲醇，並於當年首先實現了甲醇合成的工業化，建成年產 300t 甲醇的高壓合成法裝置，這比合成氨工業生產遲了約 10 年。甲醇合成與氨合成的過程有許多相似之處。

目前工業上幾乎都是採用 CO、CO_2 加壓催化氫化法合成甲醇。碳的氧化物與氫合成甲醇的反應式如下：

$$CO + 2H_2 \Longleftrightarrow CH_3OH \tag{7-2}$$

$$CO_2 + 3H_2 \Longleftrightarrow CH_3OH + H_2O \tag{7-3}$$

以上反應是在銅基催化劑存在下，在壓力 $(50.66～303.98)×10^5 Pa$、溫度 240～400℃ 下進行的。顯然，CO 與氫合成僅生成甲醇，而 CO_2 與氫合成甲醇需多消耗 1 份氫，多生成 1 份水。但 2 種反應都生成甲醇，工業生產過程中，CO 和 CO_2 的比例要視具體工藝條件而定。

氫與碳的氧化物合成甲醇的生產過程，不論採用怎樣的原料和技術路線，大致可分為以下 5 個主要過程（見圖 7-2），其中與氫利用直接相關的過程為：

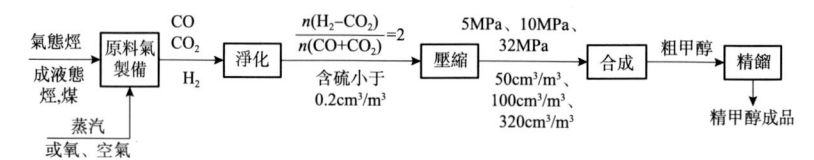

圖 7-2　甲醇生產過程

（1）原料氣的製備。合成甲醇，首先製備含有氫和碳的氧化物的原料氣。由合成甲醇反應式可知，若以 H_2 和 CO 合成甲醇，其物質的量之比應為 $n(H_2):n(CO)=2:1$。H_2 與 CO_2 反應則為 $n(H_2):n(CO_2)=3:1$。一般合成甲醇的原料氣中含有氫，CO 和 CO_2，所以應滿足 $\dfrac{n(H_2-CO_2)}{n(CO+CO_2)}=2$。

天然氣、石腦油、重油、煤、焦炭和乙炔尾氣等含碳氫或含碳的資源均可作為生產甲醇合成氣原料。天然氣、石腦油在高溫、催化劑存在下，在轉化爐中進行烴類蒸氣轉化反

應，重油在高溫氣化爐中進行部分氧化反應，以固體燃料為原料時，可用間歇氣化或連續氣化制水煤氣，使其生成主要由 H_2、CO 和 CO_2 組成的混合氣體。根據原料不同，原料氣中一般還含有少量有機和無機硫的化合物。

（2）原料氣的淨化。該工序包括兩方面內容：一是去除對甲醇合成催化劑有毒害作用的硫的化合物。二是調節原料氣的組成，使氫碳比例達到前述甲醇合成的比例要求。

（3）甲醇的合成。該工序是在高溫、高壓、催化劑的存在下進行碳的氧化物與氫的合成反應，由於受催化劑選擇性的限制，生成甲醇的同時，還有許多副反應伴隨發生，所以得到的產品是以甲醇為主和水及多種有機雜質混合的溶液，稱為粗甲醇。

7.2 石油化工領域的氫利用

加氫技術，是指在煉廠加工過程中以石油餾分油為原料的加氫反應，其又可分為加氫精製和加氫裂化 2 個領域。

加氫裂化，是指通過加氫反應，使原料油中大於或等於 10％以上的分子變小的一些加氫過程，如典型的高壓加氫裂化、緩和加氫裂化及中壓加氫改質等均屬此列；而「加氫精製」過程是指在保持原料油分子骨架結構不發生變化或變化很小的情況下，將雜質去除，以達到改善油品質量為目的的加氫反應，即「在有催化劑和氫氣存在下，將石油餾分中含有硫、氮、氧及金屬的非烴類組分加氫去除，以及烯烴、芳烴發生加氫飽和反應」。

7.2.1 加氫精製

加氫精製是現代石油煉製工業的重要加工過程之一，是提升石油產品質量和生產優質石油產品及石油化工原料的主要手段。

加氫精製技術在石油加工中的應用範圍，幾乎涵蓋了石油煉製過程的大部分石油產品。例如，氣態烴類、直餾及二次加工汽油（催化裂化汽油、焦化汽油、熱裂解及蒸汽裂解汽油）、煤油、直餾及二次加工柴油、各種蠟油（減壓蠟油、輕粗柴油、焦化蠟油、溶劑脫瀝青油）、石蠟及特種油品、潤滑油、常減壓渣油等各種油品，均可以選擇合適的加氫精製或加氫處理工藝，以製取相應的石油產品和石油化工原料。下面簡要介紹幾種加氫精製應用實例。

（1）汽油加氫

汽油是各種餾分油當中最輕的組分，含有的硫、氮等雜質較少。雜質結構也比較簡單。通常可以在較緩和的加氫工藝條件下加以去除。汽油加氫大致分為 2 種情況：一種是粗汽油（石腦油）深度加氫精製，如重整原料的預加氫；另一種是二次加工汽油的加氫精製，如焦化、熱裂化汽油和催化裂化汽油的選擇性加氫，其主要目的是將其中的大量容易縮合、生焦的烯烴和二烯烴加氫飽和，為下游工藝提供進料或用作車用汽油的調和組分。

1）重整原料預加氫

催化重整是以粗汽油為原料。在催化劑作用下發生脫氫環化反應，是製取芳烴（苯、甲苯、二甲苯及重芳烴）的重要加工過程。其產品既可作為高辛烷值車用汽油和航空汽油

組分，又可將抽提出來的芳烴作為重要的化工原料。各種工藝的催化重整原料均需要經過深度的加氫精製方可作為裝置進料。中國催化重整技術工業化已有 60 餘年的歷史，無論是重整工藝還是重整催化劑，都取得了長足的進步和發展。中國已完全掌握並具有獨立研製、開發和生產多種重整催化劑的能力。為降低昂貴的催化劑成本，撫順石油化工研究院成功開發出鉑含量為 0.15% 的超低鉑 CB−8 催化劑，並在中國多套工業裝置應用。

2）焦化、熱裂化汽油加氫

焦化和熱裂化汽油均屬熱加工汽油，其特點是烯烴含量高且不安定。焦化汽油和熱裂化汽油的誘導期分別為不大於 300min 和 80～150min，辛烷值為 52～58 和 56～67。此類汽油可以同直餾汽油按一定比例摻和，只有經深度加氫精製後，方可作為乙烯裂解料或重整進料；亦可經過選擇性加氫，將二烯烴加氫飽和，使其辛烷值損失儘量減小，並改善安定性，作為車用汽油調和組分。

3）蒸汽裂解汽油加氫

在輕質烴類蒸汽裂解製乙烯過程中，生成 15%～30% 的汽油餾分。這種汽油不僅烯烴和二烯烴含量高，而且芳烴含量也高，研究法辛烷值大於 95，這種汽油經過一段選擇性加氫，將二烯烴加氫飽和，可作為高辛烷值汽油調和組分。若將其繼續進行二段加氫，使單烯飽和，則生成油可用於抽提生產芳烴。

4）催化裂化汽油加氫

根據中國主要原油重質組分多和渣油含量一般都在 50% 左右的特點，重油輕質化的重要加工手段當屬催化裂化，中國催化裂化裝置的加工能力占中國主要煉油裝置總加工能力的比例最大，一般為 33%～35%。催化裂化汽油產率高達 44%～55%，因此，中國催化裂化汽油產量相當大。據統計，在 20 世紀，中國車用汽油的 80% 來自催化裂化汽油。催化裂化汽油作為車用汽油調和組分，按當時的國家標準是可以出廠的。但在 21 世紀的今天，中國政府對汽車尾氣排放標準做出日益嚴格的規定。因此，降低催化裂化汽油中的硫和烯烴含量，是亟待解決的重大課題。

(2) 柴油加氫

中國原油重組分多、石油二次加工能力比重較大。二次加工柴油不僅數量大，而且油品質量很差。催化柴油具有烯烴、芳烴含量高的特點。安定性差，十六烷值低，而摻渣催化裂化柴油的油性就更差；焦化柴油來自以劣質渣油為原料的非臨氫催化的熱加工過程，質量很差，主要體現在硫、氮、烯烴、膠質含量高，安定性差，但十六烷值比催化裂化柴油的高。而政府公布的輕柴油標準也在不斷升級。

解決上述諸多矛盾的最佳方案和最靈活的加工技術當屬現代的加氫精製和加氫處理技術。中國開發的 FH−5A、FH−98、FH−DS、FH−UDS 及 RN−系列等性能優異的催化劑，已在幾十套催化裂化柴油、焦化柴油及其混合油等加氫精製過程應用，並取得了令人滿意的效果，其加氫柴油符合國家標準。縱觀已開發國家的加氫能力占原油總加工能力的高數值比例（見表 7−1）及每年遞增的變化規律，不難看出，提高和發展柴油加氫技術是明智的必然選擇。

表 7-1　部分國家原油加工能力及加氫裝置加工能力統計結果　　Mt/a

國別	原油總加工能力 $\sum A$	加氫裝置加工能力 $\sum B$	($\sum B/\sum A$)/%
美國	831.165	602.380	72.47
中國	289.510	86.027	29.71
俄羅斯	271.174	101.274	37.26
日本	238.347	215.531	90.43
韓國	128.005	53.861	42.08
義大利	115.040	69.076	60.04
德國	113.355	87.590	77.27
加拿大	99.173	49.503	49.91
法國	95.175	46.135	48.47
英國	87.425	55.331	61.87

(3)重質餾分油加氫處理

重質餾分油加氫是增加二次加工油品產量和質量的重要手段。如經減壓蒸餾得到的減壓蠟油、焦化蠟油、溶劑脫瀝青油等，均屬劣質的重質餾分油。重質餾分油加氫處理可以為催化裂化、加氫裂化等工藝提供優質進料，如蠟油加氫處理作為加氫裂化的預精製過程也顯示出極大的優勢。由於加氫裂化具有對原料適應性強、產品方案靈活、產品質量優良、液體收率高和無公害等優點，故獲得了近十幾年的快速發展局面。

(4)渣油加氫處理

渣油是原油中最重的石油餾分，其油性因產地的不同而異。由於原油中的絕大部分雜質都富集在渣油中，與其他餾分油相比，渣油的特點是氫碳比低、凝點高、黏稠，殘炭值、瀝青質及金屬含量都高。由於渣油中含有由稠環芳烴高度縮合形成的具有大分子三維結構的膠團，因此，渣油的分子結構極其複雜，給加工過程和合理利用帶來許多麻煩。

1960年代興起的渣油加氫處理技術及其組合工藝，有效地解決了多年來一直困擾煉油界的難題。早期渣油加氫的目的是高硫渣油脫硫，以減少環境汙染和對鍋爐的腐蝕，至今相當數量的低硫燃料油仍通過渣油加氫來獲得。進入1990年代，由於燃料油的需求量相對減少，需要將渣油進一步輕質化以攫取輕質油品。為此，渣油加氫又用來為重油催化裂化提供原料，因而其操作條件相對更加苛刻，對催化劑的活性和穩定性要求更高，以使該過程有更高的脫硫、脫氮及脫殘炭率，同時發生一定的裂化反應以攫取部分柴油和少量石腦油。

7.2.2　加氫裂化

加氫裂化過程屬臨氫加工過程之一。臨氫加工過程是現代化煉油廠不能缺少的和應用最多的石油煉製過程。這類過程，除了加氫裂化過程之外，還包括加氫處理(加氫脫金屬、加氫脫硫、加氫脫氮和加氫脫氧)、加氫飽和、加氫精製、催化脫蠟、加氫異構化、加氫轉化和臨氫減黏等過程。

現代加氫裂化過程幾乎能夠處理或加工任何石油餾分，除了能在催化劑存在下把大分子進料裂化成小分子產物(沸點比進料低，占進料的10％以上)之外，通過調整操作條件和催化劑系統，還能脫掉進料中的其他一些不純物，如金屬、硫、氮和高碳化合物等。如果採用結構適當的擇形催化劑或催化劑系統，該過程不僅能裂化大分子烴，還能使長鏈脂肪烴異構化。這類反應不僅能夠維持石腦油產品辛烷值，還能改善中餾分油和尾油的低溫流動性和黏溫性等特殊性能，如尾油的 BMCI(芳烴指數)和 VI(黏度指數)。

(1)加氫裂化過程類型

同其他石油煉製過程比，加氫裂化過程類型比較多。經過幾十年發展起來的加氫裂化過程，沒有固定的分類方法，大致可以按以下幾種方法進行分類。

①按反應段數分類：一段加氫裂化過程、兩段加氫裂化過程。

②按操作壓力高低分類：高壓加氫裂化過程、中壓加氫裂化過程和緩和加氫裂化過程。

③按反應器內催化劑狀態分類：固定床加氫裂化過程、移動床加氫裂化過程和流化床(沸騰床、膨脹床和懸浮床)加氫裂化過程。

在有關文獻中，還有按過程所加工的原料類型分類，如輕質餾分油型加氫裂化過程和重質油(包括減壓蠟油、常壓渣油、常壓重油和減壓渣油等)型加氫裂化過程；按主要產品類型分類，如多產液化石油氣的加氫裂化過程、多產石腦油的加氫裂化過程、多產中餾分油的加氫裂化過程和多產尾油的加氫裂化過程。

其中應用比較多的是前3種分類方法，即按反應段數分類、按操作壓力高低分類和按反應器內催化劑狀態分類。

在加氫裂化過程選型或設計過程中，選用哪種類型的流程主要取決於：原料性質、催化劑性能、產品的分布和質量。這些因素也是影響裝置投資和操作費用的主要因素。

(2)典型加氫裂化過程

加氫裂化過程雖然類型多樣，但流程類似。主要區別在於：過程的段數、催化劑系統的性能和狀態、反應器的結構形式、內部構件性能和氣液分離方式。

典型加氫裂化過程包括以下幾個系統。

①原料的淨化系統：能把原料中的顆粒狀汙染物除掉。

②原料和氫氣加熱系統：能把原料和氫氣的溫度和壓力提高到所需的水準。

③加氫裂化系統：實現原料的轉化，包括加氫脫金屬、加氫脫硫、加氫脫氮、加氫脫氧和胺基化反應。

④換熱系統：用於反應器流出物/原料換熱，提高熱利用效率。

⑤反應器流出物分離系統：分離循環瓦斯和降低產品溫度和壓力。

⑥循環瓦斯－胺洗系統：淨化循環氫。

⑦產品分餾系統：把分離器流出物分為系列目的產品，如石腦油、煤油、柴油和尾油。

典型的餾分油加氫裂化過程流程見圖7－3和圖7－4。這2張圖的區別在於後者更強調過程的局部(如進料段和分離段)描述。

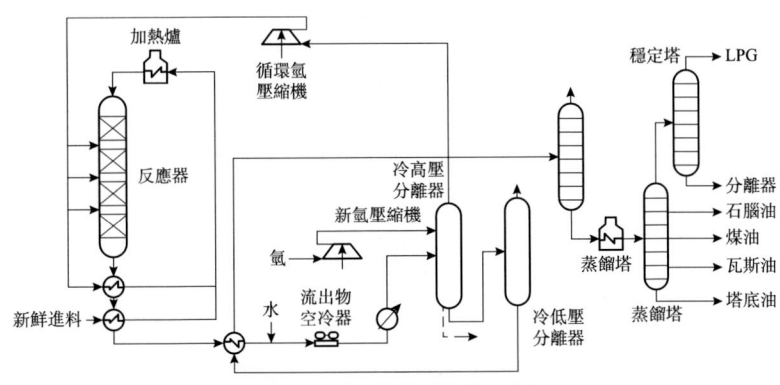

圖 7-3 典型加氫裂化過程流程

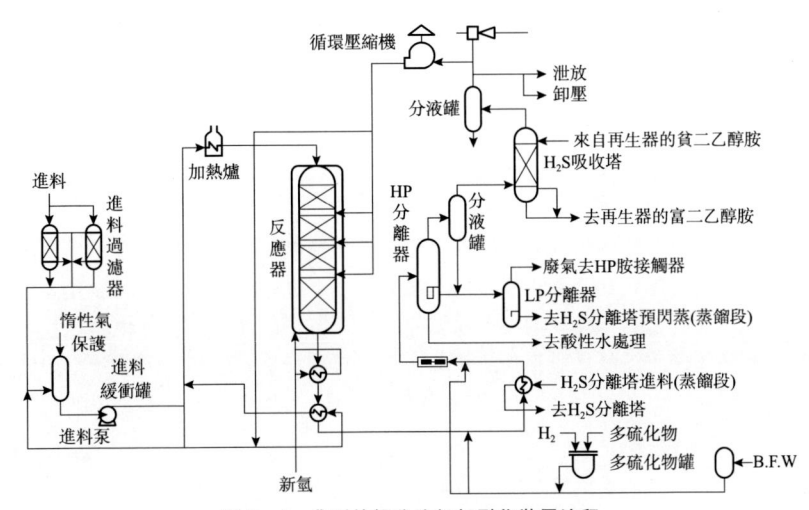

圖 7-4 典型的餾分油加氫裂化裝置流程

與其他臨氫過程一樣，加氫裂化過程也採用溫度和壓力均比較高的氫氣，並在催化劑的存在下，完成原料的轉化。

原料經換熱和在加熱爐中加熱，把溫度和壓力提高到所需的水準。操作溫度通常在370~400℃，裝置的操作壓力通常在 10.3~20.7MPa。混氫方式多採用爐前混氫，新氫通常用作催化劑床層急冷介質，直接送入反應器。

隨著原料一起進入反應器的氫氣，在催化劑的作用下，同原料中硫化物和氮化物等汙染物反應生成 H_2S 和 NH_3，大分子烴裂化成相對分子質量較小的烴。

加氫裂化過程通常使用一種或多種催化劑，使用的催化劑種類和數量取決於原料性質和對目的產品的質量要求和分布。

反應器流出物中除了有大量氫和烴混合物之外，還含有 H_2S 和 NH_3 等汙染物。有時

還可能有少量 HCl 和 H_2O。反應器流出物經換熱後，在反應器流出物分離系統分出其中的輕質烴（1～4 個碳）、氫氣和汙染物（如硫化氫和氨）。在分離出來的 2 個碳的烴中含硫化氫和氨。這些氨和硫化氫可以用水洗的方法除去。由分離系統出來的烴混合物送產品分餾塔，分餾成目的產品。

由分離系統分離出來的氣體中的 H_2S，如果不加處理直接返回氫氣循環系統會影響系統氫分壓和危害催化劑功能。因此，在有些例子中，這些氣體在循環返回到反應器進料段之前，先在胺吸收塔中除掉其中的 H_2S。

在處理劣質原料的加氫裂化裝置中，為防止在系統中產生堵塞管路的 NH_4HS 和 NH_4Cl 鹽垢，通常在反應器或殼—管式換熱器上游注水。如果是操作條件比較緩和的加氫裂化裝置，由於處理的原料是比較乾淨的石腦油，通常不會產生鹽沉積，可以不注水。如果裝置運轉過程中產生的鹽數量較少，也可採用間斷注水。在那些採用注水措施的裝置中，經過水洗的流出物送入分離器，分成氣體、液烴和酸性水。酸性水中含有一些鹽類化合物，如 NH_4HS 和 NH_4Cl。

裝置所用的新氫主要有 3 個來源：製氫裝置（類似於甲烷蒸氣重整）、催化重整裝置（副產氫氣，純度較低）和煤或渣油氧化裝置（合成氣）。氫氣的來源和生產方法對加氫裂化裝置影響較大，主要是因為氫氣中的氯化物會引起設備結垢和腐蝕。催化重整裝置生產的氫氣可能含氯。如果這種含氯氫氣在進入加氫裂化裝置之前沒有被除掉，可能會在系統中產生氯化氫，影響裝置操作。

氯化物的另一個來源是原料中的有機氯化物和無機氯化物。有機氯化物，如溶劑和清洗劑，如果在加氫裂化裝置上游的某些加工裝置中沒有分解就會進入加氫裂化裝置中。進入加氫裂化裝置中的這些有機氯化物會在反應器中分解，生成 HCl。無機氯化物或鹽通過反應器時可能是穩定的，但是這些鹽的分解產物不可能都是安定的，可能產生嚴重的設備腐蝕問題。

(3) 加氫裂化過程特點

加氫裂化過程是一種多用途石油煉製過程，與其他煉製過程比，主要有以下特點：

① 能把各種原料，如直餾石腦油、煤油、柴油、常壓瓦斯油、減壓蠟油、輕粗柴油、焦化蠟油、溶劑脫瀝青油和渣油等，轉化成相對分子質量比較小的優質產品，如液化石油氣、石腦油、煤油、柴油、潤滑油基礎油、催化裂化裝置和蒸汽裂解裝置原料。

② 能夠生產對辛烷值感受性較好的石腦油，丁烷餾分中含有較多的異丁烷。

③ 採用適當的催化劑，能生產優質（如低硫、低溫性能和燃燒性能好的）中餾分油和高 VI 潤滑油基礎油。

④ 處理劣質原料（如渣油）時，通常需要對原料進行過濾和預處理，如加工的原料（如渣油）含金屬比較多時，需要在主催化劑上游，增加脫金屬催化劑，目的是保護下游價格較貴的主催化劑。

⑤ 過程通常使用雙功能（裂化功能和加氫功能）催化劑，雙功能催化劑的裂化功能由多孔固體酸性載體承擔，如果使用無定形載體，其成分由矽—鋁、矽—氧化鎂、矽—氧化鋯、矽—氧化鈦組成；如果使用結晶形的，其裂化功能主要由各種改性分子篩承擔。加氫

功能由2～3種金屬(Ni、Co、Mo、W、Pd和Pt等)組合承擔,其中Co－Mo、Ni－Mo、Ni－W應用較多,價格也比較便宜。

⑥催化劑或催化劑系統的選擇主要取決於原料性質、目的產品的質量和分布以及裝置的運轉週期。

⑦多數情況下,過程使用的不是單一催化劑,是由幾種不同類型和不同規格組成的2種或多種催化劑組合而成的催化劑系統。在反應器尾部床層中也可以裝填少量(約10%)脫硫和脫氮催化劑。

⑧處理劣質原料時,有時會採用比較特殊的反應器,如有的反應器在其內外殼體之間設置能夠通過熱新氫(經過淨化的)的環形空間,以便更好地維持反應器溫度。

⑨通過改變操作條件能夠比較靈活地調整產品分布。

⑩過程中發生的化學反應分為2類:脫硫和脫氮、聚芳烴和單環芳烴的加氫,這些反應由催化劑的加氫功能支持;加氫脫烷基、加氫脫環、加氫裂化和加氫異構化反應由催化劑的酸性(載體)功能支持,原料的氮含量影響載體功能。

⑪反應器中的催化劑通常被分為幾個床層,床層之間打入急冷氫,以便限制由過程放熱反應引起的溫升。

⑫多數情況下,會在反應器入口和催化劑床層之間安裝內部構件,目的是改善流體分布和控制催化劑床層溫度。

⑬由於裝置的操作是在高溫高壓條件下完成的,設備製造需要更多優質合金,因此建設費較高,與相同規模的FCC裝置相當;由於反應過程需要消耗大量氫氣,操作費用較高。

7.3 煤化工領域的氫利用

煤化工是以煤為原料,經過化學加工使煤轉化為氣體、液體、固體燃料及化學品,生產出各種化工產品的工業,是相對於石油化工、天然氣化工而言的。從理論上來說,以原油和天然氣為原料通過石油化工工藝生產出來的產品也都可以以煤為原料通過煤化工工藝生產出來。

煤化工主要包括煤的氣化、液化、乾餾,以及焦油加工和電石乙炔化工等。其中多個煤化工工藝均涉及氫方面的利用。

7.3.1 煤間接液化工藝中的氫利用

煤炭經過一系列的化學加工轉化為液體燃料及其他化學產品的過程稱為煤炭液化,主要包括間接液化與直接液化2種。

間接液化又稱為一氧化碳加氫法。它是將煤首先氣化得到合成氣(H_2和CO),再經催化合成製取燃料油及其他化學產品的過程,是目前碳化工的重要發展方向。

目前,屬於間接液化技術的費托合成(Fischer－Tropsch Synthesis,F－T)工藝和甲醇轉化為汽油的Mobil工藝已經實現了工業生產。隨著F－T合成反應器及工藝技術的不斷進步,以F－T合成技術為核心的生產液體油品的技術路線已經具有較好的經濟性。

費托合成是以合成氣(H_2和CO)為原料，在催化劑的作用下生產各種烴類和含氧化合物的工藝過程，是煤間接液化的主要工藝。F－T合成反應的產物可達到百種，主要有氣體和液體燃料及石蠟、乙醇、丙酮和基本有機化工原料，如乙烯、丙烯、丁烯和高級烯烴等。其基本工藝流程如圖7－5所示。

(1)合成原理

F－T合成反應是CO加氫和碳鏈增長的反應，在不同的催化劑和操作條件下，產物的分布也各不相同。合成壓力一般為0.5～3.0MPa，溫度為200～350℃，過程主要反應如式(7－4)～式(7－13)所示。

烷烴生成反應：$nCO+(2n+1)H_2 \longrightarrow C_nH_{2n+2}+nH_2O$ (7－4)

烯烴生成反應：$nCO+2nH_2 \longrightarrow C_nH_{2n}+nH_2O$ (7－5)

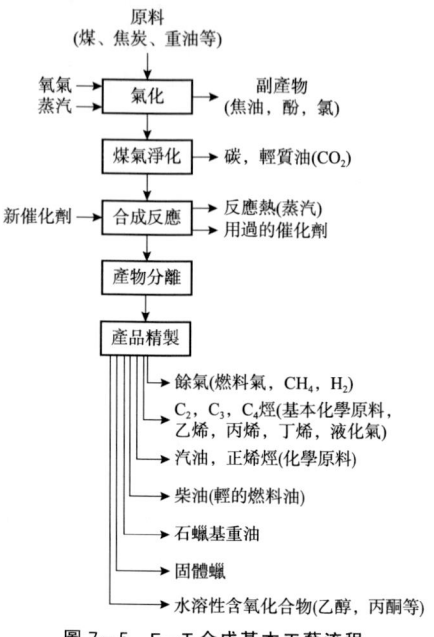

圖7－5　F－T合成基本工藝流程

醇類生成反應：$nCO+2nH_2 \longrightarrow C_nH_{2n+1}OH+(n-1)H_2O$ (7－6)

酸類生成反應：$nCO+(2n-2)H_2 \longrightarrow C_nH_{2n}O_2+(n-2)H_2O$ (7－7)

醛類生成反應：$(n+1)CO+(2n+1)H_2 \longrightarrow C_nH_{2n+1}CHO+nH_2O$ (7－8)

酮類生成反應：$(n+1)CO+(2n+1)H_2 \longrightarrow C_nH_{2n+1}CHO+nH_2O$ (7－9)

脂類生成反應：$nCO+(2n-2)H_2 \longrightarrow C_nH_{2n}O_2+(n-2)H_2O$ (7－10)

變換反應：$CO+H_2O \rightleftharpoons CO_2+H_2$ (7－11)

積碳反應：$CO+H_2 \longrightarrow C+H_2O$ (7－12)

歧化反應：$2CO \longrightarrow C+CO_2$ (7－13)

式(7－4)和式(7－5)為生成直鏈烷烴和α烯烴的主反應，可以認為是烴類水蒸氣轉化的逆反應，且都是強放熱反應；式(7－6)～式(7－10)為生成醇、酸、醛、酮及脂等含氧有機化合物的副反應；式(7－11)是體系中伴隨的水蒸氣變換反應，對F－T合成反應過程有一定的調節作用；式(7－12)是積碳反應，能在催化劑表面析出碳單質而導致催化劑去活化；式(7－13)是歧化反應。

可以看出，F－T合成反應的過程產物種類與數量繁多，是一個非常複雜的反應體系。

(2)F－T合成的典型工藝

按反應溫度的不同，F－T合成可分為低溫(低於280℃)和高溫(高於300℃)F－T合成。低溫F－T合成一般採用固定床或漿態床反應器，而高溫F－T合成一般採用流化床(循環流化床、固定流化床)反應器。

1) 低溫F－T合成工藝

低溫F－T合成工藝採用三相漿態床反應器，使用鐵基催化劑，工藝過程分為催化劑前處理、費托合成及產品分離3部分。工藝流程如圖7－6所示。

來自淨化工段的新鮮合成氣和循環尾氣混合，經循環壓縮機加壓後，被預熱到160℃進入F－T合成反應器，在催化劑的作用下部分轉化為烴類物質，反應器出口氣體進入激冷塔進行冷卻、洗滌、冷凝，液體經高溫冷凝物冷卻器冷卻進入過濾器過濾，過濾後的液體作為高溫冷凝物送入產品儲槽。在激冷塔中未冷凝的氣體，經激冷塔冷卻器進一步冷卻至40℃，然後進入高壓分離器，液體和氣體在高壓分離器中得到分離，液相中的油相作為低溫冷凝物送入低溫冷凝物儲槽。水相送至廢水處理系統。高壓分離器頂部排出的氣體，經過閃蒸槽閃蒸後，一小部分放空進入燃料氣系統，其餘與新鮮合成氣混合，經循環壓縮機加壓，並經原料氣預熱器預熱後返回反應器。反應產生的石蠟經反應器內置液固分離器與催化劑分離後排放至石蠟收集槽，然後經粗石蠟冷卻器冷卻至130℃，進入石蠟緩衝槽閃蒸，閃蒸後的石蠟進入石蠟過濾器過濾，過濾後的石蠟送入石蠟儲槽。

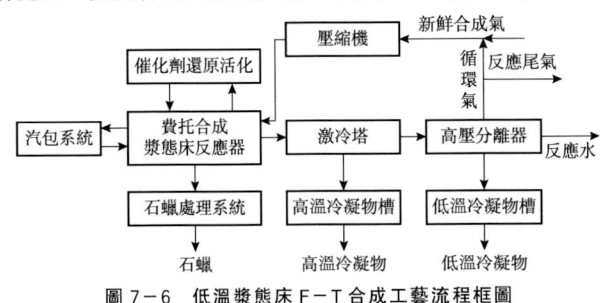

圖7－6 低溫漿態床F－T合成工藝流程框圖

2) 高溫F－T合成工藝

高溫F－T合成工藝採用沉澱鐵催化劑，工藝流程如圖7－7所示。經淨化後的合成氣在340~360℃溫度下，在固定流化床中與催化劑作用，發生F－T合成反應，生成一系列的烴類化合物。烴類化合物經激冷、閃蒸、分離、過濾後獲得粗產品高溫冷凝物和低溫

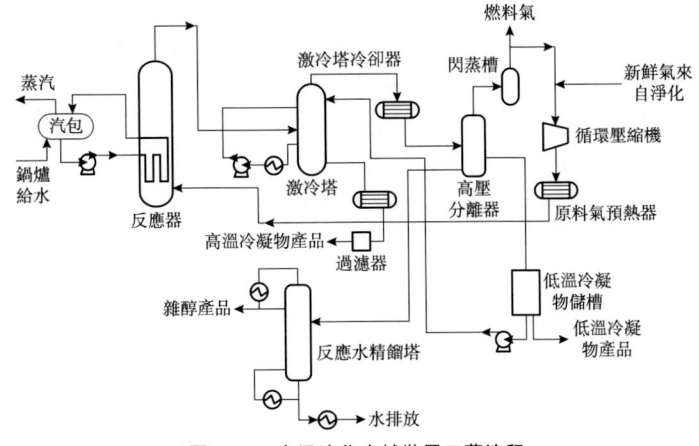

圖7－7 高溫液化中試裝置工藝流程

冷凝物，反應水進入精餾系統，F－T合成尾氣一部分放空進入燃料氣系統，另一部分與新鮮氣混合返回反應器。

7.3.2 煤直接液化工藝中的氫利用

煤直接液化也稱加氫液化，是指煤在高溫高壓的條件下與氫反應，並在催化劑和溶劑作用下進行裂解、加氫，從而將煤直接轉化為小分子的液體燃料和化工原料的過程。由於自然界煤炭資源遠比石油豐富，石油的發現量逐年下降而開採量不斷上升，世界範圍內石油供應短缺業已顯現。中國的狀況則更為嚴峻。利用液化技術將煤轉化為引擎燃料和化工原料的工藝在中國的成功運用，為大規模替代石油提供了一條有效的途徑。煤直接液化技術和對液化產品深加工技術的研究和開發，對提高煤的利用價值，增加煤液化產品與石油產品的競爭力，具有重要意義。

(1) 煤直接液化原理

煤是固體，主要由C、H、O 3種元素組成，與石油相比煤的氫含量更低，氧含量更高，H/C原子比低，O/C原子比高。從分子結構來看，煤的分子結構極其複雜，其結構主要是以幾個芳香環為主，環上含有S、N、O的官能團，由非芳香部分（－CH_2－、－CH_2－CH_2－或氧化芳香環）或醚鍵連接的數個結構單位所組成，呈空間立體結構的高分子化合物。另外，在高分子立體結構中還嵌有一些低分子化合物，如樹脂樹蠟等。隨著煤化程度的加深，結構單位的芳烴性增加，側鏈與官能團數目減少。從分子量來看，煤的分子量很大，可達到5000～10000，或者更大。

如果能創造適宜的條件，使煤的分子量變小，提高產物H/C原子比，那就有可能將煤轉化為液體燃料油。為了將煤中有機質高分子化合物轉化成低分子化合物，就必須切斷煤化學結構中的C－C化學鍵，這就必須供給一定的能量，同時必須在煤中加入足夠的氫。煤在高溫下熱分解得到自由基碎片，如果外界不向煤中加入充分的氫，那麼這些自由基碎片就只能靠自身的氫發生分配作用，而生成很少量H/C原子比較高、分子量較小的物質（油和氣），絕大部分自由基碎片則發生縮合反應而生成H/C原子比更高的物質——半焦或焦炭。如果外部能供給充分的氫，使熱解過程中斷裂的自由基碎片立刻與氫結合，生成穩定的、H/C原子比較高的、分子量較小的物質，這樣就可能在較大程度上抑制縮合反應，使煤中的有機質全部或大部分轉化為液體油。

(2) 煤加氫液化中的主要反應

現已證明，煤的加氫液化與熱裂解有直接關係。在煤的開始熱裂解溫度以下一般不發生明顯的加氫液化反應，而在煤熱裂解的固化溫度以上加氫時，結焦反應大大加劇。在煤的加氫液化中，不是氫分子攻擊煤分子而使其裂解，而是煤首先發生熱裂解反應，生成自由基碎片，後者在有氫供應的條件下與氫結合而得以穩定，否則就要縮聚為高分子不溶物。所以，在煤的初級液化階段，熱裂解和供氫是2個十分重要的反應。

1)煤熱裂解反應

煤在液化過程中，加熱到一定溫度（300℃）時，煤的化學結構中鍵能最弱的部位開始斷裂成自由基碎片。隨著溫度升高，煤中一些鍵能較弱和較高的部位也相繼斷裂成自由基碎片 R^0，其反應式可表示為：

$$煤 \xrightarrow{熱裂解} 自由基碎片 \sum R^0 \tag{7-14}$$

研究表明：煤結構中苯基醚 C—O 鍵、C—S 鍵和連接芳環 C—C 鍵的解離能較小，容易斷裂；芳香核中的 C—C 鍵和次乙基苯環之間相連結構的 C—C 鍵解離能大，難於斷裂；側鏈上的 C—O 鍵、C—S 鍵和 C—C 鍵比較容易斷裂。

煤結構中的化學鍵斷裂處用氫來彌補，化學鍵斷裂必須在適當的階段就停止，如果切斷進行的過分，生成氣體太多；如果切斷進行得不足，液體油產率較低，所以必須嚴格控制反應條件。煤熱解產生自由基及溶劑向自由基供氫、溶劑和前瀝青烯、瀝青烯催化加氫的過程如圖 7—8 所示。

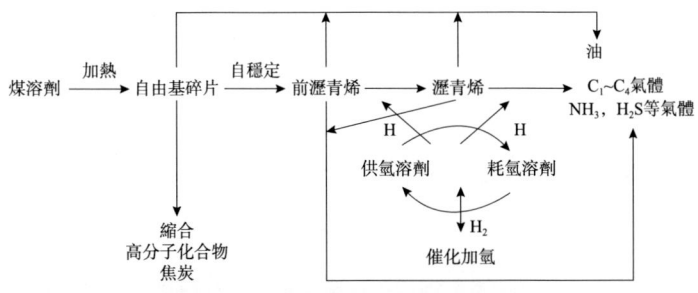

圖 7—8　煤液化自由基產生和反應過程

2)加氫反應

煤熱解產生的自由基「碎片」是不穩定的，它只有與氫結合後才能變得穩定，成為分子量比原料煤要低得多的初級加氫產物。其反應式為：

$$\sum R^0 + H = \sum RH \tag{7-15}$$

氫的來源主要有以下幾個方面：

①溶解於溶劑油中的氫在催化劑作用下變為活性氫。

②溶劑油可供給的或傳遞的氫。

③煤本身可供應的氫。

④化學反應生成的氫，如 $CO + H_2O \longrightarrow CO_2 + H_2$。它們之間的相對比例隨著液化條件的不同而不同。

研究表明：烴類的相對加氫速度，隨著催化劑和反應溫度的不同而不同；烯烴加氫速度遠比芳烴大；一些多環芳烴比單環芳烴的加氫速度快；芳環上取代基對芳環的加氫速度有影響。加氫液化中一些溶劑也同樣發生加氫反應，如四氫萘溶劑在反應時，它能供給煤質變化時所需的氫原子，它本身變成萘，萘又能與系統中的氫原子反應生成甲氫萘。

加氫反應關係著煤熱解自由基碎片的穩定性和油收率的高低，如果不能很好地加氫，

那麼自由基碎片就有可能生成半焦,其油收率降低,影響煤加氫難易程度的因素是煤本身的稠環芳烴結構,稠環芳烴結構越密和分子強越大,加氫越難。煤呈固態也阻礙與氫相互作用。

採取以下措施對供氫有利:①使用有供氫性能的溶劑;②提高系統氫氣壓力;③提高催化劑活性;④保持一定的 H_2S 濃度等。

(3) 反應歷程

在溶劑、催化劑和高壓氫氣下,隨著溫度升高,煤開始在溶劑中膨脹形成膠體系統,有機質進行局部溶解,發生煤質的分裂解體破壞,同時在煤質與溶劑間進行分配,在 350~400℃時生成瀝青質含量很多的高分子物質,在煤質分裂的同時,存在分解、加氫、解聚、聚合及脫氧、脫硫、脫碳等一系列平行和相繼的反應發生,從而生成 H_2O、CO、CO_2、H_2S 和 NH_3 氣體。隨著溫度逐漸升高(450~480℃),溶劑中的氫飽和程度增加,使氫重新分配程度也相應增加,即煤加氫液化過程逐步加深,主要發生分解加氫作用,同時也存在一些異構化作用,從而使高分子物質(瀝青質)轉化為低分子產物──油和氣。

關於煤加氫液化的反應機理,一般認為有以下幾點。

① 組成不均一。即存在少量的易液化組分,如嵌存在高分子立體結構中的低分子化合物;也有一些極難液化的惰性組分。但是,如果煤的岩相組成較均一,為簡化起見,也可將煤當作組成均一的反應物來看。

② 雖然在反應初期有少量氣體和輕質油生成,不過數量有限。由於在比較溫和的條件下少,所以反應以順序進行為主。

③ 瀝青質是主要的中間產物。

④ 逆反應可能發生。當反應溫度過高或氫壓不足,以及反應時間過長,已生成的前瀝青烯、瀝青烯及煤裂解生成的自由基碎片可能縮聚成不溶於任何有機溶劑的焦油,焦油亦可裂解、聚合生成氣態烴和分子量更大的產物。

綜上,煤加氫液化的反應歷程如圖 7-9 所示。

從圖 7-9 中可以看到,C_1 為煤有機質的主體,C_2 為存在於煤中的低分子化合物,C_3 為惰性成分。

(4) 基本工藝流程

直接液化工藝旨在向煤的有機結構中加氫,破壞煤的結構產生可蒸餾液體。目前已經開發出多種直接液化工藝,但就基本化學反應而言,它們非常接近,基本都是在高溫和高壓條件下在溶劑中將較高比例的煤溶解,然後加入氫氣和催化劑進行加氫裂化過程。煤直接液化的基本工藝流程如圖 7-10 所示。

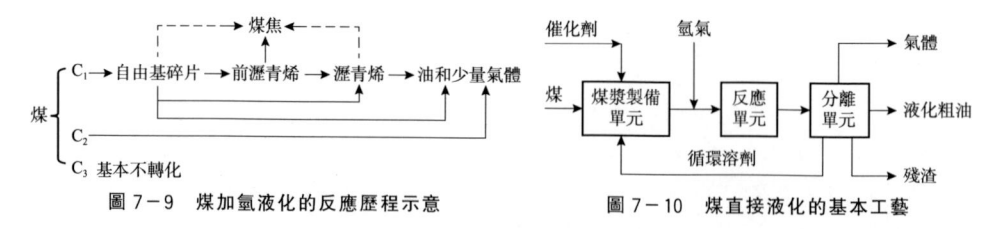

圖 7-9 煤加氫液化的反應歷程示意

圖 7-10 煤直接液化的基本工藝

將煤先磨成粉,與工藝過程產生的液化重油(循環溶劑)配成煤漿,在高溫(450℃)和高壓(20~30MPa)條件下直接加氫,將煤轉化為液體產品。整個過程分為3個主要工藝單位:①煤漿製備單位。將煤破碎至0.2mm以下與溶劑、催化劑一起製備成煤漿。②反應單位。在反應器內高溫高壓下進行加氫反應,生成液體。③分離單位。分離反應生成的殘渣液化油及反應氣,重油作為循環溶劑配煤漿用。

直接液化工藝的液體產品比熱解工藝的產品質量要好得多,可以不與其他產品混合直接用作燃料。但是,直接液化產品在被直接用作燃料之前需要進行提質加工,採用標準的石油工業技術,讓從液化廠生產出來的產品與石油冶煉廠的原料混合進行處理。

一般情況下,根據將煤轉化成可蒸餾的液體產品的過程,可將煤直接液化工藝分為單段液化和兩段液化2大類。

1)單段液化工藝

通過一個主反應器或一系列的反應器生產液體產品。這種工藝可能包含一個合在一起的線上加氫反應器,對液體產品提質但不能直接提高總轉化率。溶劑精煉煤法(SRC-Ⅰ和SRC-Ⅱ工藝)、氫煤法(H-Coal)與埃克森供氫溶劑法(EDS工藝)均屬此類。

2)兩段液化工藝

通過2個反應器或兩系列反應器生產液體產品。第一段的主要功能是煤的熱解,在此段中不加催化劑或加入低活性可棄性催化劑。第一段的反應產物進入第二段反應器中,在高活性催化劑存在下加氫生產出液態產品。主要包括催化兩段液化工藝、HTI工藝、Kerr-McGee工藝與液體溶劑萃取工藝等。

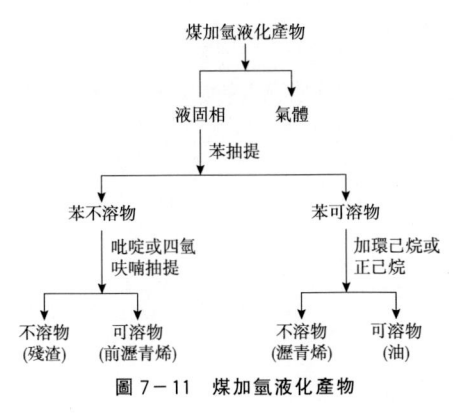

(5)煤加氫液化的反應產物

煤加氫液化後得到的並不是單一的產物,而是組成十分複雜的產物,包括氣、液、固三相的混合物。按照在不同溶劑中的溶解度不同,對液固相部分可以進一步分離,見圖7-11。

殘渣不溶於吡啶或四氫呋喃,由尚未完全轉化的煤、礦物質和外加的催化劑構成。

前瀝青烯是指不溶於苯但可溶於吡啶或四氫呋喃的重質煤液化產物,其組成舉例見表7-2,平均分子量約1000,雜原子含量較高。

圖7-11 煤加氫液化產物

表7-2 溶劑精煉煤(SRC)中各組分的組成結構

結構參數[①]	組分			
	前瀝青烯(36%)	瀝青烯(45%)	樹脂[②](15%)	油(4%)
$\omega(H_{ar})/\%$	0.51	0.455	0.43	0.48
$\omega(H_n)/\%$	0.34	0.36	0.30	0.18
$\omega(H_{al})/\%$	0.15	0.16	0.27	0.24
$\omega(fc_{ar})$	0.84	0.79	0.75	0.76

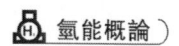

續表

結構參數①	組分			
	前瀝青烯(36%)	瀝青烯(45%)	樹脂②(15%)	油(4%)
M	1026	560	370	264
C_A	62.7	32.4	20.8	16.3
C_{RS}	12.6	7.4	4.1	2.7
C_N	1.4	1.4	1.9	1.9
示性式	$C_{74.3}H_{48.7}N_{0.70}O_{2.44}S_{0.70}$	$C_{40.8}H_{38.5}N_{6.22}O_{1.58}S_{0.03}$	$C_{27.71}H_{24.57}N_{0.22}O_{0.61}S_{0.11}$	$C_{20.1}H_{18.3}N_{0.08}O_{0.18}S_{0.05}$

注：①H_{ar}為芳香氫占總氫；H_a為芳環 a 位置側鏈的氫占總氫；H_{al}為脂肪氫占總氫；f_{car}為碳的芳香度；C_A為分子中芳香碳原子數；C_{RS}為芳環上發生了取代反應的碳原子數；C_N為脂環中碳原子數。
②正己烷可溶物置於白土層析柱上，先以正己烷沖洗出油，再以吡啶沖洗，其沖洗物即為樹脂。

瀝青烯是指可溶於苯但不溶於正己烷或環己烷的、類似於石油瀝青質的重質煤液化產物，與前者一樣也是混合物，平均相對分子質量約為 500。

油是指可溶於正己烷或環己烷的輕質煤液化產物，除少量樹脂外，一般可以蒸餾，沸點有高有低，相對分子質量大致在 300 以下。

旨在得到輕質油品時，則用蒸餾法分離，沸點<200℃者為輕油或稱石腦油，沸點為 200～325℃者為中油，它們的組成舉例見表 7－3。整體來講，輕油中含有較多的酚類，中性油中苯族烴含量較高，經過重整可以比原油的石腦油得到更多的苯類；中油含有較多的萘系和蒽系化合物，另外酚類和喹啉類化合物也較多。

表 7－3　煤液化輕油和中油的組成舉例

餾分		含量/%	主要成分
輕油	酸性油	20.0	90%為苯酚和甲酚，10%為二甲酚
	鹼性油	0.5	吡啶及同系物、苯胺
	中性油	79.5	芳烴40%、烯烴5%、環烷烴55%
中油	酸性油	15	二甲酚、三甲酚、乙基酚、萘酚
	鹼性油	5	喹啉、異喹啉
	中性油	80	2～3環烷烴69%、環烷烴30%、烷烴1%

煤液化中不可避免還有一定量的氣體生成，包括以下 2 部分：
①含雜原子的氣體，如 H_2O、H_2S、NH_3、CO_2 和 CO 等。
②氣態烴，C_1～C_3（有時包括 C_4）。

氣體產率與煤種和工藝條件有關，以伊利諾伊 6 號煤和 SRC－Ⅱ法為例，C_1～C_2 含量為 11.6%，C_3～C_4 含量為 2.2%，H_2O 含量為 6.0%，H_2S 含量為 2.8%，CO_2 含量為 1.0%，CO 含量為 0.3%（均對德爾菲法煤，以質量計）。生成氣態烴要消耗大量的氫，所以氣態烴產率增加將導致氫耗量提高。

習題

1. 直接法合成氨生產工藝流程如下圖所示，試分析在合成氨的生產工藝中原料氣的

第7章　氫氣在能源化工領域的實踐

製備途徑有哪些，各有何特點。

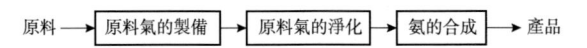

原料 → 原料氣的製備 → 原料氣的淨化 → 氨的合成 → 產品

2. 試結合合成甲醇工藝與合成氨工藝對比分析2種工藝存在哪些異同。
3. 以碳的氧化物與氫合成甲醇的方法，在原料路線、生產規模、節能降耗、工藝技術、過程控制與優化等方面都具有哪些新的突破與進展？
4. 加氫精製的作用是什麼？加氫裂化的作用是什麼？
5. 汽油加氫精製包括哪些內容，試對比分析各自的工藝特點。
6. 渣油加氫裝置的反應器主要有哪幾種？
7. 加氫裂化過程包括哪些類型？
8. 典型的餾分油加氫裂化過程流程如下圖所示，分析對比兩圖中工藝流程的不同之處，總結出2種流程的特點。

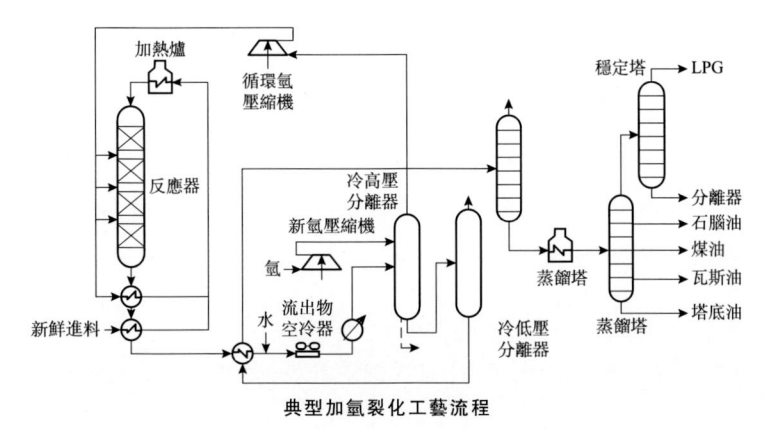

典型加氫裂化工藝流程

典型的餾分油加氫裂化裝置流程

9. 簡述加氫裂化過程的特點。
10. 什麼是煤的間接液化，其與直接液化有何異同？
11. 簡述間接液化技術的費托合成(Fischer-Tropsch Synthesis，F-T)工藝的合成原理，並列出其主要的過程反應式。
12. 煤間接液化工藝分為低溫 F-T 合成工藝和高溫 F-T 合成工藝，分析對比 2 種工藝流程，說明各流程具備的特點。
13. 煤直接液化的原理是什麼？
14. 煤加氫液化中的主要反應有哪些？
15. 簡述煤加氫液化反應中氫的來源。
16. 煤加氫液化的反應歷程如下圖所示，試結合本圖分析煤加氫液化的反應機理。

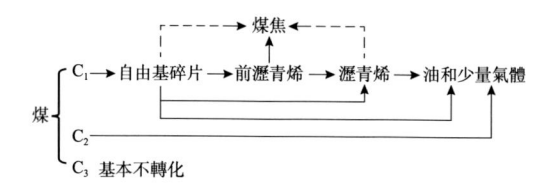

煤 ⎰ C_1 → 自由基碎片 → 前瀝青烯 → 瀝青烯 → 油和少量氣體
   ⎱ C_2 （→ 煤焦）
   ⎩ C_3 基本不轉化

第 8 章　跨領域氫能

氫除了被廣泛應用在能源化工領域，還被應用在電子行業、煉鐵、醫療健康和核融合等領域，本章重點對這 4 個領域的氫利用進行詳述。

8.1　氫在電子行業中的利用

半導體製造技術作為資訊時代製造的基礎，堪比工業時代的機床，是整個社會發展的基石和原動力。智慧製造(工業 4.0)的實現，以各種資訊元件的使用為基礎，半導體製造技術正是其製造的核心技術。而氫氣作為半導體製造中的氣源，在半導體材料及元件製備中起到至關重要的作用。可在光電元件、感測器、整合電路(Integrated Circuit，IC)製造中應用。在半導體工藝中氫氣主要用於氧化、退火、外延和乾蝕刻工序。

8.1.1　氫作為氣氛氣

氧化工序是在矽片表面形成氧化矽膜的工序，在大規模整合電路(Large Scale Integration，LSI)生產工藝中占有重要位置。為得到氧化所用的較高純度的水蒸氣，一般廣泛使用氫和氧反應生成水蒸氣的高溫法。圖 8-1 所示為代表性的高溫法氧化裝置。調節了流量和壓力的氫和氧經過供氣裝置流入石英管，在點火部位點火產生氫氧焰，生成高純水蒸氣。在這種水蒸氣氣氛中，矽片經高溫(850～1000℃)處理，其表面形成數百至數千埃厚的氧化矽膜。用氮氣清洗供氣系統內的氫氣管道和石英管，以保證氧化裝置的潔淨度。氣

注：MFC為質流控制器。

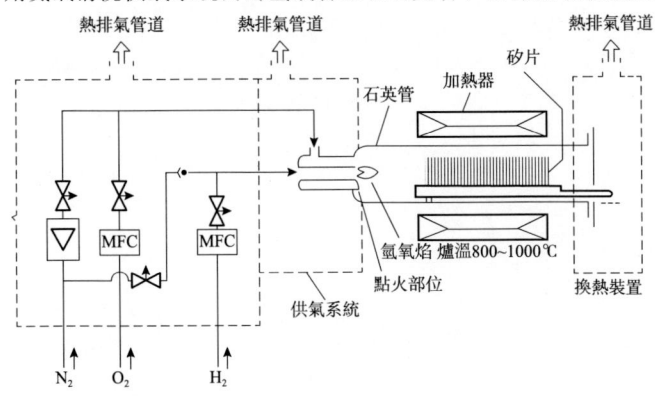

圖 8-1　氧化裝置

體用量為：氫3~6L/min；氧2~7L/min；氮5~20L/min。在氧化工序中，隨著大規模整合電路的微細化和高整合化，要求形成10~200Å厚的高質量薄膜，所以要求採用灰塵和金屬雜質少、純度高的氫、氧等氣體。

退火工序中氫氣用作氣氛氣體。其裝置的結構與氧化裝置大致相同。爐子的溫度為400~500℃，使用的氣體有氫和氮，主要用於元件布線用金屬膜(Al、Mo)的熱處理。

8.1.2 氫作為原料氣

在大規模整合電路生產過程中外延工序用氫量最多，而且要求用高純度的氫。在該工序中，由於用矽烷類氣體(SiH_4、SiH_2Cl_2、$SiCl_4$)在高溫下進行化學反應，以在單晶矽片表面形成同樣的單晶矽膜，因此要用氫氣作為還原或熱分解反應氣。作摻雜氣用的微量砷烷和磷烷氣的加入決定了與氫混合後所生成膜的電性能。

圖8-2所示為普通圓筒形減壓外延裝置。該裝置的處理能力很大，而且能得到均一的矽單晶膜。在圓筒形的石英反應管內將6~8個石墨感應器排列成傾斜的多角柱狀，其上排放著矽片，從石英管的周圍用燈泡加熱器加熱到1100℃左右。為改善溫度分布，在晶體生長過程中石墨感應器在石英管內旋轉。原料氣(矽烷類氣體＋摻雜氣)與大量氫氣(150L/min)混合從上部進入反應管，從下部排出廢氣。為使反應管內減壓，用機械泵排氣。此處用氮作置換氣體，用HCl氣作清洗氣。在外延工序中，氫氣中微量的水、氧和氮可使膜產生晶體缺陷，因此需要用99.9999%~99.99999%的高純氫。

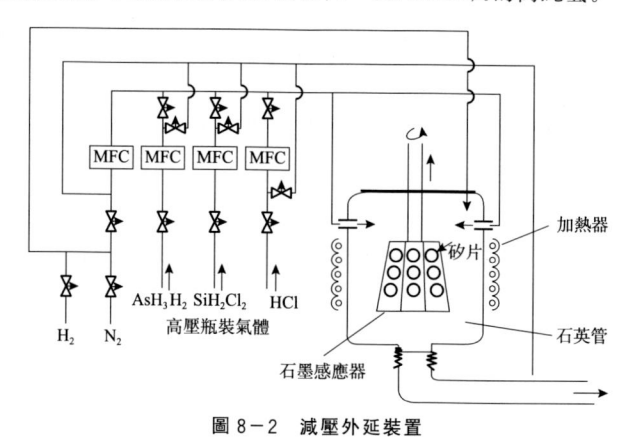

圖8-2 減壓外延裝置

8.1.3 氫作為蝕刻氣

在乾蝕刻工序中，將所形成的氧化矽膜中不需要的部分用蝕刻的方法有選擇地去除。可以使用反應性離子蝕刻法，它是採用惰性氣體的物理離子蝕刻與反應性氣體的化學電漿蝕刻相結合的方法。在有選擇地蝕刻氧化矽膜的情況下，蝕刻氣中可加入50%氫氣，通過改變兩者的配比可控制蝕刻速度。一般用$CF_4＋H_2$作為氧化矽膜的蝕刻氣。

圖8-3所示為反應性離子蝕刻裝置。在不鏽鋼反應器中，在平行平板電極的一側排

圖 8-3 反應性離子裝置

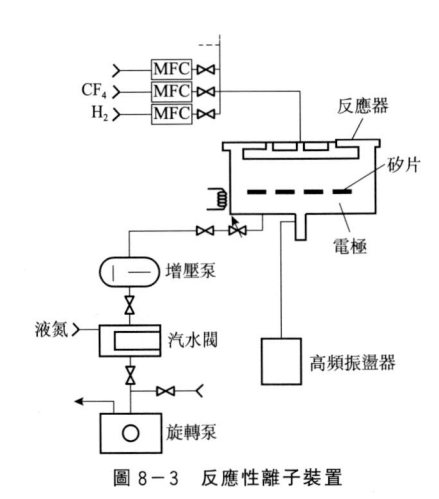

放著矽片，通過高頻作用使反應器內的氣體電漿化，生成氟游離基。對這種氟游離基增加電場，進行蝕刻。

8.1.4 氫氣作為載氣

大規模整合電路的原料單晶矽片一般是從各生產廠購入的。其生產也要用大量氫。圖 8-4 所示為單晶的原料多晶矽的生產流程。矽粉、氯氣和氫氣按式(8-1)反應生成 $SiHCl_3$：

$$2Si+3Cl_2+H_2 = 2SiHCl_3 \quad (8-1)$$

該 $SiHCl_3$ 經過精餾可成為磷含量為 $0.45×10^{-9}$、硼為 $0.13×10^{-9}$ 的物料。精製過的 $SiHCl_3$ 在多晶反應器中與作為載氣的大量氫進行還原、熱分解反應可得到高純多晶矽。在多晶反應器中氫與氯化了的 $SiHCl_3$ 的混合氣體在加熱到約 1100℃ 的矽芯棒上，按式(8-2)反應，逐步在芯棒表面析出矽微粒而生成粗棒狀多晶矽：

$$SiHCl_3+H_2 = Si+3HCl \quad (8-2)$$

此處所用的氫氣純度為露點 $-70\sim-80℃$、$O_2<1×10^{-6}$、烴類$<0.1×10^{-6}$、$N_2<0.1×10^{-6}$。用多晶矽製備單晶矽的方法有 FZ(懸浮區域熔融)和 CZ(柴可拉斯基)等法，詳見相關書籍。

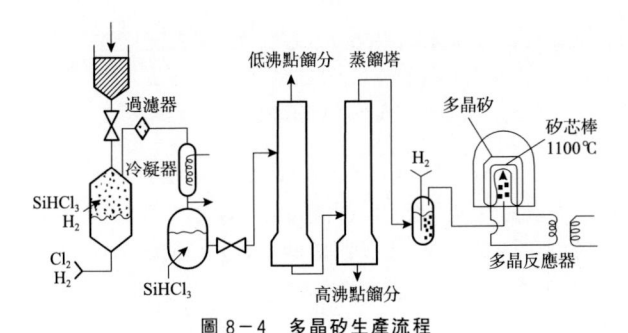

圖 8-4 多晶矽生產流程

8.2 鋼鐵行業的氫利用

傳統高爐煉鐵工藝強烈依賴冶金焦，能耗高、汙染重，為了擺脫高爐工藝的固有缺點，開發清潔的鋼鐵冶金工藝，基於氫冶金的煉鐵技術應運而生。發展氫冶金是煉鐵技術的一場革命，將有效推動鋼鐵工業的可持續發展。目前，鋼鐵冶金領域的氫冶金研究主要包括氣基直接還原和熔融還原。

8.2.1 氫氣煉鐵的原理

採用純 H_2 代替碳作為煉鐵還原劑時,產物為 H_2O,避免了碳還原產生的 CO_2,理論上可實現溫室氣體的零排放,為鋼鐵冶金的綠色發展提供了可能。因此,海內外對 H_2 還原鐵氧化物的行為及機理進行了大量研究。

(1)熱力學原理

目前,氫基還原煉鐵主要採用 H_2、CO 混合氣體作為還原氣,H_2、CO 還原鐵氧化物時,熱力學平衡圖如圖 8-5 所示,還原過程分為 Fe_3O_4 穩定區、FeO 穩定區和金屬鐵穩定區。反應溫度小於 570℃時,鐵氧化物的還原歷程為 $Fe_2O_3 \rightarrow Fe_3O_4 \rightarrow Fe$;反應溫度大於 570℃時,鐵氧化物的還原歷程則為 $Fe_2O_3 \rightarrow Fe_3O_4 \rightarrow FeO \rightarrow Fe$。

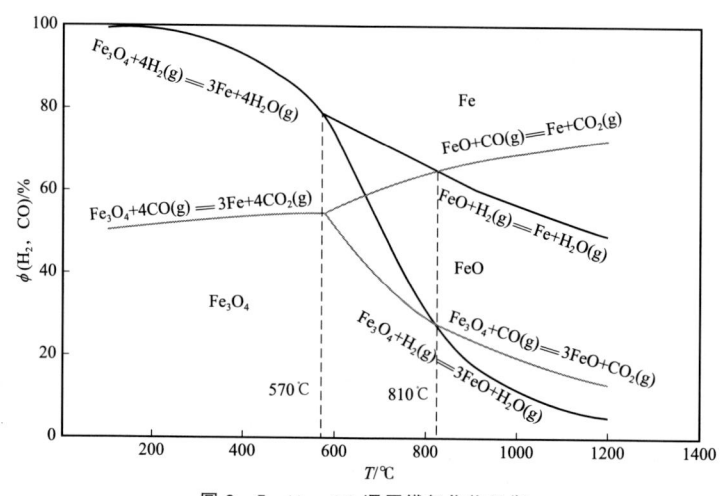

圖 8-5 H_2、CO 還原鐵氧化物平衡

在反應溫度小於 810℃時,CO 還原平衡曲線位於 H_2 還原平衡曲線下方,相同溫度條件下,還原鐵氧化物生成金屬鐵所需 CO 平衡分壓 $<H_2$,表明此溫度範圍內 CO 還原能力強於 H_2;而反應溫度大於 810℃時,則 H_2 還原能力強於 CO。由於實際反應溫度一般大於 810℃,因此,採用富氫或純氫還原氣體進行鐵礦還原在熱力學上具有一定的優勢。

(2)動力學原理

H_2 對固態鐵氧化物的還原過程,主要包括以下環節:

①H_2 從氣流層向固-氣接口擴散並被接口吸附。

②發生接口還原反應,生成氣體 H_2O 和相應的固體產物。

③氣體 H_2O 從反應接口脫附。

④隨著反應的進行,固體產物成核、生長,並形成產物層,H_2O 需要穿過固體產物層從反應接口向氣流層擴散,還原反應速率取決於速率最低的環節。

H_2 還原熔融鐵氧化物為氣-液反應過程,整體反應速率則主要由 3 個環節控制:

①氣相中的質量傳遞速率。

②氣－液接口反應速率。

③液相中的質量傳遞速率。

8.2.2 富氫氣基直接還原煉鐵技術

氣基直接還原是在低於鐵礦石熔點的溫度下，採用還原氣體將鐵氧化物還原成高品位金屬鐵的方法，由於直接還原鐵脫氧過程中形成許多微孔，在顯微鏡下觀看狀似海綿，又稱為海綿鐵。目前，氣基直接還原煉鐵已形成工業化應用，規模最大的 Midrex 工藝年產海綿鐵達到 4500 萬 t，採用的還原氣體為含 H_2 和 CO 的富氫混合氣體，因此，氣基直接還原是一種基於氫冶金的煉鐵技術。富氫氣基直接還原流程生產的海綿鐵約占世界海綿鐵總產量的 75%，主要包括豎爐工藝、流化床工藝等。其中，基於豎爐法的 Midrex 工藝、HYL－Ⅲ工藝是最成功的 2 種富氫氣基直接還原工藝。

(1)氣基豎爐法

1)Midrex 工藝

由 Midrex 公司開發成功，流程如圖 8－6 所示。將鐵礦氧化球團或塊礦原料從爐頂加入，從豎爐中部通入富氫熱還原氣，爐料與熱風的逆向運動中被熱還原氣加熱還原成海綿鐵。富氫還原氣由天然氣經催化裂化製取，裂化劑為爐頂煤氣。爐頂煤氣經洗滌後部分與一定比例天然氣混合經催化裂化反應轉化成還原氣，剩餘部分則與天然氣混合用作熱能供應，催化裂化反應主要包括：

$$CH_4 + CO_2 \longrightarrow 2CO + 2H_2 \quad (8-3)$$

$$CH_4 + H_2O \longrightarrow CO + 3H_2 \quad (8-4)$$

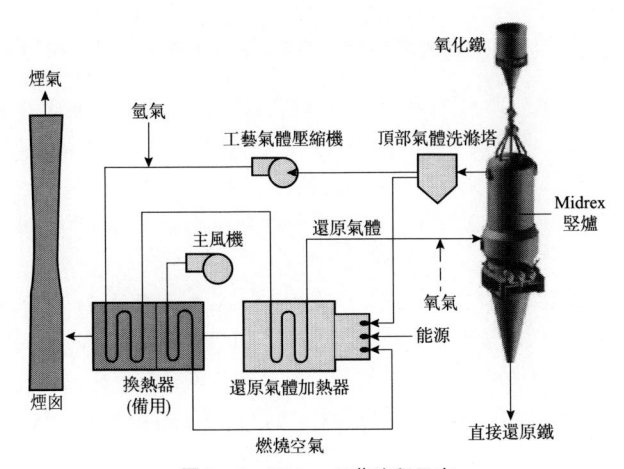

圖 8－6　Midrex 工藝流程示意

產生的富氫還原氣中，$V(H_2)/V(CO) \approx 1.5$，溫度為 850～900℃。Midrex 工藝還原氣中 H_2 含量較低，豎爐中還原氣和鐵礦石的反應表現為放熱效應。

Midrex 工藝可得到最佳鐵金屬化率達到 100%，但產量大幅降低，鐵金屬化率約為 96% 時是最佳生產條件，增加還原氣體的 CO 比例可以提高產量。對 Midrex 工藝豎爐的

模擬研究表明，在豎爐 7.0m 深度以下，隨著還原氣上行，H_2 體積分數迅速減少，而 CO 體積分數變化很小，直至 2.0m 深度以上 CO 的體積分數才顯著降低，鐵礦原料在爐內運行約 2.0m 即可完全變成浮氏體氧化亞鐵。GHADI 等提出，赤鐵礦在 Midrex 豎爐還原區上部完全轉變為磁鐵礦，運行到中部時被還原為方鐵礦，在爐底部時方鐵礦才被還原為海綿鐵；採用雙氣體噴嘴，可提高鐵礦還原率，每生產 1t 海綿鐵可減少 H_2 用量 100m^3。

2）HYL－Ⅲ工藝

HYL－Ⅲ工藝由墨西哥 Hylsa 公司開發，工藝流程如圖 8－7 所示。HYL－Ⅲ工藝使用球團礦或天然塊礦為原料，原料在預熱段內與上升的富氫還原氣作用，迅速升溫完成預熱，隨著溫度升高，礦石的還原反應逐漸加速，形成海綿鐵。富氫還原氣採用天然氣為原料，水蒸氣為裂化劑，經催化裂化反應製取：

$$CH_4 + H_2O \longrightarrow CO + 3H_2 \tag{8-5}$$

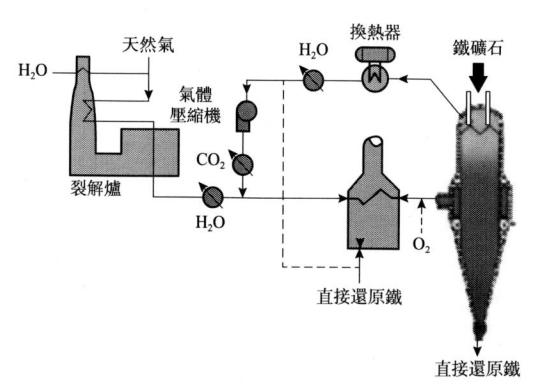

圖 8－7　HYL－Ⅲ工藝流程示意

富氫還原氣中 $V(H_2)/V(CO) = 5 \sim 6$，溫度高達 930℃。該工藝還原氣中 H_2 含量較 Midrex 工藝高，豎爐中還原反應則表現為吸熱效應，因此對入爐還原氣溫度要求較高。

而後，Hylsa 公司又基於 HYL－Ⅲ工藝開發了 HYL－ZR 工藝，該工藝可以直接使用焦爐煤氣、煤製氣等富氫氣體，為富煤缺氣的地區發展氣基直接還原工藝開闢了新路徑。

與 Midrex 工藝相比，採用 $V(H_2)/V(CO) = 1$ 的煤製氣生產 1t 海綿鐵產品，還原氣消耗量增加約 100m^3，而能量利用率提高約 3.3％。周渝生等認為，中國的能源結構適合發展以煤氣為氣源的氣基直接還原煉鐵工藝，並提出了現有煤氣化設備與 HYL 豎爐結合的工藝方案。王兆才對煤製氣－HYL 直接還原工藝進行了系統研究，結果表明：採用 H_2 含量 30％～75％的煤製合成氣，還原反應 2h 內，鐵礦球團金屬化率均可達到 95％左右；還原氣中 H_2 含量增加有利於還原反應的進行，但 H_2 含量達到 50％後，H_2 對還原反應的增強作用逐漸減弱。

(2)氣基流化床法

基於流化床法的直接還原煉鐵工藝主要有 Finmet 和 Circored 工藝，Finmet 工藝由委內瑞拉 Orinoco Iron 公司和奧地利 Siemens VAI Metals Technologies 公司聯合開發並營

運。Circored工藝由Outotec公司開發，採用天然氣重整產生的H_2作為還原氣體。相較於豎爐法，基於流化床法的直接還原鐵生產規模較小。流化床法可直接採用鐵礦粉原料，在高溫還原氣流中進行還原，反應速度快，理論上是氣基法中最合理的工藝方法。但生產實踐中，使物料處於流化態所需的氣體流量遠大於理論還原所需的氣量，造成還原氣利用率極低，氣體循環能耗高；同時，「失流」等生產問題難以解決，阻礙了流化床法的進一步發展。

(3) 氣基直接還原煉鐵技術新發展

2004年，來自歐洲15個國家的48個企業、組織聯合啟動了ULCOS(Ultra−low CO_2 Steelmaking) 專案，並提出了基於氫冶金的鋼鐵冶金路線，通過電解水產氫，供給直接還原豎爐。該專案氫冶金技術的突破，可使鋼鐵冶煉碳排放從$1850kgCO_2/t$粗鋼降低84%至$300kgCO_2/t$粗鋼。

2008年，日本啟動了創新性煉鐵工藝技術開發專案(COURSE50)，研究內容包括H_2還原煉鐵技術開發，提高H_2還原效應。目前，研究人員在$12m^3$的試驗高爐上進行了多次試驗，對吹入H_2帶來的影響及CO_2減排效果等進行驗證，確立了H_2還原效果最大化的工藝條件。COURSE50專案計劃在2030年投入運行，此後將開展鋼鐵廠外部供氫技術的開發，最終實現「零碳鋼」目標。

2017年，瑞典鋼鐵公司、LKAB鐵礦石公司和Vattenfall電力公司聯合成立了合資企業，旨在推動HYBRIT(Hydrogen Breakthrough Ironmaking Technology)專案，開發基於H_2直接還原的煉鐵技術，替代傳統的焦炭和天然氣，減少瑞典鋼鐵行業碳排放。經估算，採用純H_2還原，考慮間接碳排放量，可降低至$53kgCO_2/t$粗鋼。HYBRIT專案計劃於2018−2024年進行中試試驗，2025−2035年建立H_2直接還原煉鐵示範廠，並依託新建的H_2儲存設施，到2045年實現無化石能源煉鐵的目標。

2019年，德國蒂森克虜伯集團與液化空氣公司聯合，正式啟動了高爐H_2煉鐵試驗，從2022年開始，杜伊斯堡地區其他高爐均使用H_2進行鋼鐵冶煉，可使生產過程中CO_2排放量降低20%。

2019年10月，中國山西中晉礦業年產30萬t氫氣直還煉鐵專案除錯投產，該專案針對中國「富煤缺氣」的資源特點，自主研發了「焦爐煤氣乾重整還原氣」工藝，突破了氣基豎爐直接還原技術在中國產業化的瓶頸，CO_2排放量比傳統高爐煉鐵降低31.7%。

由此可見，富氫氣基直接還原煉鐵已經進入技術成熟、穩步發展的階段，並正在向純氫氣直接還原的方向發展。

8.2.3 富氫熔融還原煉鐵技術

工藝將鐵礦原料和助熔劑從爐頂加入，從還原爐中上部、中下部分別通入O_2和過量的H_2，爐料下落過程中首先通過由過量H_2與O_2燃燒產生的火焰區被完全熔化，然後熔體通過還原區被H_2還原，最後熔體在還原爐底部實現渣鐵分離。從爐頂將尾氣回收，並利用尾氣餘熱對H_2和O_2進行預熱。

由於純H_2熔融還原煉鐵仍存在短期內難以實現大規模、低成本製氫的問題，近年來，上海大學提出鐵浴碳−氫復吹熔融還原工藝路線，其基本路線是在熔融還原反應中以H_2

為主要還原劑、以碳為主要燃料，達到降低能耗和CO_2排放的目標。碳－氫熔融還原工藝主要基於以下原理。

還原：
$$Fe_2O_3 + 3H_2(g) = 2Fe + 3H_2O(g) \tag{8-6}$$

供熱：
$$2C + O_2(g) = 2CO(g) \tag{8-7}$$

製氫：
$$CO(g) + H_2O(g) = H_2(g) + CO_2(g) \tag{8-8}$$

理論計算表明，採用H_2還原出1molFe消耗的熱量僅為碳還原的1/5，且反應溫度達到1400℃時，還原速率比CO高2個數量級。因此，在熔融狀態下採用H_2還原鐵礦具有速度快、能耗和CO_2排放均較低的優勢。

碳－氫熔融還原鐵礦實驗研究表明：幾分鐘內可完成絕大部分鐵氧化物的還原，且終渣TFe可達到1%以下；碳－氫熔融還原反應為一級反應，隨著反應進行，還原速率降低，反應速率控制環節轉變為鐵氧化物的擴散。

對H_2取代碳進行熔融還原煉鐵的可行性進行研究，結果表明：基於現有的熔融還原工藝，向熔煉爐噴吹H_2，通過減少噴煤量並增加H_2噴吹量，使$n(C):n(O)<1$，可達到降低還原區所需熱負荷的目的；鐵礦熔融還原的噸鐵能耗隨$n(H_2)/n(H_2+C)$提高而降低，全碳熔融還原的理論噸鐵能耗達到$4×10^6$kJ，而全H_2熔融還原理論噸鐵能耗僅約為$0.8×10^6$kJ，噸鐵理論耗氫量為980m³。

8.3 氫在醫療健康領域的應用

氫氣對氧化性自由基(如羥自由基和氧自由基離子)具有很強的親和性，是一種精準活性氧清除劑，可保留有益活性氧，去除有害活性氧。日本醫科大學太田成男教授等研究表明氫氣是有效的抗氧化劑。這是由於氫氣可快速擴散通過細胞膜，與細胞毒性活性氧接觸並發生反應，從而對抗氧化損傷。而且，分子氫可選擇性清除細胞毒性最強的羥自由基，同時保留其他對細胞生理功能和內穩態都很重要的活性氧(如一氧化氮、過氧化氫)。基於氫氣的抗氧化作用，氫氣還具有抗炎、抗凋亡和抗過敏效應的作用。近期研究表明：氫氣是細胞內第4個氣體信號分子，其作用方式與一氧化氮、一氧化碳和硫化氫相似，可能調節基因表現或某些信號蛋白的磷酸化。這些關於氫氣作用的重要發現，使得該領域在過去10年迅速崛起。本節將從氫氣的生物安全性及利用氫氣治療疾病的各種方法進行概述。

8.3.1 氫氣的生物安全性

氫氣的生物安全性非常高，本節主要從潛水醫學、內源性氣體和生物安全研究3個方面進行論述。潛水醫學領域，1789年著名化學家拉瓦節和塞奎因曾經將氫作為呼吸介質進行動物實驗研究，研究發現氫氣對動物機體是非常安全的。1937年後，法國等國際潛水醫學機構相繼開展了氫氣潛水的醫學研究，一直到後來開展氫氣潛水的人體試驗，都證

明氫氣是一種對人體非常安全的呼吸氣體。內源性氣體領域，大腸埃希菌（大腸桿菌）是可以產生氫氣的，正常人體的大腸內總會存在一定水準的氫氣。從這個角度考慮，氫氣是人體內的一種正常內部環境氣體，這是其具有安全性的重要佐證之一。氫氣生物安全性領域，隨著氫氣生物學研究的不斷增加，關於氫氣的臨床研究也逐漸增多。到目前為止，沒有任何證據表明氫氣對人體存在危害性。歐盟和美國政府出版的關於氫氣生物安全性資料顯示，普通壓力下氫氣對人體沒有任何急性或慢性毒性。儘管這樣，任何對人體可以產生生物學效應的物質都存在破壞內環境穩態，危害機體的可能。雖然氫氣的安全性非常高，但我們仍無法斷言氫氣對人體沒有任何副作用。

8.3.2　氫氣治療疾病概況

2007年，太田成男教授發表了氫氣選擇性抗氧化作用的論文，啟動了氫氣分子生物學的研究熱潮。目前，國際上發表的相關研究論文所涉及領域從各類器官缺血再灌流損傷，到糖尿病、動脈硬化、高血壓、腫瘤等各類重大人類疾病，再到各類頗具新意的研究設想和假說，更有若干初步的臨床研究報導（見圖8－8）。在這些研究中，大家比較公認的前提是把氫氣作為一種新型的抗氧化物質，推測其對哪些氧化壓力和氧化損傷相關疾病可能具有治療作用。當然，在研究上述疾病過程中，關於氫氣的抗細胞凋亡、抗炎症反應等也有許多研究結果。由於氧化壓力幾乎涉及所有細胞、組織和器官類型，幾乎和所有疾病都存在程度不同的連繫，因此國際上各類基礎和臨床研究單位相繼去驗證各自所關注的疾病。

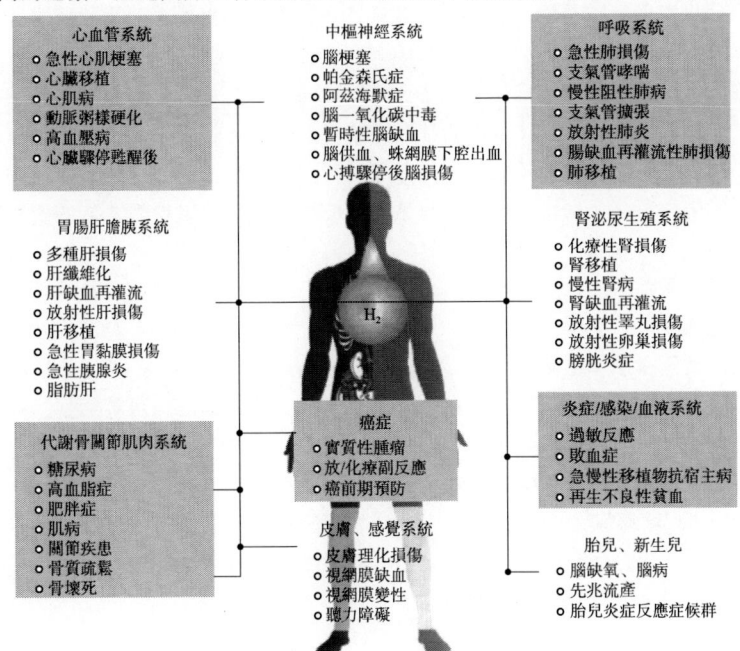

圖8－8　氫氣可治療的人體各種疾病

8.3.3 利用氫氣治療疾病的方法

用氫氣治療疾病的方法主要包括：呼吸氫氣、飲用電解水、氫氣溶解水、氫氣溶解鹽水、氫氣注射、皮膚擴散和誘導大腸細菌產生氫氣等。在這些方法中，電解水作為一種功能水，已經在國際上應用多年。氫氣飽和水作為一種新型的功能水產品，也開始在日本、韓國、東南亞等多個國家和地區迅速發展。氫氣生理鹽水作為一種研究氫氣的手段，具有非常明顯的優點，也是中國學者在這個領域最為突出的貢獻之一。作為一種臨床治療手段，氫氣生理鹽水尚需大量前期的基礎和臨床研究工作。不過作為一種非常具有潛力的治療手段，注射法必然成為將來氫氣臨床應用最具有前景的方式。通過皮膚擴散、局部注射氫氣、使用藥物和食物誘導大腸細菌產生氫氣有很強的實用價值，也非常值得研究。

(1) 通過呼吸給氫

呼吸給氫氣最早在潛水醫學中使用，而且進行了大量的人體試驗。氫氣呼吸必須克服的一個問題是氫氣和氧氣混合後可能發生燃燒和爆炸問題。在純氧環境中，氫氣的可燃極限為 4.1%～94%；在空氣中氫氣的可燃極限為 4%～75%。這樣的氫氣體積分數是否具有生物學效應是必須確定的。2007 年的實驗結果表明，動物呼吸 1% 或 2% 的氫氣 35min 可以有效治療腦缺血再灌流損傷。後來又有大量的研究表明呼吸低體積分數氫氣對多種疾病的治療效果。這些研究給呼吸給氫氣治療疾病奠定了非常重要的基礎和前提。儘管呼吸低體積分數的氫氣是操作安全的方法，但仍不可掉以輕心，因為在混合氫氣的過程，局部的氫氣高體積分數幾乎無法避免，這對使用氫氣時安全操作提出了比較高的要求。另外，即使達到可燃燒體積分數，只要溫度不超過 500℃，也不會發生燃燒。靜電火花就可以達到這樣一個溫度，因此防止靜電是氫氣操作比較關注的問題之一。

通過呼吸攝取氫氣另一個比較大的缺點是劑量不確定。表面上看呼吸氫氣可以確定呼吸氫氣的體積分數和時間，但呼吸氫氣的劑量受到許多因素影響。氫氣進入體內需要依靠呼吸循環功能來實現，一切影響患者呼吸循環功能的因素都可以影響氫氣的實際劑量，從而有可能影響氫氣的效果。患者和研究對象本身的心肺功能自然是一大影響因素。不同患者的心肺功能有非常大的區別，這必然造成氫氣的實際攝取數量存在明顯的個體差異。

(2) 飲用氫氣水

通過飲用氫氣水攝取氫氣是目前應用最廣泛的方法，也是氫氣健康產品最常見的形式。飲用氫氣水的製備方式包括電解水、氫氣溶解水、金屬鎂反應水等類型。使用飲用氫氣水作為氫氣攝取的方法也經常用於許多實驗研究中。人體實驗中使用該方法容易進行劑量的控制，如何可在規定時間內飲規定體積的氫氣水。在動物實驗中難以控制劑量，多採用自然飲用，或者隨意飲用。這必然帶來一些影響實驗結果穩定性的因素和問題，如飲用的吸收過程多變、飲用量的誤差、氫氣從容器中揮發導致氫氣體積分數不穩定等問題。為克服這一缺陷，有研究者採用限制動物飲水，在固定時間段給動物固定體積氫氣水的方法，也能取得劑量控制的理想效果。

1) 電解水

電解水通常是指含鹽(如氯化鈉)的水經過電解之後所生成的產物，電解過後的水本身

是中性，但是可以加入其他離子，或是可經過半透膜分離而生成 2 種性質的水：一種是鹼性水，另一種是酸性水。以氯化鈉為水中所含電解質的電解水，在電解後會含有氫氧化鈉、次氯酸與次氯酸鈉(如果是純水經過電解，則只會產生氫氧根離子、氫氣、氧氣與氫離子)。1994 年，日本癌症防治中心發表報告「自由基是致癌的誘因」，並證實電解水確實能袪除人體內的自由基。關於電解水治療疾病的原理並不清楚。最近學術界普遍認為，電解水治療疾病的根本原因是電解水含有氫氣，該結論仍需要大量的實驗驗證。

2) 金屬鎂反應氫氣水

利用金屬鎂和水在常溫下產生氫氣和氫氧化鎂的緩慢化學反應，製備出方便使用的氫氣水。許多金屬如鐵、鋁和鎂都可以和水反應產生氫氣，但鐵和鋁存在口感不理想、反應速度太慢和明顯毒性等原因，不適用於氫氣飲用水的製備，最終選擇金屬鎂作為製備氫氣水的最佳材料。為了使用方便和消毒等目的，有的在材料中加入電氣石和奈米白金等材料。但從氫氣產生角度，金屬鎂是其核心材料，氫氣是產生效應的關鍵。

3) 飽和氫氣水

飽和氫氣水是目前公認攝取氫氣最理想的手段，製備方法主要包括 4 類，分別為曝氣、高壓、膜分離和電解水技術。在飽和氫氣水的生產和保存過程中，至關重要的是防止氫氣從容器中洩漏的技術。我們一般採用的碳酸飲料包裝，可以限制 CO_2 從容器中釋放，但氫氣可以非常容易地從瓶口釋放，甚至穿過瓶壁洩漏出去。因此，氫氣水的包裝是該領域的核心技術。藍水星公司和環貫公司的氫氣水產品，包裝都是採用金屬鋁，方式包括軟包裝鋁袋或鋁罐，聲稱可以使氫氣穩定保存半年到一年以上。臺灣漢氫科技有限公司選擇玻璃瓶包裝取得了比較滿意的效果。簡單充氣產生氫氣溶液是氣體溶液研究中最經典傳統的手段。該技術就是簡單地把氫氣通入水中吹泡，持續 10min 或以上時間，依靠氫氣簡單的物理溶解，就可以製備出一瓶可以對身體有好處的保健水。

(3) 注射氫氣生理鹽水

從製備和有效物質氫氣本身角度考慮，氫氣生理鹽水和飲用的氫氣水沒有本質區別，也是通過氫氣在鹽水中溶解的方法。當然，用於臨床則必須達到無菌無熱源的注射液要求。製備氫氣生理鹽水技術的關鍵是利用氫氣具有極強大的擴散能力，把普通的聚乙烯材料的袋裝生理鹽水在氫氣飽和溶液中浸泡 8h，利用氫氣的擴散能力，氫氣通過聚乙烯材料進入生理鹽水，這種獲得氫氣飽和生理鹽水的方法已經用於臨床試驗，初步結果證明這種方法是可行的。用這種氫氣飽和生理鹽水給患者靜脈注射，對腦幹缺血的治療效果優於傳統的治療藥物依達拉奉，對系統性紅斑狼瘡具有顯著的治療效果。

(4) 利用氫氣的其他技術

除上述 3 類攝取氫氣的技術外，國際上氫分子生物學研究中也採用另外一些非經典技術。這些技術雖然使用較少，但從理論上也直接或間接涉及氫氣的作用，故在這裡一併列舉。

1) 局部利用氫氣的技術

局部利用氫氣的技術包括利用氫氣滴眼液，該技術曾經被用於視網膜缺血的研究，通過反覆滴眼，證明對視網膜缺血再灌流損傷具有明顯的治療作用。儘管只有這一項研究，但該研究提示，氫氣滴眼液在眼科疾病治療方面具有潛在而廣泛的應用前景。

2）氫氣水皮膚塗抹和沐浴

由於氫氣的擴散能力非常強，氫氣沐浴可以作為經過皮膚攝取氫氣的手段，有學者曾經結合飲用和局部塗抹氫氣水治療皮膚炎症損傷，大部分在 1～2 周內獲得顯著的治療效果。除氫氣水局部使用外，身體局部攝取氣體的方法曾經用於 CO_2 的吸收。如果將身體局部甚至大部分密閉在氫氣環境中，依靠氫氣的巨大擴散能力，也可以作為一種使用氫氣的方法。不過目前這種方法尚未見報導。

3）氫氣注射

廣東中山大學中山醫學院黃國慶等對比了腹腔注射氫氣和氫氣鹽水對全腦缺血的治療效果。由於氫氣在水中的溶解度較低，直接注射氫氣可以獲得相當於同樣體積液體 60 倍以上的該氣體攝取量，因此理論上這種注射方法可以大大提高其利用率。注射氫氣的缺點是可能引起注射部位的氣腫或感染，因此這種方法的安全性和有效性尚需更多研究。

4）誘導腸道細菌產生氫氣

口服人體小腸不吸收的藥物和食物，由於小腸不吸收，這些成分被運輸到大腸，可以被大腸內細菌吸收。大腸內有許多可以產生氫氣的細菌，這些細菌利用這些能量物質製造大量氫氣。有學者曾經證明，口服阿卡波糖、化製澱粉、牛奶、薑黃素、乳果糖等可以促進體內氫氣的產生。另外可以促進大腸細菌產生氫氣的可能食物成分包括棉籽糖、乳糖、山梨糖醇、甘露醇、寡醣、可溶性纖維素等。誘導腸道細菌產生氫氣的方式產生的氫氣數量巨大，儘管有一部分氫氣可以被另外一些細菌，如甲烷細菌利用掉，但仍有許多被大腸黏膜吸收進入血液循環，並被運輸到其他器官發揮氫氣治療疾病的作用。這種手段已經有一些研究，但效果目前尚難以確定。

5）口服可以產生氫氣的藥物

金屬鎂曾經作為治療胃炎的藥物。金屬鎂經口服進入胃以後，在胃酸的作用下，迅速產生氫氣，這種方法是否可以達到利用氫氣治療疾病的目的，目前尚未有實驗證據。有人開發出一種氫負離子的產品，氫負離子，是指氫氣作為氧化劑，氧化某些金屬或非金屬的產物，如氫化鎂、氫化鈣和氫化矽等。這些金屬或非金屬氫化物，具有非常活潑的化學性質，很容易和水發生反應。在使用過程中，只要這種物質與水接觸，會迅速發生反應並釋放出大量氫氣。因此，氫負離子的本質作用應該是氫氣。他汀類藥物可以抑制甲烷菌，而甲烷菌可利用氫氣生產甲烷，即抑制細菌代謝氫氣，從而間接增加腸道內氫氣含量。因此，推測腸道中氫氣含量的增加是這類藥物產生心臟保護作用的原因之一。

6）電針和直流電

電針的本質是直流電，在使用電針時，機體組織會被電極電解，在電針的正極，會由於失去電子發生氧化反應，水被電解會產生一定的氧氣，而由於組織液的成分複雜，在電針的正極非常容易產生各種活性氧。因此在電針過程中，正極可能會發生一定的氧化損傷。而在陰極，氫離子接受電子變成氫原子，氫原子結合成氫氣被組織攝取。有研究表明，直流電或電針可以使組織內氫氣濃度升高。

電針療法是從中醫理論出發開發出的現代中醫治療方法，許多人也開展了電針治療疾病機制的研究。由於電針可以造成組織內氫氣的濃度增加，不得不考慮氫氣在電針治療中

的作用。許多研究表明,電針具有抗氧化和抗炎症作用,這恰好是氫氣被反覆證明的生物學效應。如果能證明電針治療疾病的作用是通過氫氣實現的,不僅對氫氣的研究有價值,而後對研究電針治療疾病的機制也提供了一種非常有說服力的解釋。

8.4 氫核融合

大自然自己創造了核融合。宇宙大爆炸的1億年以後,由無數的原始氫雲形成了巨大的氣態球體,氣態球體超高密度氫氣和超高溫度的核心,導致第1次核融合反應的發生,由此產生了第1顆恆星。此後一直到今天,仍然有幾十億的恆星不斷地誕生。在可觀測的宇宙範圍內,核融合是物質的最主要形態。以我們所在的太陽系為例,太陽系質量的99.86%都集中在太陽,並且都正處於核融合的狀態。

8.4.1 氫核融合的原理

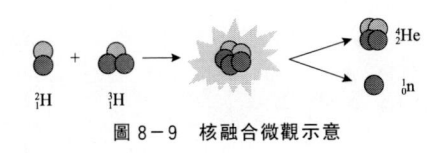

核融合是指由質量輕的原子(主要是指氫的同位素氘和氚)在超高溫條件下,發生原子核互相聚合作用,生成較重的原子核(氦),並釋放出巨大的能量,如圖8-9所示。1kg氘全部聚變釋放的能量相當於11000t煤炭燃燒釋放的能量。其實,利用輕核融合原理,人類早已實現了氘氚核融合——氫彈爆炸,但氫彈是不可控制的爆炸性核融合,瞬間能量釋放只能給人類帶來災難。如果能讓核融合反應按照人們的需求,長期持續釋放,才能使核融合發電,實現核融合能的和平利用。因此,後續小節主要圍繞受控核融合裝置展開。

圖8-9 核融合微觀示意

8.4.2 氫核融合的設備

核融合電漿體溫度極高,達到1億℃以上,任何容器都無法承受如此高溫,必須採用特殊的方法將高溫電漿體約束住。由於電漿體是帶電粒子,而帶電粒子在磁場中運動時將受到勞侖茲力的作用。這樣,科學家可以利用磁場和帶電粒子的相互作用來控制和約束電漿體。現在實驗室使用人工方法——慣性約束和磁性約束來約束高溫電漿體。而太陽靠其引力約束電漿體維持核融合。

磁性約束就是利用磁場將高溫電漿體約束在一定的區域,慣性約束則是用雷射束或電子束、離子束作用於尺寸極小的聚變材料靶,使之在極短的時間內達到高溫和高密度,發生核融合。

根據上面的原理,科學家研製出各種各樣的設備來研究核融合,如圖8-10所示。

氫能概論

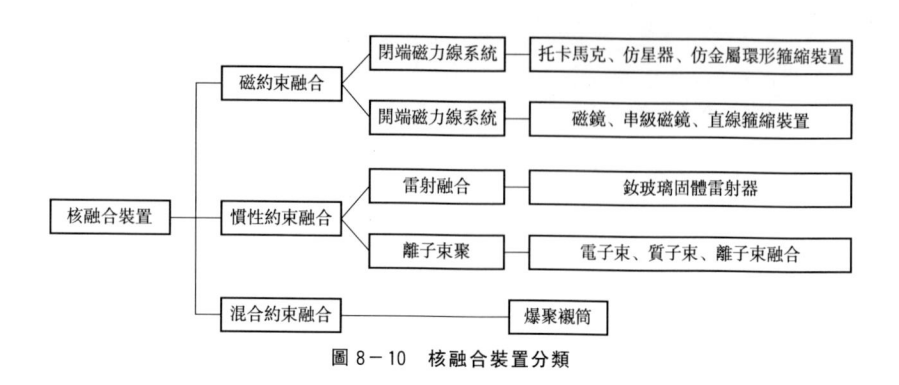

```
                            ┌─ 閉端磁力線系統 ──── 托卡馬克、仿星器、仿金屬環形籬縮裝置
              ┌─ 磁約束融合 ─┤
              │             └─ 開端磁力線系統 ──── 磁鏡、串級磁鏡、直線籬縮裝置
              │
核融合裝置 ───┤             ┌─ 雷射融合 ──────── 釹玻璃固體雷射器
              ├─ 慣性約束融合┤
              │             └─ 離子束聚 ──────── 電子束、質子束、離子束融合
              │
              └─ 混合約束融合 ─────────────────── 爆聚襯筒
```

圖 8-10　核融合裝置分類

從圖 8-10 中可見，主要有磁約束核融合、慣性約束核融合及混合約束聚變 3 種方法。現分述如下：

(1) 磁約束核融合

磁約束聚變是利用一定位形的磁場來約束熱核電漿體。利用這一原理的裝置很多，其中最成功的是蘇聯科學家提出的托卡馬克裝置。

早在 1950 年代初，蘇聯著名物理學家塔姆曾提出用環形強磁場約束高溫電漿體的設想。托卡馬克這一名稱由莫斯科庫爾恰托夫研究所的前蘇聯物理學家阿奇莫維奇（Artisimovich, Lev Andreevich）命名，是俄文「環流磁真空室」的縮寫。

托卡馬克的原理如圖 8-11 所示。容納高溫電漿體的環形容器圍繞著變壓器的鐵心，當變壓器初級輸入強電流脈衝時，電漿體（氘和氚混合氣體，並先使其電離形成電漿體）中就感應出強的電流（軸向），這電流一方面加熱電漿體（電漿體有電阻，類似電熱器，因此叫做歐姆加熱），另一方面又形成一環繞電漿體的角向磁場。另外，在電漿體的環形容器周圍再布置許多線圈（叫做環形線圈），通以電流後將產生一個沿著電漿體容器軸向的封閉磁場，即環形磁場。角向場和環形場疊加就形成了一個以螺旋形狀繞著電漿體的閉合磁場。這個閉合磁場能夠把高溫電漿體很好地約束起來，這就是托卡馬克的磁瓶。圖 8-12 所示為中國 HT-7U 托卡馬克結構。

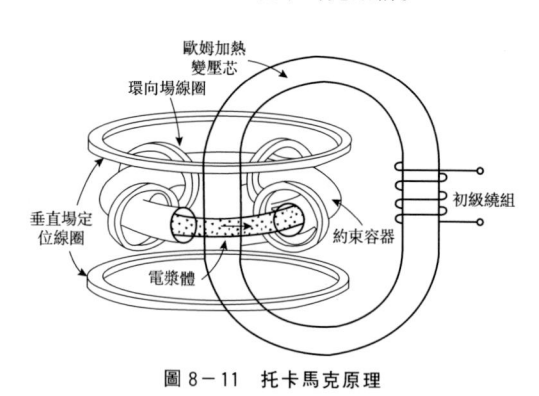

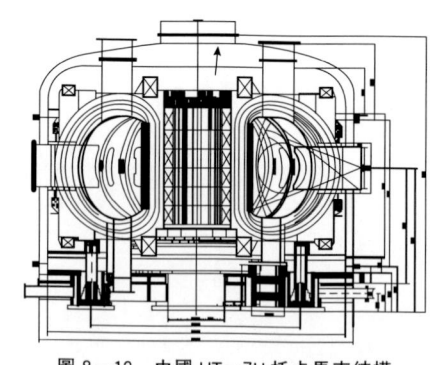

圖 8-11　托卡馬克原理

圖 8-12　中國 HT-7U 托卡馬克結構

利用磁場原理研究受控熱核反應的另一類裝置是「磁鏡」。簡單的磁鏡裝置是一個直的圓柱形電漿體容器，如圖 8－13 所示。約束電漿體的磁場是由螺線管產生的，磁力線是敞開的。其中心部分磁場強度較低；兩端磁場的磁力線密集在一起，形成了一個磁力線瓶頸口。運行時，兩端的磁場峰將帶電粒子限制在中心部分的磁場中。簡單的磁鏡裝置並不理想，電漿體還是有可能從終端洩漏。人們將其改進為串級磁鏡。

在串級磁鏡的中部，利用環形線圈產生的軸向磁場約束電漿體；在兩端各有一個扼制場磁體。電漿體中的離子由於扼制磁體產生的磁場峰而被捕集、約束在中部容器內。實際上同簡單磁鏡裝置一樣，是由磁場瓶頸處反射回來的，瓶頸起類似鏡子的作用。從鏡子漏出去的離子容易在陰陽磁體內的靜電勢的峰值處反跳回來。電漿體中的電子在過渡區靜電勢凹谷處被排斥回來。這樣，用兩端增加的輔助裝置，改善了串級磁鏡約束電漿體的條件。目前美國利佛摩實驗室的串級磁鏡裝置（簡稱 TMX－U）取得了較好的結果。

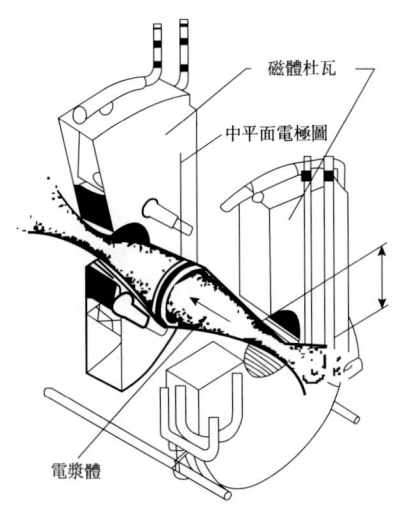

圖 8－13 單極磁鏡裝置示意

(2) 慣性約束核融合

與磁約束聚變不同，慣性約束聚變利用外力如雷射把輕核融合燃料製成的小球極快地壓縮到高密度和高溫，使其釋放巨大的熱核融合能。輕核燃料小球不能大，不然需要的外力太大，無法滿足；另外，大的輕核燃料球一旦發生聚變，相當於 1 顆氫彈。一般燃料小球半徑約 1mm，內裝輕核燃料約 10^{-3}g。慣性約束聚變要求輸入的能量並不大，估計不超過 $0.28\sim2.8$kW・h，相當於 $0.28\sim2.8$ 度電。但是能量傳遞時間極其短暫，要求在 10^{-9}s 內將這些能量送到小球上，則功率相當於 $10^{15}\sim10^{16}$W 水準，而美國目前國內所有電廠整體發電能力也不過 10^{12}W，還相差 1000 倍。可見，實現慣性約束核融合也非容易的事。這裡用的外力，主要是高能雷射或高能粒子束，因此，雷射聚變和粒子束聚變是慣性約束聚變研究中的主要內容。

① 雷射聚變裝置。雷射聚變裝置也有各種各樣的類型，如鈦玻璃固體雷射器，波長為 $1.06\mu m$；另一種是 CO_2 氣體雷射器，波長 $10.6\mu m$。許多研究表明：對於聚變來說短波長雷射是顯著有利的。現在基本不用 CO_2 氣體雷射器研究核融合了。研究還發現直接用雷射轟擊燃料球，它的吸收率不高，只有 20%～40%。而先將雷射束變為 X 射線，再用 X 射線轟擊燃料球，則燃料球的吸收率可達到 40%～75%。這種方式稱為間接驅動。

② 粒子束聚變裝置。粒子束聚變裝置主要是各種加速器。粒子束聚變有電子束、質子束、離子束聚變等。以離子束聚變為例，一種是輕離子束（從質子到碳離子，目前多用質子束、氘束或鋰離子束）用來產生高能（1～10MeV）離子束。另一種是重離子束（從氙到鈾離子）。重離子束用的加速器類似於高能物理或核物理研究用的大型加速器，如射頻或直

・165・

線感應加速器和儲存環等。重離子束能量要求達到 $10\times10^9\mathrm{eV}$。粒子束聚變要求注入能量的量級為 $20\mathrm{MJ/g}$。輕離子束加速器造價較便宜，因此在其上已經開展了不少實驗研究。重離子加速器造價昂貴，實驗工作很少，主要是理論工作。

(3)混合約束聚變

目前採用慣性約束和磁約束混合的裝置，叫做「爆聚襯筒」，這是集合慣性約束和磁約束特點的裝置。其基本結構是：將脈衝大電流通入一薄的金屬圓筒殼(或液體金屬，或金屬絲陣列，或預先形成的電漿體)，其初始半徑約 $0.2\mathrm{m}$，厚 $3\mathrm{mm}$，高 $0.2\mathrm{m}$。脈衝電流本身產生的磁場使襯筒(上述圓筒殼)以高速(約 $10^4\mathrm{m/s}$)爆聚，並壓縮襯筒內預先注入的低密度電漿體(溫度約 $0.5\mathrm{keV}$，密度為 $10^{18}/\mathrm{cm}^3$，氘氚電漿體)。襯筒爆聚為 $20\sim40\mu\mathrm{s}$，對其中電漿體進行絕熱壓縮，使其升溫到熱核燃燒的溫度。在爆聚和以後熱核燃燒的過程中，燃料受到金屬襯筒和兩端堵塞壁的慣性約束。加入的磁場起絕緣層的作用，阻止徑向和軸向的熱傳導。爆聚襯筒方案也存在一些問題，如爆聚過程中流體力學不穩定性，襯筒與電源輸入的匹配問題及每次實驗後襯筒和導線必須更換等。這些問題都尚待研究解決。

8.4.3 托卡馬克裝置實例

中國環流器二號 M(HL－2M)托卡馬克裝置，採用先進的結構與控制方式，其電漿體電流能力從中國現有的 1MA 提升到 2.5MA 以上，將大幅提升裝置運行能力，開展面向 ITER 乃至未來聚變堆的電漿體科學技術問題的研究。本節主要對中國環流器二號進行系統介紹。

(1)裝置主機

裝置主機主要包括主機部件、主機輔助系統及主機輔助工程，如廠房、封鎖、基礎等。主機是 HL－2M 裝置的核心，主機的設計原則是確保裝置的使命、設計原則和工程目標的實現。因此儘量具有高的電漿體參數運行能力，再依照結構緊湊、運行靈活、位形多變、工程可行的要求，確定裝置結構，即極向場(PF)線圈位於環向場(TF)線圈內。再經過反覆疊代，順序確定裝置的支撐和穩定系統；基本參數和尺寸鏈；線圈和真空室的工程參數和結構；運行和控制；系統之間的相互關係。上述基本元素得到確認後，進入工程設計。最終 HL－2M 裝置主機的主要參數見表 8－1，為確保設計目標，工程設計時對部件的力、電和熱載荷校核預留了裕度，反映裝置的幅值運行潛能。主機的設計結構見圖 8－14。

表 8－1　HL－2A 和 HL－2M 的參數對比

裝置	HL－2A	HL－2M
大半徑/(R/m)	1.65	1.78
小半徑/(a/m)	0.4	0.65
環徑比/A	4.1	2.8
伏秒數/Vs	5	>14
電漿體電流/($I_p/\mu\mathrm{A}$)	0.45	2.5(3)
環向磁場/(B_t/T)	2.8	2.2T(3)

續表

裝置	HL－2A	HL－2M
三角形變	<5(DN)	>0.5
拉長比	<3(DN)	2
偏濾器零點	SN	Flexible

注：括號中的參數是工程設計校核值。

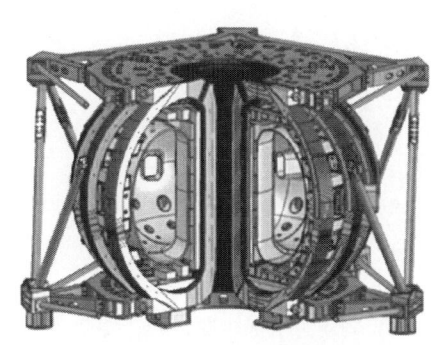

圖8－14 HL－2M裝置設計結構

（2）主機部件

HL－2M裝置的主機各部件見圖8－15，主要部件包括線圈、真空室和支撐結構。線圈是重要部件，分為TF、PF和CS線圈。

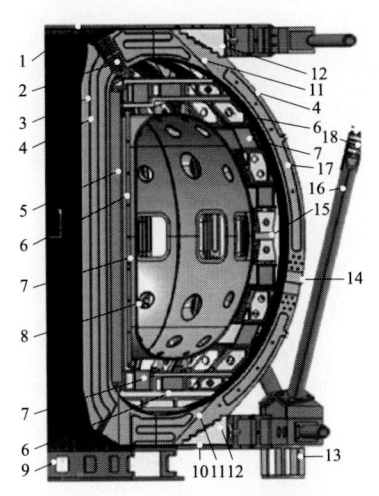

圖8－15 HL－2M裝置電漿體截面圖

1/10－上/下板；2－TF線圈指形接頭；3－TF線圈（內段）；4－TF線圈水冷管；
5－CS線圈；6－上下拉緊螺桿；7－PF線圈；8－真空室；9－重力支撐環；
11－TF線圈斜面連接；12－TF線圈液壓預緊；13－基礎連接；14－TF線圈匝間連接；
15－真空室支撐；16－防扭斜拉梁；17－TF線圈（外段）；18－斜拉梁長度調節

· 167 ·

1) TF 線圈

PF 線圈放置在 TF 線圈之內，可拆卸。各 PF 線圈和真空室各自作為整體吊裝後，再最終連接 TF 線圈。由於 TF 線圈的電磁和力學載荷極大，其設計製造難度大大增加。TF 線圈的製造、連接、安裝和支撐成為工程難點。較高的 I_p 需要較高的環向磁場 B_t，TF 線圈總電流達到 20MA 以上。還需結構確保電漿體可近、方便開展實驗，儘量降低拆卸接頭數量和 TF 紋波。最終 TF 線圈分為 20 餅，每餅 7 匝，合計 140 匝。單匝線圈電流為 140kA 時，在電漿體中心 B_t 為 2.2T，中平面弱場側的 TF 紋波為 0.67％。單匝 TF 線圈由內直段(內段)、上橫段(上段)和外弧段(外段)3 段銅板組成。

捆紮成中心柱。中心柱上繞製中心螺線管(CS)線圈，整體成為中心柱組件。中心柱組件所攜帶的中平面和中心軸成為所有部件安裝的基準。TF 線圈電流大、力學載荷大。外段的上下端分別連接上段和內段(斜面連接)，斜面連接處實施液壓水準向心預緊抵抗平面內力。採用精密指形接頭結構，經精密機械加工對上段實施特別力學保護，這是設計、加工和運行的難點。

外段銅板經加工實現匝間跳接，設置一電流迴線。每餅外段的 8 個銅板斷面採用絕緣螺桿緊拉固定以加強剛度，防止側向力引起匝間錯動。安裝順序為：上段、外段、餅間跳線。TF 線圈安裝後立即進行接觸電阻測量。運行時採用慣性水冷卻帶走焦耳熱。TF 線圈的運行時間主要決定於儲能能力及焦耳熱，進而決定裝置的放電時間，降低參數可實現數十秒的電漿體放電。

2) PF 和 CS 線圈

PF 和 CS 線圈位於真空室和 TF 線圈之間，可產生垂直拉長比為 2、三角形變係數大於 0.5 的常規單、雙零和孔欄位形，並具有建立其他平衡位形的能力，如反三角形變、雪花偏濾器等。PF 線圈由 8 對上下對稱共計 16 個線圈組成。PF7 線圈採用斜截面更貼近電漿體，匹配真空室和 TF 線圈之間的縫隙。PF 線圈距離電漿體近，自身耗能降低，自感較小更容易對其電流實施快速控制，且由於在電漿體區產生的磁場定位性更好，有利於電漿體截面的形變，更好開展偏濾器和邊沿物理方面的科學研究。

電漿體擊穿時，所有線圈維持擊穿區零場。真空室環向電氣連通，環向渦流可被 PF 線圈有效補償。為實現靈活控制，所有線圈採用獨立電源。此外，上、下 PF7 線圈各另配一快速電源，CS 和 PF 線圈合計 19 套電源。

CS 線圈繞製在 TF 線圈中心柱組件上，CS 線圈大電流少匝數，再採用 2 組銅導體並繞、並聯運行，進一步降低其自感，增加電流的可控性。CS 線圈每組內外 2 層共 48 匝，各自載流最大 110kA，並聯電流最大 220kA 時產生極向磁通 4.8Wb，正負電流變化可提供 9.6Vs 的伏秒驅動。放電時 PF1-8 也提供伏秒，使總伏秒大於 14Vs。

運行時 PF 線圈的引線穿過 B_t，電磁力極大，因此引線結構需確保能精確定位後被支撐結構緊固。線圈匝數多者水迴路長，因此除線圈端頭外需另布水冷迴路的引入/引出口。PF1-4 線圈半徑小、尺寸相對較小，該 8 個線圈整體纏繞固化為一桶形線圈體，安裝時整體套裝中心柱組件，再做精確支撐和固定。PF 線圈銅導體截面較大，繞製時所需驅動力較大且易為回彈形變；對誤差場要求極為苛刻，因此對銅導體的精確定位提出了極高要

求；繞製中的導體銲接需確保機械和電導性能及內外表面的光潔；PF線圈對電漿體實施控制，自身電流響應較快，線圈電壓較高，尤其是電漿體破裂時感應出較高電壓，因此PF線圈的絕緣要求較高。

為滿足導體的導電率、力學、傳熱性能，TF和PF線圈的導體材料均為銅合金。PF線圈的安匝由伏秒需要、I_p驅動和電漿體平衡確定，匝數則儘量兼顧電路解耦、同規格導體、電流密度和焦耳溫升等因素。電漿體實驗中，線圈的主要載荷是電氣載荷、垂直和徑向電磁力及焦耳熱引起的熱應力。

3）真空室

真空室是電漿體的運行空間，外界通過真空室研究、控制電漿體。在結構和平衡允許的情況下，容積應儘量大，以便容納內部件和電漿體。真空室窗口數量及其運行的靈活性，確保電漿體可近和裝置實驗、運行的靈活性。在此原則下，工程上需解決烘烤時的溫度分布和熱應力問題，以及實驗期間的熱、電磁、壓力等載荷，並同時承受內部件及其載荷。

HL－2M裝置的真空室採用高鎳合金材料，以增加電阻率和機械強度。真空室本體「D」形截面，最大高度3.02m，最大外直徑5.22m，體積約42m³，總重量約16t。雙曲面雙層金屬薄殼全銲接，每層5mm厚度，層間縫隙20mm，層間用加強筋板增加機械強度，同時兼顧層間的流體迴路特性。烘烤時，層間流體迴路通以熱氮氣，烘烤溫度達到300℃。真空室外表面包裹絕熱材料阻止對外換熱。放電實驗時層間流體迴路通水實施冷卻。

真空室共計20個環向扇段，為加工跨扇段的大窗口滿足NB束線的切向注入，20個扇段的結構和加工不再均勻對稱。扇段銲接成環，整體環向電阻約145μΩ。電漿體擊穿時，真空室壁上感應出環向渦流。真空室具有位置、形狀各不相同的窗口共計130個。真空室主要的載荷是電磁力、熱應力、大氣壓力和重力，內壁附著所有內部件，承受內部件的熱、電磁和重力載荷。真空室通過5個徑向耳軸支撐在中平面位置，耳軸置於PF線圈支撐，允許真空室的徑向位移。耳軸銲接至基座，基座再和真空室銲接。

HL－2M真空室真空運行在10^{-4}～10^{-6}Pa範圍內，屬超高真空容器。該真空室製造難度較高，如材料、成形、銲接量、銲接難度、銲接形變、殘餘應力、精密加工等。真空室全銲接，夾層、窗口、支撐、流體迴路及其出入口等之間的結構各不相同，加之扇段結構的不對稱均勻，使得銲接類型多、銲接量特別大，且夾層也是真空運行，真空要求特別高。真空室運抵現場後，進行尺寸檢測、真空檢漏，再外敷絕熱層以利烘烤，然後實施整體吊裝。

真空室位置是電漿體運行的基準，因此對其加工尺寸要求十分嚴格，對合金金屬薄殼全銲接的結構件，具有極大挑戰；此外對安裝就位精度要求極高。真空室吊裝後，將裝置的工程基準遷移到真空室內部，方便內部件及電漿體加熱、診斷、控制等設備的定位。真空室就位後，內表面銲接螺柱用以支撐內部件。

4）支撐結構

支撐結構用以支撐裝置整體及各部件的電磁力、重力，降低熱應力。部件載荷各不相同，需逐一分析開展結構設計。HL－2M裝置的支撐系統分為重力支撐、PF線圈支撐和

防扭支撐 3 個部分。裝置水泥基座上澆築內 4 外 5 共 9 根水泥支撐柱。內側 4 根水泥柱固定連接不鏽鋼圓環的重力支撐件，上敷絕緣後放置中心柱組件。外側 5 根水泥支撐柱允許一定水準位移以傳遞 TF 線圈的扭力。基座和支撐柱的水平抗剪強度消化地震載荷。PF 線圈支撐結構是多維的剛性支架，真空室和 PF 線圈均支撐在該支架上。大環內側 PF1－4 線圈和 CS 線圈之間用 40 根高強度的長螺桿拉緊成為支架的中心部分。支架承受不同位置的 PF 線圈和真空室的巨大的垂直電磁力，支架的垂向剛度和環向抗拉剛度予以確保。PF 線圈焦耳熱和徑向電磁力的作用都驅使其半徑增加，因此實施限位，使其徑向滑動後回復原位。真空室、PF 線圈及其支撐的淨重力通過 TF 線圈餅間縫隙傳遞到重力支撐環。

TF 線圈承受的側向力使每匝(每餅)線圈有沿中平面發生傾覆的趨勢。設置防傾覆結構，由上下水平支撐板以及兩板之間的斜拉鋼梁組成，見圖 8－16。每餅 TF 線圈的側向位移剛性傳遞到上下水平板，水平板用斜拉梁連接，將傾覆力變為防傾覆結構內力。上下水平板具有較強的環向和徑向剛性，液壓機構一端作用在每餅 TF 線圈外段的端頭，另一端作用在水平板上。TF 線圈垂向剛度較大，垂直方向無支撐預緊。

圖 8－16　HL－2M 裝置的現場安裝

習題

1. 調研氫氣在半導體材料表面改性領域的應用。

2. 分析題：調研氫氣還原鐵氧化物過程中的主要影響因素，並分析各因素對氫氣還原鐵氧化物的影響規律。

3. 簡述氫氣煉鐵的優勢與難點。

4. 分析題：調研目前富氫飲用水生產廠商及其包裝，分析不同包裝材料對氫洩漏的阻礙機制及效果。

5. 什麼是核融合？

6. 什麼是可控核融合？

7. 人造太陽指的什麼裝置？

8. 簡述 HL－2M 裝置的主機的設計過程？

9. TF、PF 和 CS 線圈分別指什麼？

10. 真空室的作用是什麼？
11. 調研 EAST 托卡馬克製冷系統的製冷劑是什麼物質。
12. 調研人造太陽最新研究進展。
13. 在核融合裝置種類圖中選擇一種本章未詳細介紹的氫核融合裝置，對該裝置相關原理、結構及應用進行調研，並撰寫調研報告。
14. 太陽發生的核融合為什麼沒有炸毀地球？
15. 分析冷屏系統的作用。
16. 外真空杜瓦為超導托卡馬克主機的內部件提供了什麼環境？
17. 超導托卡馬克主機的地面支撐起到什麼作用？
18. 相同當量情況下，氫彈的威力是原子彈的幾倍？

氫能概論

第 9 章　氫能安全與風險管理

不論是製氫、儲氫、輸氫或用氫，也不論是氣氫、液氫或固體金屬氫化物，人們在接觸、使用過程中都不免碰到氫的安全問題。氫的安全性與氫本身特有的危險質量、外界的使用環境和使用方法、氫能系統的結構及材料等因素有關，此外，它還與使用人員對氫的規律認識等因素有關。

氫氣在空氣中具有較寬的燃燒範圍，最小點火能極低，且氫氣具有易洩漏和易擴散等性質，容易使金屬材料產生氫脆。因而，氫能利用中的各個環節存在較大的火災、爆炸及材料氫脆失效等風險。

早期氫氣主要用於工業原料，並按照危險化學品進行管理，對氫氣生產的地點、規模、氫氣的輸運和使用都有嚴格的管理要求。

目前，氫氣在能源領域得到快速的推廣應用，出現越來越多的氫能示範和商用，氫氣已成為能源的新品種。比如，中國統計局宣布從 2020 年起單獨統計中國的氫氣產量，標準普爾全球普氏能源資訊(S&P Global Platts)宣布發布全球第 1 個氫價評估產品，這表明和石油、天然氣一樣，氫氣在國際上已經享受大宗能源商品的待遇。

本章將對氫的危險性進行分析，簡要介紹氫能利用的安全風險及預防，羅列各國關於氫安全的相關標準，並對氫事故應急預案進行簡要介紹。

9.1　氫的危險性分析

9.1.1　氫的危險性

氫通常的單質形態是無色無味的、最輕的氣體，氫氣在空氣中容易點燃，但由於氫氣很輕，其洩漏時往往擴散很快，通風環境下一般不發生爆炸，在密閉空間中，氫氣在氧氣或空氣中點火時，可以燃燒甚至會有爆炸的風險。由於氫分子最小最輕、氫氣易燃易爆的特性，避免氫氣洩漏是行之有效的氫安全防護措施。氫的常見安全風險和事故原因可以歸納為以下幾個方面：

①未察覺的洩漏；

②閥門故障或閥門漏泄；

③安全爆破閥失靈；

④放氣和排空系統事故；

⑤氫箱和管道破裂；

⑥材料損壞；

⑦置換不良、空氣或氧氣等雜質殘留於系統中；

⑧氫氣排放速率過高；

⑨管路接頭或波紋管損壞；

⑩氫輸運過程中發生撞車和翻車等事故。

以上這些風險因素和事故誘因一般與著火補充條件相結合才能釀成災禍。這2個條件是：第一，存在點火源；第二，氫氣與空氣或氧氣的混合物處於當時、當地的著火和爆炸極限。實際上，通過嚴格的管理和認真執行安全操作規程，絕大部分的事故都可以消除。結合氫的特性，其安全與否可從物理危險性、化學危險性和健康危險性3個角度進行分析。

(1) 物理危險性

由於氫的原子半徑小，加速了向金屬材料中的滲透，造成臨氫或富氫設備發生氫脆及氫損傷，同時，氫在低溫下儲存也會引起設備的低應力破壞，這些因素均會引起臨氫或富氫設備的物理危害。

1) 氫脆

氫脆是金屬因暴露於氫而變脆並產生微小裂紋的過程，呈現沿晶斷裂的斷口形貌(圖9-1所示為氫脆沿晶脆性斷口形貌，圖9-2所示為低熔點脆性沿晶斷口形貌)，一般而言，氫脆發生的週期較長，是臨氫或富氫設備長期工作在氫的氛圍中，而使金屬或非金屬材料的機械性能退化和失效，導致洩漏和爆炸，並對周圍環境造成危害。氫脆引起的爆炸大多數是由設備因氫脆破裂後，洩漏的氫氣在非開放空間被點燃而引起。因此，從安全角度出發，臨氫或富氫設備及管道在設計、維修和改造中均需給予充分考慮，避免出現上述問題。

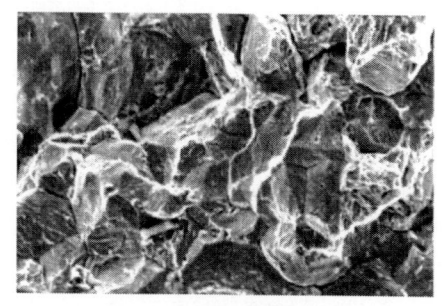

圖9-1 氫脆沿晶斷口形貌

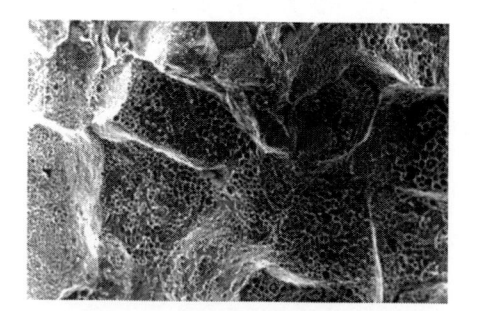

圖9-2 低熔點脆性沿晶斷口形貌

儘管氫脆機理在學術界尚未形成統一的認識，但氫的濃度、純度、工作壓力和環境溫度、材料的應力狀態、物理機械性能、微觀結構、表面條件和材料裂紋尖端的性質等諸多因素都會影響氫脆速率。

2）低溫脆化和熱收縮

低溫下由於晶體結構會發生相變，從而導致材料的機械和彈性性能發生變化，還可能出現材料性能由韌性到脆性的轉變，在極低溫區還會出現非常規塑性變形。在盛裝液氫設備的選材上，要充分考慮材料的低溫脆化和熱收縮性能。

材料的低溫脆化是指在較低的溫度下，特別是在極低溫區，材料由韌性變為脆性的現象。這種變化可使儲氫容器或管道在低溫下發生脆性斷裂而導致事故發生。圖9-3所示為幾種金屬材料在不同溫度下的夏比衝擊功，9%鎳鋼的延展性隨著溫度的降低逐漸喪失，201不鏽鋼在280K（7℃）以下、C1020碳鋼在120K（-153℃）以下逐步脆化，說明這些材料不適合液氫環境。儘管2024-T4鋁合金在低溫下的塑性變化不大，但其強度較低，因此作為儲氫材料仍然不能滿足要求，304不鏽鋼的夏比衝擊功隨著溫度的降低而增加，這表明它是一種適合建造液化儲氫容器和管道的材料。

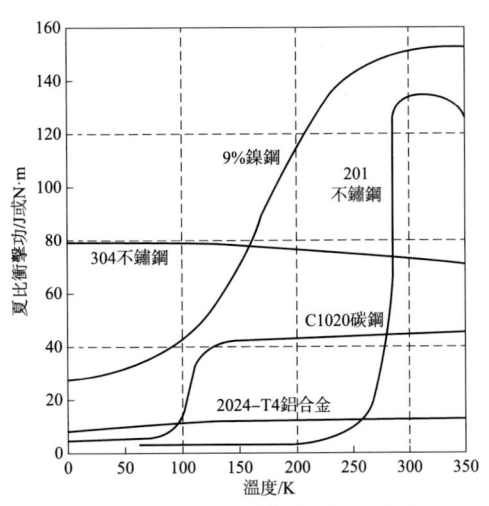

圖9-3 不同材料隨溫度變化的夏比衝擊功

此外，在低溫下使用，應考慮不同材料的熱收縮量不同，材料在溫度變化時會產生熱脹冷縮的特性，不同的結構材料具有不同的熱收縮係數，設計時應給予充分考慮，否則可能會出現因熱收縮量不同而引發的洩漏事故。一般來說，大多數金屬從室溫到接近氫液化溫度（-252.8℃）的收縮率小於1%，而大多數普通結構塑膠的收縮率為1%～2.5%。

(2) 化學危險性

化學危險性與氫的特點緊密相關，大氣壓力下空氣中點火的氣態氫的最小能量約為0.017mJ，空氣中燃燒範圍為體積分數的4%～75%，空氣中爆轟範圍為體積分數的18.3%～59%，空氣中火焰溫度可達到2045℃，空氣中最容易點燃的體積分數為29%[①]。氫的點火能量低，使得逸出的氫氣很容易被點燃，一般撞擊、摩擦、不同電位之間的放電、各種引爆藥物的引燃、明火、熱氣流、煙、雷電感應、電磁輻射等都可點燃氫與空氣混合物。氫氣（作為燃料）要著火，需要與空氣（氧氣作為氧化劑）混合，並且混合物必須在可燃極限內，因此，技術層面上避免氫氣洩漏，並嚴格控制點火源存在是防止氫發生燃燒、爆炸引發高溫灼燙和衝擊波峰值超壓損傷等化學危害的重要舉措。

1）高溫灼燙

氫氣在空氣中的燃點為585℃，與空氣混合可燃範圍非常廣，氫氣與空氣、氧氣或其

---

① 數據來自《中國工業氣體大全》。

他氧化劑混合物的可燃極限取決於點火能量、溫度、壓力、氧化劑等環境因素，以及設備、設施或裝置的尺寸等空間特徵。氫氣燃燒的條件必須滿足燃燒三要素，即氫氣、氧化劑、點火源。氫氣排出多少就燃燒多少，不會爆燃，就像燃氣灶燃燒燃氣一樣。在101.3kPa和環境溫度下，氫氣在乾燥空氣中向上傳播的可燃極限為4%～75%。在101.3kPa和環境溫度下，氫氣在氧氣中向上傳播的可燃極限為4.1%～94%。當壓力降低到101.3kPa以下時，可燃極限範圍會明顯縮小。氫氣燃燒的主要因素是點火源的存在，為保證安全，含有氫氣系統的建築物或密閉空間內要消除或安全隔離如明火、電氣設備或加熱設備等，在氫氣系統設備運行和操作過程中也應確保不能出現不可預見的點火源。

氫燃燒火焰的高溫輻射熱被人體吸收所造成的身體傷害稱為高溫灼燙，由於氫燃燒時不含碳，且燃燒產物水蒸氣吸熱，因此與烴類火焰相比，氫火焰的輻射熱要小得多。輻射熱與燃燒時間、燃燒速率、燃燒熱、燃燒表面積等諸多因素成正比。氫燃燒引發高溫灼燙的主要原因是氫氣火焰在白天幾乎看不見，致使受害者猝不及防。相對而言，氫燃燒火災持續燃燒時間短，使得造成的損失比當量烴類燃燒火災引發的損失小，主要原因是氫的火焰蔓延速度快，從而導致燃燒速率高，此外，氫的浮升速度大，如果是液氫，液氫蒸氣的產生率高也會縮短燃燒時間，研究表明，當量氫燃燒的持續時間只是烴類燃燒持續時間的1/10～1/5。

燃燒所造成的高溫灼燙程度取決於灼傷位置、深度及體表面積。不同深度高溫灼燙創面的臨床特點不同，一般分為3個等級：一度灼傷達表皮角質層，紅腫熱痛，感覺過敏；二度灼傷達真皮淺層，劇痛，感覺過敏，有水泡；三度灼傷達皮膚全層，甚至傷及皮下組織、肌肉和骨骼，痛覺消失，無彈力，皮膚堅硬如皮革樣，蠟白焦黃或炭化。

2) 衝擊波峰值超壓損傷

通常所說氫氣的爆炸是爆燃、爆轟的合併現象。氫氣爆燃是指氫氣混合物在一定條件下以極高速度燃燒，瞬間放出大量能量，同時產生巨大聲響的現象。以亞音速傳播的燃燒波，其速度低於衝擊波，破壞力巨大。發生爆燃的條件是首先滿足濃度，然後達到點燃條件。在一定條件下，爆燃將向爆轟轉變，氫氣的爆轟是爆燃的進一步擴大。爆轟發生的條件是氫氣的量要比爆燃時充足，其次環境應使衝擊波有反射的條件，在恆定體積內產生爆轟壓力可猛增20倍，如氫氣系統中運行的某些玻璃監測儀器往往在爆轟中炸得粉碎。綜上，氫氣與空氣或氧氣的混合物是十分危險的，在一定的密閉狀態下更危險。在工程上，一般通過安裝氫氣探測警報器與排風扇來共同控制氫氣濃度，使其保持體積濃度在4%的可燃下限以下。

氫氣爆轟是一種氫氣與助燃氣體混合物比氫氣爆燃更強烈燃燒的現象。特徵是火焰傳播速率超過衝擊波速度(燃燒系統中的音速)，並在未反應介質中以超音速傳播的過程，火焰傳播速率最高可達到2000m/s，最大壓強建壓時間為2～7ms，爆轟波兩側的壓強比為20，當爆轟衝擊波撞擊障礙物時，障礙物受到的壓強比會增大2～3倍，當爆燃轉化為爆

轟時，局部地區的壓強可達到起始壓強的 300 倍。爆轟是化學反應區與誘導激波①耦合，誘導激波加熱、壓縮並引發化學反應，化學反應釋放的能量支持誘導激波並推動其在反應氣體中傳播，所以爆轟具有很大的破壞力。

在高壓液氫儲存時遇到的爆炸現象是沸騰液體膨脹蒸氣爆炸，典型的誘導原因是外部火焰燒烤液氫容器殼體，導致容器殼體失效而突然破裂。高壓液氫釋放到大氣中，迅速汽化並被點燃形成近乎球形的燃燒雲，即所謂的火球（見圖 9-4）。

衝擊波對人體的損傷分為直接損傷和間接損傷。直接損傷主要是壓力突然增加，會導致人體的肺部和耳朵等對壓力敏感的器官受損，人體受衝擊波的傷害程度取決於衝擊波峰特性和相對於衝擊波位置。間接損傷主要是爆炸事件產生的碎片、彈片和碎片對人體的衝擊、倒塌的結構或由於爆炸產生的衝力和隨後與堅硬表面的碰撞而導致的身體劇烈移動等。爆炸產生的衝擊波由於超壓和爆炸持續時間的組合而造成超壓傷害或死亡。

圖 9-4　氫氣爆炸形成的球形燃燒雲

(3) 健康危險性

健康危險性是指人暴露於火焰、輻射熱、極低溫度引起的傷害或死亡，如氫的積聚導致空氣中氧濃度下降，進而導致缺氧性窒息。直接接觸冷的氣態或液態氫會引起皮膚麻木和發白導致凍傷。液氫溫度較低，導熱係數較高，其危險性高於液氮，在氫氣與空氣混合物發生洩漏、著火或爆炸時，產生的化學危害也可能會使在場人員受到多種類型的傷害。

1) 窒息

氫是無毒的，不會造成人體急性或長期的生理危害。氫在生理學上是惰性氣體，僅在高濃度時，由於空氣中氧分壓降低才引起窒息，在很高的氫分壓下，氫氣可呈現麻醉作用。當空氣中由於氫氣的積聚使得氧氣的體積分數降至 19% 以下時，則存在缺氧性窒息危險。如發生缺氧性窒息應及時將窒息人員移至良好的通風處，對於輕型人員採用通風輸氧，對於不能呼吸和心跳停止的人員需進行人工呼吸，並迅速就醫。

2) 體溫過低

在未採取適當的預防措施的前提下接觸大量液態氫洩漏可能導致體溫過低。體溫下降到 35℃ 以下即可定為體溫過低，下降到 32.2℃ 以下將危及生命。體溫過低，會導致機體代謝緩慢、精神狀態萎靡不振、懶言，身體會出現明顯的不舒服症狀。如果體溫過低，可能會引發器官功能性危險，如血液循環受到影響，危害臟器功能，甚至可能出現一些電解質紊亂、血流速度減慢、瘀血、栓塞等症狀危及生命。如果出現體溫過低的情況，應注意

---

① 激波：超音速氣流被壓縮時，一般不能像超音速氣流膨脹時那樣連續變化，而往往以突躍壓縮的形式實現，把氣流中產生的突躍式的壓縮波稱為激波。

保暖，建議給予適當的復溫，不要使體溫持續下降。同時，要多喝一些溫開水，可以有效地促進血液循環，改善各組織器官的供血情況。

3）低溫灼燙

低溫灼燙也稱凍傷，是由於接觸極冷的液體或容器表面造成的人體內細胞破壞而造成的組織損傷。一般採用雙壁、真空夾套、超絕緣容器等來儲存液氫等低溫和超低溫液體，設計時充分考慮內外壁洩漏的安全洩放，設計階段充分考慮避免凍傷的可能性。與高溫灼燙類似，按損傷的不同程度分為3個等級：一度凍傷傷及表皮層，又稱紅斑性凍傷，局部紅腫、充血，感覺熱癢、刺痛，症狀可自行消失，不留疤痕。二度凍傷傷及真皮，又稱水泡性凍傷，有紅腫，伴有水泡形成，皮膚可能變得凍結和堅硬，癒後可能會有輕度的疤痕。三度凍傷傷及皮膚全層，又稱壞死性凍傷，有時可以達皮下組織、肌肉、骨骼，甚至整個肢體壞死等。治癒後可能會有功能障礙或者殘疾等。

9.1.2　典型氫事故案例

(1) 氫燃料「興登堡號」飛艇焚毀事件

氫的安全事故中最引人注目的可追溯到1937年德國齊柏林「興登堡號」焚毀事件（見圖9-5）。1931年，編號為LZ-129的飛艇由德國齊柏林公司設計建造，是一艘德國早期的大型載客硬式飛艇，「興登堡號」飛艇全長244.75m，最大直徑41.4m，艇體內部的16個巨型氫氣囊，全重110t，載重19t，最大時速135km。也是迄今為止人類歷史上最長、體積最大的飛行器。1936年3月4日，「興登堡號」飛艇正式開始客運業務，主要用來載客、貨運及郵件服務。

圖 9-5　「興登堡號」飛艇爆炸起火

1937年5月6日下午7點25分左右，充滿氫氣的「興登堡號」飛艇在紐澤西州萊克赫斯特著陸過程中，在距離地面約300英尺的空中起火燃燒。從尾部開始燃燒的「興登堡號」飛艇，尾部發生了2次爆炸，在美國紐澤西州萊克赫斯特海軍基地300英尺的上空降落時僅用34s火勢就橫掃了整個飛船，造成36人遇難。

美國探索頻道的《流言終結者》通過實驗，得出一個結論：「興登堡號」飛艇的起火失事與其表面的鋁熱劑塗層有一定的關係，它是氧化鐵外加防潮功能的醋酸纖維製造而成的，這種高度易燃的混合物幾乎等同於火箭的燃料，覆蓋在醋酸纖維上的漆料是靠鋁粉硬化的，而鋁粉也是高度易燃的物質，內部填充的氫氣是此次失事事件的罪魁禍首。美國探索

頻道一期節目分析此次失事事件的另一個可能性：由於「興登堡號」飛艇晚到，艇長急於降落，在錯過降低時機後大幅度轉向，導致結構破壞，一根固定鋼纜斷裂劃破氣囊，氫氣外洩，然後因為靜電火花引燃了氫氣導致的事故。「興登堡號」飛艇的焚毀是人類航空史上的一大悲劇，它結束了飛艇作為載人工具進行洲際飛行的歷史，氫氣之後不再用於載客飛船，之後的飛船氣囊填充被氦氣取代。

(2)太陽能製氫裝置測試中氫氣罐爆炸

近幾年，隨著氫的大規模發展，在製氫、儲氫、輸氫、用氫的整個產業鏈中氫氣引發的事故各國也頻有報導，2019年5月23日傍晚18:20韓國江原道江陵市大田洞科技園區，一家利用太陽能製氫的創新型中小企業，正在進行氫氣生產和使用等測試。工人對容量為400L的氫氣罐進行測試，不料氫氣罐發生爆炸（見圖9-6），事故造成2人死亡6人受傷，工廠3棟樓破損，附近1處建築物倒塌，鋼筋嚴重彎曲。爆炸聲傳播至8km之外，不僅是工業園區，附近的商店也成了一片廢墟（見圖9-7），該次事故是自21世紀以來全球多國發展氫燃料電池的進程中，首次發生在氫儲存過程中的大規模爆炸事故，同時也是韓國國內首次發生的涉及氫燃料的爆炸事故。雖然爆炸沒有引發火災等後續事故，但該事件向氫的業界敲響了警鐘，儲罐貫穿氫氣製、儲、運、用各個環節，必須引起高度重視。

圖9-6　氫氣罐爆炸　　　　　　　圖9-7　爆炸現場破損情況

(3)加氫站爆炸和起火

在氫的應用領域，加氫站起火和爆炸時有發生，2019年6月10日，挪威奧斯陸郊外桑維卡加氫站爆炸並起火（見圖9-8）。

圖9-8　加氫站爆炸並起火

所幸爆炸沒有產生直接傷亡，僅燒毀了加氫站背後黑色的柵欄設備，並觸發了附近汽車的安全氣囊導致 2 名人員被送往急診室。因為爆炸威力大，加氫站附近的 E16 和 E18 公路雙向封閉。爆炸的原因是高壓儲罐的一個特殊插頭的裝配錯誤，導致發生了氫氣洩漏，洩漏產生了氫氣和空氣的混合物，並被點燃爆炸。事故引發的問題回饋出應明確加氫站和加氫站合建站的標準規範，形成一套加氫、氫能及燃料電池安全運行和監控的機制。

(4) 公路運輸氫氣長管拖車爆燃

在氫的輸運領域，安全事故也不容忽視，2021 年 8 月 4 日 9 時 25 分，瀋陽經濟技術開發區一家企業內的氫氣長管拖車發生了爆燃（見圖 9－9）。幸虧瀋陽市消防救援支隊的官兵及時趕到，疏散附近居民並且及時展開現場處置，最終現場無人員傷亡。事故原因為氫氣罐車軟管破裂。

圖 9－9　氫氣罐車軟管破裂引發爆燃

(5) 氫燃料電池汽車燃燒

氫在燃料電池汽車領域的應用安全性備受爭議，甚至有人認為氫燃料電池汽車就是移動的炸彈，但實驗測得的結果大相逕庭，只要不是密閉空間，氫燃料電池汽車在露天發生交通事故碰撞的情況下，相比燃油車和純電動車發生爆炸的可能性更低，安全係數也相對更高。氫燃料電池汽車在車載儲氫罐上設有氫感測器和洩壓閥，氫感測器能夠檢測周圍氫氣含量，當氫氣發生洩漏時，感測器讀數偏高，這時如果是微量洩漏的話會警報，如果是大量洩漏，則會強制關閉儲氫罐閥門，使氫氣密封在儲氫罐內，車身周圍的碰撞感測器在檢測到碰撞時，同樣也會關閉儲氫罐閥門。

(a) 氫燃料電池汽車　　(b) 汽油車　　(c) 純電車

圖 9－10　汽車燃燒性能測試

韓國現代的 Nexo 車就做過一個試驗(Euro-NCAP)，用槍把儲氫罐打一個孔，著火之後火焰也是往天上噴，並沒有發生爆炸。汽油車因為汽油比空氣重，容易在空氣裡堆積，在發生燃燒後，會在車底形成一個大火球，直到把車燒光為止。純電車整車燒毀發出黑色濃煙(詳見圖 9-10)。所以在開放空間，氫燃料電池汽車的安全係數更高。

由此可見，氫就其本質而言，在合理利用的前提下是安全的，但氫氣引發的安全事故不可小覷，未來人類要想大規模用氫，必須在製、儲、運和用等環節掌握氫安全技術規範和安全技術要求，並嚴格遵守，才能讓「氫」更好地服務人類。

9.2 氫能利用的安全風險及預防

氫的狀態不同，風險性存在差異，安全防護也應按照氫的特性針對性提出，本節重點從氣態氫生產及使用中的安全風險、液態氫生產及使用中的安全風險、氫的安全處理及風險預防等方面來闡述氫能利用的安全風險及預防。

9.2.1 氣態氫利用中的安全風險

高壓氫氣可能發生的安全風險主要集中在受限空間內輸氫管道及容器洩漏、高壓氫氣的密封洩漏、明火及靜電積累、系統置換不徹底、通風不良或排空不當等問題。

(1)受限空間內輸氫管道及容器洩漏

氫與其他氣體相比，它不僅分子量最小，而且它的黏度也是最小的，而更小的黏度意味著各種氣體中氫更容易洩漏。氫氣和液氫輸送過程的洩漏往往是造成災禍的重要原因。不論是系統中氫的外漏或者是外部空氣經管道裂縫漏入系統，都會在封閉的容器內或容器的外部形成可燃的氣體混合物，從而潛伏著燃燒和爆炸的危險。為避免外部空氣混入系統，管道及容器內的輸氫壓力必須大於外界的大氣壓力。各類燃料中氫的黏度最小，最易洩漏，但氫還具有另外一種特性，即它極易擴散，氫的擴散係數比空氣大 3.8 倍，若將 2.25m³ 液氫傾瀉在開放空間的地面上，僅需經過 1min 之後，就能擴散成為不爆炸的安全混合物，所以微量的氫氣洩漏，可以在空氣中很快稀釋成安全的混合氣，這又是氫燃料一個大的優點，氫燃料洩漏後不能馬上消散才是最危險的。

(2)高壓氫氣密封洩漏

高壓氫氣瓶的密封洩漏是非常危險的，因為氫是一種非導電物質，在高壓氫氣洩漏時一定在漏隙處產生很高的流速，高速流動的氫氣，不可避免地會出現氣流內自身的摩擦或氣流和管壁的摩擦現象，這使得氫氣帶電，氣氣流的靜電位升高，形成高電位氫氣流，進而使帶電氫氣在空氣中著火燃燒。高壓氫氣瓶洩漏引起的火災，大多是因為高電位的氫氣流著火引起的。

(3)明火及靜電積累

周圍環境中火源或高溫熱源的存在是釀成氫事故的最大危害。不論是在製氫、儲氫、輸氫或用氫的場合，哪怕是小量的明火、摩擦、靜電、雷擊、系統突變或環境失火均有可能引發氫的爆炸。

(4)系統置換不徹底

管道、容器內的氫氣用完時需要重新加充,而加充氫氣或液氫時首先要嚴格、徹底地抽空管道或容器內部的殘存氣體並加以置換。如置換不良,讓空氣或含有汙染雜質的成分進入氫箱,則空氣或雜質容易在受熱的條件下和氫氣形成可燃混合物,當受到摩擦或靜電等作用時,將會發生爆炸。

(5)通風不良或排空不當

氫氣洩漏和排放到大氣中並不可怕,在露天現場結霜的液氫輸送管中,即使有時在法蘭接頭處有氫噴漏,但維護操作人員也可接近洩漏處進行現場檢修,而不致產生危險。危險的是在通風不良的工廠、試驗現場或實驗室中,有氫氣洩漏且對流排空不當的情況。結果造成局部地區有氫和空氣的可燃混合氣積累,其成分和含氫濃度落入著火極限的範圍,這樣一旦遇到火源就會導致著火和燃燒。

儲液氫容器中的氫氣或在系統置換時形成的氫氣必須及時對空排放。但若氫排放管設置不當或排空的氫氣流速過高,有時也會在氫排放管出口處著火,甚至使氫焰返入管道系統的內部,造成事故。為此,對現場通風和排氣的放空問題必須足夠重視。

其他如系統的儀錶與監視系統失靈、操作不當、液氫罐內液氫充裝過量、輸氫途中發生撞車、翻車,或者由於罐內液面振盪導致氫氣壓力快速增高等情況,都屬於使用及操作不當的危險作業因素。

高壓氫氣主要存在於高壓容器中,高壓儲氫安全技術需要根據儲存的容器類別分類遵循相應的準則,制定洩漏應急處理方案,確保消防措施有效,符合操作使用與儲存操作使用的安全注意事項等。

(1)洩漏應急處理

氫氣瓶或儲罐出現洩漏時應採取如下的應急處理:判斷漏氣部位和漏氣程度,在確保人身安全的情況下,切斷洩漏源。迅速關閉氫氣瓶閥,消除周圍明火,並關閉附近的所有發動機和電氣設備。停止周圍一切可能產生火花的作業,疏散人員,避開氣流,往上風處迅速撤離。如果漏氣無法中止,在確保安全的前提下,將氫氣瓶轉移到室外安全的地方,讓其排空。不得將氣體排放到通風條件差、密閉或者具有著火危險的地方。注意:排空氫氣瓶或氫氣儲罐時,應控制氫氣流速,避免因氫氣流速過快而導致氫氣著火事故;排空氫氣的過程中,現場應準備適量的滅火器並有人在現場監控,以確保安全。對漏氣場所進行隔離,避免無關人員入內。進入漏氣地段之前,應事先對該地段進行合理通風,加速擴散,確保人身安全。漏氣儲罐要妥善處理、修復、檢驗後再用。

(2)消防措施

氫氣極易燃燒,燃燒時,其火焰無顏色,肉眼無法看見。與空氣或氧氣混合能形成爆炸性混合物,遇熱或明火即會發生爆炸。氫氣瓶或氫氣儲罐內存在壓力,當溫度升高時,氣瓶或儲罐內的壓力也隨著升高,它們在火災中存在爆裂的可能性。應配備霧狀水、泡沫、二氧化碳、磷酸銨乾粉等滅火劑。當氫氣儲罐/氫氣瓶出現火災時,在確保人身安全的情況下,切斷氣源。疏散人員遠離火災區,並往上風處撤離。對著火區進行隔離,防止人員入內。如果可能的話將仍處火災區附近、未受火直接影響的氫氣瓶轉移到安全地

段。如果氫氣無法切斷,假設火勢可以控制,可讓氣體燃燒,直到氣瓶、儲罐內的氫氣燒完為止,而且,氫氣燃燒過程中,應持續用水對氣瓶、儲罐進行冷卻,避免氣瓶、儲罐因過熱而發生爆炸事故。如有可能,站在安全位置上進行滅火,並用水對著火的氣瓶/儲罐,以及著火區附近的所有壓力容器進行冷卻,直到其完全冷卻為止。不得設法搬動或靠近被火烘熱的氣瓶/儲罐。如果火勢很大或者失去控制,應立即向消防隊報告,告知對方著火的詳細地點及著火的原因。火災解除後,不得使用遭受過火災的氫氣瓶,禁止使用受到火災影響的儲罐。

(3)操作使用與儲存操作使用安全注意事項

操作處置瓶裝氫氣時必須保證工作場所具備良好的通風條件、空氣中的氫氣含量必須低於1%。應妥善保護氫氣瓶和附件,防止破損。無論任何時候,應將氫氣瓶妥善固定,防止傾倒或受到撞擊。凡是與氫氣接觸的部件/裝置/設備,不得沾有油類、灰塵和潤滑脂。氫氣瓶的最高使用溫度為60℃。中國40L、公稱工作壓力15MPa氫氣瓶的最高使用壓力為18MPa。在使用時,不得將氫氣瓶靠近熱源,距離明火應在10m以上。氫氣瓶禁止敲擊、碰撞或帶壓緊固/整理;不得對氫氣瓶體施弧引焊。氫氣瓶的任何部位禁止挖補、釬接修理。選用減壓閥時應注意減壓閥的額定進口壓力不得低於氫氣瓶壓力。氫氣瓶中斷使用或暫時中斷使用時,瓶閥應完全關閉。氫氣瓶內氣體禁止用盡,必須留有不低於0.05MPa的剩餘壓力。氫氣瓶閥應緩慢打開,且氫氣流速不可過快。

搬運、裝卸氫氣瓶的人員至少應穿防砸鞋,禁止吸菸。搬運氫氣瓶時,應使用堆高機或其他合適的工具,禁止使用易產生火花的機械設備和工具。需要人工搬運單個氫氣瓶時,應將手扶住瓶肩並緩慢滾動氣瓶,不得拖、拽或將氣瓶平放在地面上進行滾動,禁止握住瓶閥或瓶閥保護罩來直接滾動氣瓶。裝卸氫氣瓶時,應輕裝輕卸,不得採取拖、拽、拋、倒置等暴力行為,禁止將氫氣瓶用作搬運其他設備的滾子。裝卸現場禁止吸煙。吊裝時,應將氫氣瓶放置在符合安全要求的容器中進行吊運,禁止使用電磁起重機和用鏈繩捆紮,或將瓶閥作為吊運著力點。

氫氣瓶應儲存在乾燥、通風良好、涼爽的地方,遠離腐蝕性物質,禁止明火及其他熱源,防止陽光直射,庫房溫度不宜超過30℃。禁止將氫氣瓶存放在地下室或半地下室內。庫房內的照明、通風等設施應採用防爆型,開關設在倉外。配備相應品種和數量的消防器材。空瓶和實瓶應分開放置,並應設置明顯標誌。應與氧氣、壓縮空氣、鹵素(氟、氯、溴)、氧化劑等分開存放。切忌混儲混運。應定期(用肥皂水)對氫氣瓶進行漏氣檢查,確保無漏氣。氣瓶放置應整齊,立放時,應妥善固定;橫放時,瓶閥應朝同一方向。

9.2.2 液態氫利用中的安全風險

液態氫是無色液體,在壓力101.33kPa下沸點為20.27K(對於99.79%仲氫的成分)。液氫具有低溫危險性,沒有腐蝕性,但可有液氫汽化超壓、液氫設備大溫差導致局部應力超標、液氫低溫導致人體凍傷、雜質固化導致液氫低溫設備凍堵、液氫洩漏引發著火和爆炸等安全風險。

(1) 液氫汽化超壓

由於儲存液氫的容器內的溫度很低，而液氫儲罐外的環境溫度較高，故容器內外之間形成一個很大的傳熱溫差。熱流會從周圍環境不斷傳入容器內部，促使內存的液體不斷氣化。假如液氫揮發所產生的氫氣不斷積壓在一個密閉的容器上部而不流出，則封閉管道或容器內的壓力就會隨著儲存時間的延長而越來越高。如液氫汽化為氣氫時，容積的膨脹比可高達850倍左右，在長期積壓儲存而不讓排放的條件下，罐內建立的理論最高壓力可達到200MPa左右，如果沒有特殊的安全保護裝置，則會使液氫儲罐超壓破裂，釀成巨大事故。

(2) 液氫設備大溫差導致局部應力超標

低溫的環境對容器及管道等材料也有影響。材料強度通常隨著溫度降低而有所增加，但其延展性則常隨溫度降低而顯著下降。在液氫系統啟動時的預冷工況中，溫度的大幅度變化會引起系統材料的局部應力集中。管內的兩相流動和系統的不均勻冷卻可以引起輸氫管道的過度彎曲，這些都是系統運行中大溫差導致的危險因素。

(3) 液氫低溫導致人體凍傷

液氫的低溫冷凍特性對人體生理也有危害，當人體皮膚接觸到深冷液氫或液氫的輸送管道時，或者接觸到剛開始揮發出的氫氣時，會造成皮膚組織的凍傷或損壞。特別危險的是，當人體表皮與深冷液氫管壁相接觸時，由於深冷液氫管壁溫度很低，且深冷器壁與皮膚之間又沒有液氫蒸發時的氣膜來隔離，結果使皮膚直接凍結在深冷器壁上，造成皮膚和人肉的凍壞與撕離。沒有絕熱保溫的液氫管路和設備，外表面冷凝的液態空氣滴落或飛濺也會導致低溫凍傷。

(4) 雜質固化導致液氫低溫設備凍堵

除了氦氣以外，所有其他氣體，包括氧氣或空氣也都要凝結成為固體。當液氫中混有空氣或氧氣等雜質時會在液氫儲箱或管道、閥門中凝結成為固態的空氣或固氧，造成設備凍堵，從而引發設備超壓風險。

(5) 液氫洩漏引發著火和爆炸

當液態氫發生洩漏時會快速蒸發並與空氣混合，形成可燃爆炸的混合物。含有液態氫的容器中，含氧沉澱物累積後，固態的空氣或固氧在受熱時又會先揮發成氣體，並與揮發的液氫構成易爆的可燃混合物，在管道或容器內部或者在其排放口造成燃燒或爆炸的風險。

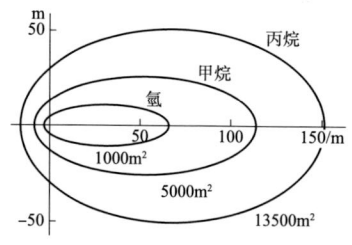

圖9-11　3m³ 液化燃料溢出後產生可燃氣體混合物的面積(風速4m/s)

此外，液氫在空氣中汽化擴散的過程中，大量擴散不易察覺，會造成人員的窒息。液氫洩漏在密閉空間內時，當空氣中氧含量低於19%時，會造成人員窒息。

儘管液氫存在上述風險因素，但與其他液化的氣體燃料相比，液氫揮發快，有利於安全。假設3m³的液氫、甲烷和丙烷分別濺到地面上並蒸發，假設周圍是平坦的，風速為

4m/s，圖9-11所示為它們影響的範圍，丙烷、甲烷和氫的影響範圍分別為 $13500m^2$、$5000m^2$ 和 $1000m^2$，可見液氫的影響範圍最小。

基於液氫的風險因素，從材料安全、低溫儲運容器設計參數安全、流程及管路設計安全、對液氫系統管路閥門的緻密性要求、超壓洩放安全、絕熱性能的安全、安全操作壓力與手動洩放、防火及安全距離要求等方面提出應對措施。

(1)材料安全

對於長期處於超低溫工況下的液氫容器，需要考慮其低溫韌性及與氫介質的兼容性，否則內容器開裂導致液氫大量洩漏，將導致嚴重的危害。不推薦採用鋁作為內筒體材料，9%鎳因其弱延展性也不宜使用。儲運液氫用的容器材料推薦採用低含碳量的沃斯田鐵不鏽鋼材料或液氫專用沃斯田鐵不鏽鋼材料。

(2)低溫儲運容器設計參數安全

作為低溫壓力容器，參數的合理選擇與整體結構的正確設計至關重要。液氫儲罐內容器的最低設計金屬溫度不應高於 $-253℃$；儲罐內容器的工作壓力宜為 $0.10\sim0.98MPa$，設計壓力不應小於安全閥的整定壓力；液氫儲罐應採用高真空多層或其他高性能真空的絕熱形式，內外容器間的支撐件宜選用導熱率低、具備真空下放氣率低、有良好低溫韌性等性能的材料；液氫儲罐的內外容器間夾層中不得有法蘭連接接頭、螺紋連接接頭和膨脹節。液氫儲罐設計既要保證設備的安全使用，又要保證設備的保溫性能，否則將有可能導致液氫容器靜態蒸發率過高，進而導致介質經常排放，損耗過大。容器設計壓力的上限取值應低於液氫的臨界壓力，額定充滿率為0.9，最大充滿率應不大於0.95。在支撐結構設計上，要充分考慮低溫冷收縮帶來的位移對內容器的影響。

(3)流程及管路設計安全

低溫壓力容器的流程和管路設計對設備的使用至關重要，管路設計是否合理直接影響容器的使用性能。如加液管線和泵吸入、回氣管線由於與液氫直接接觸，管子和閥門均應設計成真空夾層結構。所有夾層管路應採用沃斯田鐵不鏽鋼無縫管路，夾層中所有管件連接採用對接焊，內外筒體間所有管路應具備充分的柔度承受熱脹冷縮引發的變動，在夾層空間中不得使用法蘭接頭、螺紋接頭、波形膨脹接頭或金屬軟管。也就是說，液氫容器管路設計時對於夾層管路應充分考慮容器充液後管線的熱脹冷縮，外部管路則應該按真空絕熱管路和非真空絕熱管分別進行設計。

(4)對液氫系統管路閥門的緻密性要求

閥門應在全開和全閉工作狀態下經氣密性試驗合格。真空閥門進行氦質譜檢漏試驗時，要求其外部漏率小於 $1\times10^{-9}\ Pa\cdot m^3/s$，內部漏率小於 $1\times10^{-7}\ Pa\cdot m^3/s$。

(5)超壓洩放安全

液氫容器實際運行時可能發生失控或受到外界因素干擾，從而造成容器超壓或超溫，為保證容器安全，容器上必須設置超壓洩放裝置。若升溫至 $0℃$，換算成標準大氣壓下體積將增大約800倍，因此超壓洩放裝置的正確選擇顯得尤為重要。內容器安全閥不應少於2個(組)，其中1個(組)應為備用，每個(組)安全閥的排放能力應滿足儲罐過度充裝、環境影響、火災時熱量輸入等工況產生的氫氣排放需要，如每組超壓卸放裝置應設置1個全

啟式彈簧安全閥作為主卸放裝置，且並聯 1 個全啟式彈簧安全閥或爆破片作為輔助卸放裝置。一旦爆破片出現爆破現象，氫氣會大量洩漏，氫氣和空氣的混合物點火能量很低，爆破片失效有氫氣自燃的風險，移動式液氫容器爆破片的更換將是個大問題。因此，移動式液氫容器上應選用 2 組安全閥並聯的配置。內容器安全閥的整定壓力為 P_0，不應大於 1.08MPa，安全閥的最大洩放壓力不應大於 1.1P_0，液氫儲罐內容器應設置洩壓管道，管道上應設可遠端控制操作的閥門。外容器超壓洩放裝置的開啟壓力不應大於外容器的設計壓力；爆破片安全裝置爆破時不允許有碎片，當爆破片安全裝置與安全閥串聯時，兩者之間的腔體應設置壓力表、排氣口及警報指示器等。安全閥與儲罐之間應設置切斷閥，切斷閥在正常操作時應處於鉛封開啟狀態或在連接使用安全閥與備用安全閥的管道上設置三通切換閥，保證至少有 50％的安全閥始終處於使用狀態；氫氣超壓排放管應垂直設計，其強度應能承受 1.0MPa 的內壓，以承受如雷電引發燃燒產生的爆燃或爆炸。管口應設防空氣倒流和雨雪侵入及防凝結物和外來物堵塞的裝置，並採取有效的靜電消除措施。排放管口不能使氫氣燃燒的輻射熱和噴射火焰衝擊到人或設備結構，從而發生人員傷害或設備性能損傷，經常檢查安全閥及其他安全裝置，防止結霜和凍結。

(6)絕熱性能的安全

系統絕熱不良，會加速容器內液氫的蒸發和揮發損失，箱內壓力積聚過高時，容易引起事故。液氫容器的絕熱性能是判斷其質量並確保其安全可靠使用的最主要指標之一，而衡量絕熱性能最重要的參數是靜態蒸發率和維持時間，或靜態日升壓速率。靜態蒸發率過高則維持時間短，損耗大。在罐體主體結構、真空度指標都滿足設計要求的前提下，在初始充滿率為 90％的前提下，當安全閥達到開啟壓力，同時罐內液體容積達到最大充滿率 95％的情況下，高真空多層絕熱的 40ft(1ft＝0.3048m)液氫罐箱在液氫蒸發率為 0.73％/d 時的維持時間可達到 12d，降低充滿率可達到 15～20d 的維持時間，而當移動容器水路運輸時，由於運輸距離遠，運輸週期較長，則需要考慮高真空多屏絕熱方式，它的絕熱性能更加優越，熱容量小、質量輕、熱平衡快，但結構比較複雜，成本也更高。帶金屬屏和氣冷屏的高真空多屏絕熱可以滿足 20d 以上維持時間的需求。如果再增加液氮冷屏，高真空多屏絕熱的靜態蒸發率可以做到多層絕熱的 0.5 倍以下，維持時間可以提高到 35d 以上，可以實現海上長途運輸。

(7)安全操作壓力與手動洩放

由於液氫的臨界壓力只有 1.3MPa，因此當飽和壓力超過 0.5MPa 時，液氫的汽化潛熱開始明顯減小，飽和氣體密度顯著增加，這時液氫容器氣相空間的升壓速度會大幅度提高並很快逼近其安全洩放壓力，而大量氫氣的瞬間快速洩放極易引發氫氣燃燒。液氫容器設計最高工作壓力的提升並不能有效延長安全不排放的維持時間。因此當液氫儲運容器壓力超過 0.5MPa 時，應通過手動閥排空的方式釋放壓力，以提高液氫儲運安全性。

(8)防火及安全距離要求

液氫儲存區為一級防火區，並設安全標誌，液氫超壓洩放系統不允許安裝阻火器。安裝阻火器會增加排氣管道的阻力，對安全洩放閥造成回壓，從而可能引發嚴重的安全問題。液氫容器應設置在敞開、通風良好的地方。儲存容器、輸送管道及有關設備均應設置

防靜電接地裝置，接地端子與接地體之間電阻應小於 4Ω，並經常檢查其完好性。液氫儲存容器要有專人負責操作、維護保管，定期檢查。液氫儲存庫房與居民建築、公路、鐵路和不相容儲存場所的安全距離見表 9-1。

表 9-1　液氫儲存庫房與居民建築、公路、鐵路和不相容儲存場所的安全距離表

液氫儲存量/kg	居民建築、公路、鐵路和不相容儲存場所的間距/m		另一個液氫儲存場所距離/m
	無防護牆	有防護牆	
≤45.4	185	25	10
45.4~227	185	40	15
227~454	185	45	20
454~4540	185	75	30
4540~22700	370	100	35
22700~45400	370	110	40
45400~136200	550	140	50
136200~227000	550	150	55
227000~454000	550	170	65

注：不相容儲存場所是指強氧化劑，包括氧、硝酸、四氧化二氮等的儲存場所。

9.2.3　氫的安全處理及風險預防

為了消滅事故，防患於未然，建議採用保持密封、嚴防洩漏、隔離和控制火源、保持良好的通風環境、徹底置換、建立嚴格的清洗制度、裝置可靠的放氣與防爆系統、規定安全距離、構築防護區域、採用專列運輸、選用合適材料、保證裝配工藝、防止材料變質、配備準確可靠的安全檢測儀錶、建立安全操作規程並嚴格執行、操作人員的保護及培訓等安全措施。

(1) 保持密封，嚴防洩漏

大量的氫氣著火與爆炸事故，往往是由於系統中毫無察覺的漏氫或系統內部殘存有空氣或氧氣所造成的。漏氫的典型地點是閥門、法蘭及各種密封和配接之處。為此，必須對這些有可能漏氫的地方裝設有固定的氫敏元件進行嚴密檢查或隨時由保全工作人員用靈敏的監察儀錶巡迴檢查。要特別注意閥門的工作是否正常，墊料是否嚴密；低溫下的「O」形環和氣套是否有收縮、元件的裝配地方是否保持正確；管道及容器有無發生新的裂縫等。務求及早發現設備中的缺陷，嚴防氫的洩漏。

(2) 隔離和控制火源

單純的漏氫尚不是構成氫氣著火和爆炸的充要條件。只有當氫和氧化劑構成可燃混合物之後，附近又有火源存在和激發時，才會進一步釀成事故。星星之火，可以燎原。為此，隔離和控制火源是氫能系統使用中杜絕危險的重要措施。由於氫在空氣中著火和爆炸範圍寬廣、點火能量很小，因此對火源的控制要求非常嚴格，表 9-2 中列舉了各種需要隔離的火源。

表 9-2　各種需要隔離的火源

焦點火源	電點火源
各種明火	電氣短路
可爆炸的藥物	電火花或電弧
管道、容器破裂所產生之衝擊波	金屬斷裂（如鋼絲繩等）
容器爆炸之碎片	靜電（包括兩相流）
銲接火炬或火星	靜電（固體質點）
高速射流攜帶的能量	電燈
振盪火源（流動系統中重複出現的衝擊波）	設備運行時產生的電火花
各種煙火（嚴禁現場吸菸、攜帶火柴等）	開關操作時產生的電火花

靜電成為危險的火源的事故已屢見不鮮，但許多人對此尚不重視。為了消除產生靜電和積聚靜電及靜電釋放的條件，工作人員在進入現場之前首先要換上防靜電的工作服和鞋靴，禁止穿用絲製、尼龍及合成纖維類的工作服。導去人體內積存的靜電，如讓工作人員先觸摸接地棒等，電氣設備都需採用防爆型保護結構，系統設備要接地，讓地面導電化，重要危險作業的地面可鋪設導電橡膠板等。工廠或有氫系統要裝設良好的避雷設施，氫的排放口要與避雷針間距大於 20m。控制放氫速度，對最大液氫流速加以限制。液氫及氫氣的兩相流排放速度最好不要使 $Ma=0.2$，必要時在排氫管口裝置靜電消除器。為了防止萬一、控制火災，必須在工廠或現場附近布置滅火器材及消防用具（包括消防車輛）。一旦氫氣著火，首先必須切斷氫源，然後用乾粉滅火器或水龍滅火。

(3) 保持良好的通風環境

氫氣本身的密度小，而擴散速度很快。因此，如能保持良好的通風環境，即使有氫洩漏，也很容易自動飄散。如再加以強制通風，則更可防止可燃混合物滯留於設備現場或形成窒息的有害環境。防止漏氫、消滅火源及保持通風，是保障安全使用氫氣的 3 大要求。對於液氫來說，尚需對管道、容器徹底清除其中的空氣和氧氣等雜質。液氫儲罐要儘量安置在開闊的場地中；避免在封閉的房間內儲存液氫或氫氣，如條件許可，可以採用露天作業。

(4) 徹底置換，建立嚴格的清洗制度

無論是對液氫或氣氫系統都要盡可能避免管道、容器內部形成氫與空氣或氧氣的可燃混合物。因此，在每次對系統輸氫之前，必須把設備中殘存的空氣或氧氣徹底清洗出去。在系統運行後，力求把系統內部遺留的氫清除。對於長徑比小的設備，如球形儲氫杜瓦罐，宜經常把容器抽成真空，使其中的殘存壓力不超過 10^{-4} MPa 的數值，然後再用氫氣或惰性氣體（如氮氣或氦氣）回充，假如直接用氫回充，則容器必須抽到足夠低的壓力，務必確信在清洗過程中內部不會產生可燃混合物。另一種清洗方法是利用惰性氣體充入容器、使其中壓力提高，然後，把生成的混合物排放到容器外，重複置換，直至達到滿意的清洗要求為止。對於長徑比大的設備，如輸氫管路，最好採用流通清洗法，即邊沖洗，邊放出。注意管路系統中不要形成死角，否則需將清洗的氣體從旁路端或死角放出。為了檢查清洗是否達到要求（含氧量 $<30\times10^{-6}$，含氮量 $<100\times10^{-6}$），要定時從系統的幾個關

鍵點取樣，以分析空氣的殘餘量。絕不可依賴於計算出來的清洗程度，而要嚴格依據抽樣試驗的結果。為防止液氫系統中混入空氣等含氧雜質，產生固態空氣或固氧形成易爆的混合物，要求對液氫容器每年至少升溫一次，以驅除殘存的空氣和氧氣。

（5）裝置可靠的放氣與防爆系統

在液氫的儲存容器中，由於液氫不斷揮發變為氣氫，故在容器中會產生過高的封閉壓力。為保證容器安全，必須在容器頂部安裝安全閥和爆破片。這樣，當容器內氣壓超過規定界線時，系統就會自動把部分揮發的高壓氫氣釋放到大氣中，或在緊急的情況下促使爆破片破裂，將氫放走。安全閥和爆破片必須工作可靠，定期檢驗，以免失靈。液氫和氣氫的排空宜儘量採用高管排放，排氣管的出口需高出建築物 5～8m。氫氣從排空管放出時，速度不要過高。需要時，可讓氫氣在排放管口點燃、燒掉。在排放管中還應設置捕焰器，以杜絕返火。排空管在排空閥關閉時，可充加氮氣保護，使管內氫氣達不到爆燃極限。在處理排氫量大的情況時，可以設置燃燒池，讓氫從池水內變成氣泡排出，並在水面燃燒。氫杜瓦罐不宜充裝過滿，充裝係數不宜大於 0.9。

（6）規定安全距離，構築防護區域，採用專列運輸

高壓容器最嚴重的危險是爆炸，特別是高壓液氫儲箱中的液氫還是高能燃料，增加了爆炸引發後果的嚴重度。即使容器不發生爆炸，僅僅由於容器局部破裂、接頭損壞、密封失靈等所引起的液氫兩相流噴漏，也足以引發嚴重的火災風險。因此，不論是高壓儲氫瓶或液氫儲存容器都需儘量離開居住建築和廠房，在規定的安全距離內放置。安全距離對大型液氫杜瓦罐來說非常重要。液氫杜瓦罐與住房建築或相鄰幾個液氫罐之間的安全距離與多種因素有關，首先，液氫的儲存容量起著首要作用，其次，發生的火球大小、火焰輻射、衝擊波壓力、建築物的材料，以及儲存現場的可使用位置等也都屬於需要考慮的因素。

另一保證安全的方法是在儲存液氫的現場，在液氫的杜瓦罐之下構築防護區，用通常約 1m 高的防護牆把杜瓦罐彼此分隔開，或把它與其他地區隔開。也可在杜瓦罐下部挖一條槽道以疏導濺出的液氫，不讓液氫濺到其他需要保護的安全區。對於現場的危險區域必須給出明顯的警告牌並告知現場的安全規定。無關工作人員應一律撤離現場，以減少干擾和損失。

液氫的鐵路或公路槽車運輸必須採用專列並配備足夠消防措施。要指派有經驗的技術人員專門押送。途中若發現有漏氫事故，應將液氫車輛駛離居民區和輸電線路後進行處理。

（7）選用合適材料、保證裝配工藝、防止材料變質

選擇合適的結構材料使其在有氫的工作溫度下具有足夠的強度和抗氫脆性能。材料安全性上的另一考慮因素是材料的熱膨脹係數和導熱係數。熱膨脹係數越大，則結構部件在熱脹冷縮條件下的相對位移越大，導熱係數大的材料不宜用於高梯度的傳熱場合。在反覆啟動的交變工況下，材料在低溫下的延展性能也必須考慮，否則材料幾經伸縮及塑性變形會失去彈性並且氫脆變質。膨脹接頭及真空夾套、支座等處的裝配及銲接工藝要仔細檢查。在工作溫度和壓力範圍內，容器絕不容許有微細裂紋。這些材料特性在設計初期應予以充分考慮並始終貫徹於運行、監視、檢測和檢修中。

（8）配備準確可靠的安全檢測儀錶

系統的自動監視儀錶猶如人的眼睛，對深入觀察系統內部的工作過程和機件的安全運

行起著十分重要的作用。除了漏氫自動檢測外，還需要有精確的壓力表、溫度計、流量計、液氫的液面高度計、取樣分析儀器及各種精確的警報器。重要的工作參數，如重要地段的漏氫警報等，需要採用雙重監察以防止儀錶失靈、假報等造成的誤判。應當儘量採用先進的技術，選用新的遙控裝置、工業電視或錄影機等進行觀察和監控。

(9)建立安全操作規程並嚴格執行

制定及執行標準的操作規程和安全法規是保證設備安全可靠運行的重要舉措。大至一國、一省，小至工廠或某一設備，在製氫、儲氫、輸氫和用氫方面都應建立一整套完善的操作規程和安全法規，使操作及檢查人員有法可依、有規可循。

(10)操作人員的保護及培訓

操作人員應注意加強自我保護措施，戴防寒、防凍傷的純棉手套，防止液氫凍傷，被液氫凍傷的皮膚，應用涼水浸泡慢慢恢復，不能用熱水浸泡；穿防靜電的工作服，禁止穿著化纖、尼龍、毛皮等製作的衣服進入工作現場；穿電阻率在 10^8 $\Omega \cdot cm$ 以下的專用導電鞋或防靜電鞋。經過培訓合格的操作人員既要執行標準的操作規程，又要熟悉氫的特性與規律，以及氫系統的設計意圖和具體現場的工作條件，同時，操作人員還需具備敏捷的頭腦和靈活處理事故的能力。所以，培訓合格的操作人員是保證氫系統安全運行必不可少的措施。

在離氫環境較近的建築物或實驗室內，應設有送風機。送風機可以增加氣流的紊流度以改善通風環境。同時，房頂不允許有凹面、鍋底形的天花板，這樣的天花板容易積存由於各種結構微量洩漏的氫氣。

一般的氫著火可採用乾粉、泡沫滅火器滅火，若用 CO_2 滅火方法，要注意氫能在高溫下將 CO_2 還原成 CO 而中毒。一旦發生著火，應立即切斷氫源，在系統設計上應考慮既有遙控切斷氫源開關，亦有手動應急切斷開關。

氫-空氣爆轟時，衝擊波對人體有嚴重的傷害。據文獻介紹，人的傷害程度與各人所在位置不同，經受的超壓程度也不同，傷害可由爆炸產生的衝擊波直接造成，也可由人體摔在其他物體上間接造成，爆炸壓力對人的生理影響見表9-3。

表9-3　爆炸壓力對人的生理影響

最大超壓		對人的影響
lb/in²	MPa	
1	0.00717	把人打倒
5	0.0358	耳鼓膜損傷
15	0.1076	肺損傷
35	0.251	開始有死亡
50	0.3585	50%死亡
65	0.466	99%死亡

總之，大量的海內外用氫經驗證明：氫有著良好的安全使用記錄，並不比其他可燃物或可爆物更加可怕、更為危險。世界上已積累了許多處理用氫和儲氫、輸氫事故的寶貴經驗，嚴格依據氫安全技術規範在事故發生前制定有效的應急預案對於減少事故發生具有重要的意義。

9.3 氫安全技術規範

9.3.1 國際氫安全標準

國際氫安全標準有 GTR(Global Technical Regulation)法規體系，GTR 法規體系是在 1998 年聯合國框架下，由美國、日本和歐盟發起，31 個國家締結的全球汽車技術法規協定。該協定旨在統一和協調全球範圍內輪式車輛的安全使用技術規範。截至 2019 年底，GTR 共發布了 20 條技術法規，其中《氫和燃料電池汽車全球技術法規》是 GTR 發布的第 13 號法規，編號為 GTR13。GTR13 的最終目的是使得氫和燃料電池車輛達到與傳統汽油動力汽車同等的安全水準，把可能發生的人員傷害降到最低限度。

美國在承壓設備管理法規方面，大多數州要求承壓設備必須按照美國機械工程師協會(American Society of Mechanical Engineers，ASME)鍋爐、壓力容器規範製造並在國家鍋爐壓力容器檢查協會(Boiler Pressure Vessel Inspection Association，NB)註冊。NB 現在的主要工作包括向各州立法機關推薦其制定的《鍋爐與壓力容器安全管理法案》，促使其成為各州法規。各類氫氣儲罐，包括固定式和便攜式的儲罐，其設計、製造、檢測、定期檢查、維修等各個方面都需在 NB 相關標準和法規的框架下進行。在美國的標準體系及氫安全標準制定和實施方面。美國國家標準化學會(American National Standards Institute，ANSI)成立於 1918 年，是非營利性質的民間標準化組織，受政府的委託發布和管理美國國家標準，並代表美國參加國際標準化組織的活動。該機構致力於協調民間自願型標準體系，並將反映整個國家利益的企業標準或行業標準上升為國家標準，同時它也對國家標準開發組織(Standard Development Organizations，SDOs)的資格提供認證。涉及氫能領域的主要 SDOs 組織包括美國石油研究院、美國氣體協會、高壓氣體協會等 18 個組織。

在 SDOs 組織與私營部門、科學研究機構、政府及相關部門的合作下，除已提到的相關法規外，共發布了 49 項與氫安全相關的標準和法規，如 ASME 831.12《氫氣管路與管道標準》、ANSI/CSA HGV 4.1《加氫系統》等。除此之外，美國交通部已批准採用 GTR13 第一階段作為美國聯邦機動車安全標準(氫燃料電池車輛)的一部分。

歐洲的氫相關標準化體系的構成主要包括歐洲標準化委員會(European Committee for Standardization，CEN)、歐洲電工標準化委員會(the European Committee for Electrotechnical Standa，CENELEC)及歐洲電信標準化協會(European Telecommunications Standards Institute，ETSI)、歐洲各國的國家標準機構以及一些行業和協會標準團體。CEN、CENELEC 和 ETSI 是目前歐洲最主要的標準化組織，也是接受委託制定歐洲協調標準的標準化機構。CEN 由歐洲經濟共同體、歐洲自由貿易聯盟所屬的國家標準化機構組成，其職責是貫徹國際標準，協調各成員的標準化工作，加強相互合作，制定歐洲標準及從事區域性認證，以促進成員之間的貿易和技術交流。歐盟標準大多數是自願執行的，CEN 負責對行業參與者進行評估和認證，以確認其是否採用歐洲標準，並頒發相應的資質認證證書。獲得認證的行業參與者能夠在歐盟單一市場內進行無差別化的生產、貿易活動。

日本的標準體系由日本工業標準化、日本農林物資標準化及日本醫藥標準化3個部門組成，氫能領域屬於日本工業標準化責權範圍。日本工業標準（Japanese Industrial Standards，JIS）的制定主要有2條路徑：一是由各主管大臣自行制定標準方案，再交由日本工業標準委員會（Japanese Industrial Standards Committee，JISC）審議，審議通過後即成為日本工業化標準；二是相關利益關係人或民間團體可以根據各個主管省廳的規定，以草案的形式，將應制定的工業標準向主管大臣提出申請，該主管大臣認為應制定與該申請有關的標準時，須將該工業標準方案交付日本工業標準委員會討論審議，審議通過後即成為日本工業化標準。

目前日本絕大部分標準的制定是通過第二條路徑實現的。日本氫能領域相關標準直接引用ISO和IEC相關標準，國際標準化組織（International Organization for Standardization，ISO）和國際電工委員會（International Electro Technical Commission，IEC）未能覆蓋的領域主要由各個行業協會向日本經濟產業省主管大臣提出草案，並交由日本工業標準委員會審議的方式發布，主要涉及的行業協會有：日本電器製造商協會、日本汽車製造商協會、日本高壓氣體安全協會、日本高壓技術協會以及由日本經濟產業省牽頭成立的日本氫能與燃料電池策略協會等。

此外，還有ISO，ISO下設的氫能標準技術委員會TC197成立於1990年，祕書處位於加拿大，負責氫的生產、儲存、運輸、測量、使用系統和裝置領域的標準化工作。TC197設置了12個工作組，工作內容主要涉及製氫、儲氫、運氫、加氫設備及氫氣質量要求。截至目前，ISO TC197已發布了18項標準，待發布的標準有17項，其中有許多標準中都融入安全方面的規定，還針對氫安全專門制定2項標準，表9-4列出了TC197主導的現役標準。ISO制定的標準被很多國家直接部分或全文引用作為本國標準。

表9-4　ISO TC197氫能技術委員會主導的標準

標準編號	標準名稱
ISO 13984：1999	Liquid hydrogen—Land vehicle fueling system interface 液氫——車輛加注系統接口
ISO 13985：2006	Liquid hydrogen—Land vehicle fuel tanks 液氫——車輛儲氫罐
ISO 14687-1：1999	Hydrogen fuel—Product specification—Part 1：All applications except proton exchange membrane(PEM)fuel cell for road vehicles 氫燃料——產品規範——第1部分：除道路車輛用質子交換膜(PEM)燃料電池外的所有應用
ISO 14687-2：2012	Hydrogen fuel—Product specification—Part 2：Proton exchange membrane(PEM)fuel cell applications for road vehicles 氫燃料——產品規範——第2部分：道路車輛用質子交換膜(PEM)燃料電池的應用
ISO 14687-3：2014	Hydrogen fuel—Product specification—Part3：Proton exchange membrane (PEM)fuel cell applications for stationary appliances 氫燃料——產品規範——第3部分：固定裝置用質子交換膜(PEM)燃料電池的應用
ISO/TR 15916：2015	Basic considerations for the safety of hydrogen systems 氫氣系統安全標準

續表

標準編號	標準名稱
ISO 16110－1：2007	Hydrogen generators using fuel processing technologies—Part 1：Safety 使用燃料處理技術的製氫裝置——第 1 部分：安全
ISO 16110－2：2010	Hydrogen generators using fuel processing technologies—Part 2：Test methods for performance 使用燃料處理技術的製氫裝置——第 2 部分：性能測試方法
ISO 16111：2018	Transportable gas storage devices—Hydrogen absorbed in reversible metal hydride 移動式氫氣儲存裝置 可逆金屬氫化物吸收氫
ISO 17268：2020	Gaseous hydrogen land vehicle refuelling connection devices 車輛氫氣加注連接裝置
ISO 19880－1：2020	Gaseous hydrogen—Fueling stations—Part 1：General requirements 氣態氫——加氫站——第 1 部分：一般要求
ISO 19880－3：2018	Gaseous hydrogen—Fueling stations—Part 3：Valves 氣態氫——加氫站——第 3 部分：閥門
ISO 19881：2018	Gaseous hydrogen—Land vehicle fuel containers 氣態氫——車輛儲氫容器
ISO 19882：2018	Gaseous hydrogen—Thermally activated pressure relief devices for compressed hydrogen vehicle fuel containers 氣態氫——車載壓縮氫氣儲罐熱活化洩壓裝置
ISO/TS 19883：2017	Safety of pressure swing adsorption systems for hydrogen separation and purification 氫分離和淨化用變壓吸附系統的安全性
ISO 22734－1：2008	Hydrogen generators using water electrolysis process—Part 1：Industrial and commercial applications 水電解製氫裝置——第 1 部分：工業和商業應用
ISO 22734－2：2011	Hydrogen generators using water electrolysis process—Part 2：Residential applications 水電解製氫裝置——第 2 部分：住宅應用
ISO 26142：2010	Hydrogen detection apparatus Stationary applications 氫氣探測儀器——固定式應用

9.4 氫事故應急預案

氫的特點決定了氫事故後果的災難性、毀滅性和傷害性。聽天由命、被動地面對事故是不可取的。積極開展氫事故應急管理，通過事前計劃和應急措施，充分利用一切可能的力量，做好應對氫災害事件的心理和物質準備，是各級管理人員必須考慮和實施的工作。由於氫屬於危險化學品，現有國家標準、行業標準對危險化學品應急救援做出了明確規定，因此，本節將重點介紹氫事故應急預案基本概念、氫事故應急預案的基本內容，為氫

事故的應急管理與救援提供借鑑。

(1)氫事故應急預案基本概述

氫事故應急預案是指針對氫能相關，由於各種原因造成或可能造成的眾多人員傷亡及其他具有較大社會危害的事故，為迅速、有序地開展應急行動，降低人員傷亡和經濟損失而預先制訂的有關計劃或方案。

應急預案的基本原則是開展應急救援行動的行動計劃和實施指南，是一個透明和標準化的反應程序，使應急救援活動能夠按照預先周密的計劃和有效的實施步驟有條不紊地進行，這些計劃和步驟是快速響應和應急救援的基本保證。由於事故發生突然、擴散迅速、危害途徑多、作用範圍廣，因此，事故發生後救援行動必須迅速、準確和有效。編制氫事故應急預案在遵照預防為主的前提下，應該貫徹統一指揮、分級負責、區域為主、單位自救與社會救援相結合的原則。

值得注意的是，編制事故應急預案是一項涉及面廣、專業性強的工作，靠某一部門很難完成，必須把各方面的力量組織起來，形成預案編制小組。在應急預案實施過程中，需要成立統一的救援指揮部，並在指揮部的指揮下，與救災、警察、消防、化工、環保、衛生、勞動等部門緊密配合，協同作戰，迅速有效地組織和實施事故應急預案，才能最大可能地避免和減少損失。

編制氫事故應急預案的基本任務包括5個方面，具體內容如表9-5所示。

表9-5 編制氫事故應急預案的基本任務

序號	任務	內容
1	控制危險源	及時控制危險源是編制氫事故應急預案的首要任務。只有及時控制危險源，才能從源頭上有效預防氫事故的發生，並在事故發生後控制事故的擴展和蔓延，實施及時有效的救援活動
2	搶救受害人員	搶救受害人員是實施氫事故應急預案的重要任務。在實施事故應急預案行動中，快速有序地進行現場急救和安全轉送傷員是降低傷亡率、減少事故損失的關鍵行動
3	指導群眾防護和撤離	根據氫事故的類型和性質，及時指導和組織群眾採取各種措施進行自身防護和互救工作，並迅速從危險區域或可能受到傷害的區域撤離
4	清理現場，消除危害	對事故產生的有毒、有害物質及可能對人體和環境繼續造成危害的物質，及時組織人員予以清除，防止進一步的危害
5	查找事故原因，估算危害程度	事故發生後，及時做好事故調查與處理工作，並估算出事故的波及範圍和危險程度

(2)氫事故應急預案的內容

氫事故應急預案的主要內容應包括以下幾個方面：

①基本情況。基本情況主要包括單位的地址、經濟性質、從業人數、隸屬關係、主要產品、產量等內容，周邊區域的單位、社區、重要基礎設施、道路等情況；危險化學品運輸單位運輸車輛情況主要包括運輸產品、運量、運地、行車路線等內容。

②危險目標及其危險特性、對周圍的影響。可根據生產、儲存、使用危險化學品裝

置、設施現狀的安全評價報告,健康、安全、環境管理體系文件,職業安全健康管理體系文件,重大危險源辨識結果等材料辨識的事故類別、綜合分析的危害程度,確定危險目標,並根據確定的危險目標,明確其危險特性及對周邊的影響。

③危險目標周圍可利用的安全、消防、個體防護的設備、器材及其分布。

④應急救援組織機構、組成人員和職責劃分。依據危險化學品事故危害程度的級別設置分級應急救援組織機構。組成人員包括主要負責人及有關管理人員、現場指揮人員。

⑤警報、通訊聯絡方式。依據現有資源的評估結果,保證24h有效的警報裝置;24h有效的內部、外部通訊聯絡手段;運輸危險化學品的駕駛員、押運員警報及與本單位、生產廠商、託運方聯絡的方式、方法。

⑥事故發生後應採取的處理措施。根據工藝規程、操作規程的技術要求,確定採取的緊急處理措施;根據安全運輸卡提供的應急措施及與本單位、生產廠商、託運方聯絡後獲得的資訊而採取的應急措施。

⑦人員緊急疏散、撤離。依據對可能發生危險化學品事故所、設施及周圍情況的分析結果,提出事故現場人員清點、撤離的方式、方法;非事故現場人員緊急疏散的方式、方法,搶救人員在撤離前、撤離後的報告;周邊區域的單位、社區人員疏散的方式、方法。

⑧危險區的隔離。依據可能發生的危險化學品事故類別、危害程度級別,確定危險區的設定;事故現場隔離區的劃定方式、方法;事故現場隔離方法;事故現場周邊區域的道路隔離或交通疏導辦法。

⑨檢測、搶險、救援及控制措施。依據有關國家標準和現有資源的評估結果,確定檢測的方式、方法及檢測人員防護、監護措施;搶險、救援方式、方法及人員的防護、監護措施;現場即時監測及異常情況下搶險人員的撤離條件、方法;應急救援團隊的調度;控制事故擴大的措施;事故可能擴大後的應急措施。

⑩受傷人員現場救護、救治與醫院救治。依據事故分類、分級,附近疾病控制與醫療救治機構的設置和處理能力,制定具有可操作性的處置方案,應包括:接觸人群檢傷分類方案及執行人員;依據檢傷結果對患者進行分類現場緊急搶救方案;接觸者醫學觀察方案;患者轉運及轉運中的救治方案;患者治療方案;入院前和入院救治機構確定及處置方案;資訊、藥物、器材儲備資訊。

⑪現場保護與現場清潔消毒。包括事故現場的保護措施,明確事故現場清潔消毒工作的負責人和專業團隊。

⑫應急救援保障包括內部保障和外部救援。內部保障依據現有資源的評估結果,其內容包括確定應急團隊,如搶修、現場救護、醫療、治安、消防、交通管理、通訊、供應、運輸、後勤等人員;消防設施配置圖、工藝流程圖、現場平面布置圖和周圍地區圖氣象資料、危險化學品安全技術說明書、互救資訊等存放地點、保管人;應急通訊系統;應急電源、照明;應急救援裝備、物資、藥品等;危險化學品運輸車輛的安全、消防設備、器材及人員防護裝備。外部救援依據對外部應急救援能力的分析結果,確定單位的互助方式;請求政府協調應急救援力量,應急救援資訊諮詢;專家資訊。

⑬預案分級響應條件。依據危險化學品事故的類別、危害程度的級別和從業人員的評估結果，可能發生的事故現場情況分析結果，設定預案的啟動條件。

⑭事故應急救援終止程序。確定事故應急救援工作結束，通知本單位相關部門、周邊社區及人員事故危險已解除。

⑮應急培訓計劃。依據對從業人員能力的評估和社區或周邊人員素養的分析結果，應急培訓計劃的內容包括：應急救援人員的培訓；員工應急響應的培訓；社區或周邊人員應急響應知識的宣傳。

⑯演練計劃。依據現有資源的評估結果，演練計劃包括：演練準備、演練範疇與頻次、演練組織。

⑰附件。主要包括：組織機構名單；值班聯絡電話；組織應急救援有關人員聯絡電話；危險化學品生產單位應急諮詢服務電話；外部救援單位聯絡電話；政府有關部門聯絡電話；本單位平面布置圖；消防設施配置圖；周邊區域道路交通示意圖和疏散路線、交通管制示意圖；周邊區域的單位、社區、重要基礎設施分布圖及有關聯絡方式，供水、供電單位的聯絡方式；保障制度等。

按照上述氫事故應急預案的內容編寫氫事故應急預案，確立氫事故應急預案的組織機構與責任，配備有效的氫事故應急預案裝備，組織進行氫事故應急預案演習，演習後進行講評和總結，結合演習總結對氫事故應急預案進行修正。

當發生氫安全事故時，按照建立的氫事故應急預案開展有效的組織和實施應急救援。事故應急預案的組織與實施直接關係到整個救援工作的成敗，在錯綜複雜的救援工作中，組織工作顯得尤為重要。事故應急預案實施的基本步驟如下：

①接報。接報是指接到執行救援的指示或要求救援的報告。接報是實施救援工作的第一步，完整的接報工作對成功實施救援有重要作用。接報人應問清報告人姓名、公司部門、聯絡電話；問明事故發生的時間、地點、事故單位、事故原因、主要毒物、事故性質（毒物外溢、爆炸、燃燒）、危害波及範圍和程度；問明對救援的要求，並做好電話記錄，同時向上級有關部門報告。

②設點。設點是指各救援團隊在事故現場，選擇有利地形（地點）設置現場救援指揮部或救援、急救醫療點。救援指揮部、救援和醫療急救點的設置應根據現場情況，以利於有序地開展救援和自身安全保護為準則。

③報到。各救援團隊進入救援現場後，立即到現場指揮部報到，了解現場情況，接受任務，實施救援工作。

④救援。進入現場的救援團隊按照各自的職責和任務開展工作。

⑤撤點。撤點是指救援過程中根據救援任務的需求或氣象和事故發展的變化而進行的臨時性轉移，或應急救援工作結束後撤離現場。在轉移過程中應注意安全，保持與救援指揮部和各救援隊的聯絡。救援工作結束後，各救援隊撤離現場以前必須取得現場救援指揮部的同意，撤離前做好現場的清理工作。

⑥總結。執行救援任務後應做好救援總結，總結經驗與教訓，積累資料，以利再戰。

習題

1. 簡述氫事故引發的健康危險性有哪些。
2. 簡述衝擊波超壓值對人體傷害的關係。
3. 簡述氫事故誘發的物理危險性有哪些。
4. 簡述氫事故誘發的化學危險性有哪些。
5. 簡述氫的常見安全風險和事故原因有哪些。
6. 氫發生燃燒爆炸事故的兩個必要條件是什麼?
7. 何為爆燃和爆轟,二者之間的關係及造成破壞的危害程度有什麼區別?
8. 什麼是激波?
9. 氫的哪些參數是氫安全事故的主導因素?
10. 試結合氣態氫的基本特徵討論高壓氣態氫可能的安全隱患及相應的安全技術要求。
11. 試結合液態氫的基本特徵討論液態氫可能的安全隱患及相應的安全技術要求。
12. 列舉5個國際上涉及氫安全的法規和技術標準。
13. 為什麼在高壓儲氫中管道及容器內的輸氫壓力必須大於外界的大氣壓力?
14. 從安全的角度討論為什麼設計液氫輸送管道時,儘量保持管道中液氫單相流動?
15. 設計時需要考慮材料的哪些性能才能確保氫裝備的安全?
16. 配備哪些安全儀錶可確保氫裝備的運行安全?
17. 氫事故應急預案的基本原則是什麼?
18. 氫事故應急預案的基本任務是什麼?
19. 氫應急預案的基本內容有哪些?

參考文獻

[1] Global Hydrogen Review 2021，International Energy Agency. www. iea. org.

[2] The Future of Hydrogen，Seizing today's opportunities，Report prepared by the IEA for the G20，Japan，2019.

[3] Hydrogen & Our Energy Future, U. S. Department of Energy Hydrogen Program.

[4] 羅佐縣，曹勇. 氫能產業發展前景及其在中國的發展路徑研究[J]. 中外能源，2022, 25(2)：9－15.

[5] 熊華文，符冠雲. 全球氫能發展的四種典型模式及對我國的啟示[J]. 環境保護，2021(1)：52－55.

[6] 魏蔚，陳文暉. 日本的氫能發展策略及啟示[J]. 全球化，2020(2)：60－71.

[7] 何盛寶，李慶勛，王奕然，等. 世界氫能產業與技術發展現狀及趨勢分析[J]. 石油科技論壇，2022, 39(3)：17－24.

[8] 王輔臣. 煤氣化技術在中國：回顧與展望[J]. 潔淨煤技術，2021, 27(1)：1－33.

[9] 李家全，劉蘭翠，李小裕，等. 中國煤炭製氫成本及碳足跡研究[J]. 中國能源，2021, 43(1)：51－54.

[10] 黃興，趙博宇，Lougou B G，等. 甲烷水蒸氣重整製氫研究進展[J]. 石油與天然氣化工，2022, 51(1)：53－61.

[11] 王培燦，萬磊，徐子昂，等. 鹼性膜電解水製氫技術現狀與展望[J]. 化工學報，2021, 72(12)：6161－6175.

[12] 米萬良，榮峻峰. 質子交換膜(PEM)水電解製氫技術進展及應用前景[J]. 石油煉製與化工，2021, 52(10)：78－87.

[13] 張文強，于波. 高溫固體氧化物電解製氫技術發展現狀與展望[J]. 電化學，2020, 26(2)：212－229.

[14] 陳掌星. 水解製氫的研究進展及前景[J]. 中國工業和資訊化，2021(9)：56－60.

[15] 范舒睿，武藝超，李小年，等. 甲醇－H_2能源體系的催化研究：進展與挑戰[J]. 化學通報，2021, 84(1)：21－30.

[16] 祁育，章福祥. 太陽能光催化分解水製氫[J]. 化學學報，2022, 80(6)：827－838.

[17] 李建林，梁忠豪，李光輝，等. 太陽能製氫關鍵技術研究[J]. 太陽能學報，2022, 43(3)：2－11.

[18] 張浩杰，張雯，姜豐，等. 太陽能光解水製氫的核心催化劑及多場耦合研究進展[J]. 化學工業與工程，2022, 39(1)：1－10.

[19] 韓健華，王同勝. 氯鹼廠副產氫氣在太陽能產業中的應用[J]. 氯鹼工業，2012, 48(10)：20－22.

[20] 周軍武. 焦爐煤氣綜合利用技術分析[J]. 化工設計通訊，2020, 46(5)：4, 6.

[21] 曹子昂，王雷，吳影，等. 催化劑對生物質氣化製氫的影響研究進展[J]. 現代化工，2021, 41(12)：47－52.

[22] 廖莎，姚長洪，師文靜，等. 光合微生物產氫技術研究進展[J]. 當代石油石化，2020, 28(11)：36－41.

[23] 李亮榮，付兵，劉艷，等. 生物質衍生物重整製氫研究進展[J]. 無機鹽工業，2021, 53(9)：12－17.

[24] MOHAMMED I. A review and recent advances in solar－to－hydrogen energy conversion based on

photocatalytic water splitting over doped—TiO$_2$ nanoparticles[J]. Solar energy, 2020, 211—224.

[25] KRAGLUND M R, CARMO M, SCHILLER G, et al. Ion—solvating membranes as a new approach towards high rate alkaline electrolyzers [J]. Energy & Environmental Science, 2019, 12(11): 3313—3318.

[26] ADABI H, SHAKOURI A, UL HASSAN N, et al. High—performing commercial Fe—N—C cathode electrocatalyst for anion—exchange membrane fuel cells[J]. Nature Energy, 2021, 6(8): 834—843.

[27] CORMOS C. Biomass direct chemical looping for hydrogen and power co—production: Process configuration, simulation, thermal integration and techno—economic assessment[J]. Fuel Processing Technology, 2015, 137: 16—23.

[28] MAYERHÖFER B, MCLAUGHLIN D, BÖHM T, et al. Bipolar membrane electrode assemblies for water electrolysis[J]. ACS Applied Energy Materials, 2020, 3(10): 9635—9644.

[29] 吳朝玲, 李永濤, 李媛, 等. 氫氣儲存和輸運[M]. 北京: 化學工業出版社, 2021.

[30] 鄭津洋, 胡軍, 韓武林, 等. 中國氫能承壓設備風險分析和對策的幾點思考[J]. 壓力容器, 2020, 37(6): 39—47.

[31] 李建, 張立新, 李瑞懿, 等. 高壓儲氫容器研究進展[J]. 儲能科學與技術, 2021, 10(5): 1835—1844.

[32] 李星國. 氫與氫能[M]. 北京: 機械工業出版社, 2012.

[33] 朱敏. 先進儲氫材料導論[M]. 北京: 科學出版社, 2015.

[34] 宋鵬飛, 侯建國, 穆祥宇, 等. 液體有機氫載體儲氫體系篩選及應用場景分析[J]. 天然氣化工(C1 化學與化工), 2021, 46(1): 1—5, 33.

[35] 馮成, 周雨軒, 劉洪濤. 氫氣儲存及運輸技術現狀及分析[J]. 科技資訊, 2021, 19(25): 44—46.

[36] 王旭. 高壓儲氫罐充放氣過程的熱效應模擬與性能預測[D]. 武漢: 武漢理工大學, 2018.

[37] 李建勛. 加氫站氫氣充裝和放散過程分析[J]. 煤氣與熱力, 2020, 40(5): 15—20+45.

[38] 劉平, 沈銀杰. 氫氣充裝與加氫站系統工藝研究[J]. 科技與創新, 2018, 13: 39—41.

[39] 孫猛, 李荷慶, 金向華. 氫氣氣瓶充裝的技術及安全[J]. 低溫與特氣, 2016, 34(5): 45—48.

[40] T/CECA—G 0082—2020, 加氫站壓縮氫氣卸車操作規範[S]. 中國節能協會, 2020.

[41] Gillette J L, Kolpa R L. Overview of interstate hydrogen pipeline systems [J]. Hydrogen Production, 2008.

[42] Johnny Wood. Europe's hydrogen pipeline[N]. 2021—10—15.

[43] R, Roy., E, Georg., Kent Saterlee. Repurposing gulf of mexico oil and gas facilities for the blue economy[J]. Offshore Technology Conference, Houston, Texas, USA, 2022.

[44] 李敬法, 蘇越, 張衡, 等. 摻氫天然氣管道輸送研究進展[J]. 天然氣工業, 2021, 41(4): 137—152.

[45] 陳卓, 李敬法, 宇波. 室內受限空間中摻氫天然氣爆炸模擬[J]. 科學技術與工程, 2022, 22(14): 5608—5614.

[46] 楊曉陽, 李士軍. 液氫儲存、運輸的現狀[J]. 化學推進劑與高分子材料, 2022, 4: 40—47.

[47] 唐璐. 基於液氮預冷的氫液化流程設計及系統模擬[D]. 杭州: 浙江大學, 2012.

[48] 王國聰, 徐則林, 多志麗, 等. 混合製冷劑氫氣液化工藝優化[J]. 東北電力大學學報, 2021, 41(06): 61—70.

[49] 徐常安. LH2(液氫)運輸船關鍵技術研究[J]. 科學技術創新, 2022, 14: 153－156.

[50] 張裕鵬. 有機液態氫化物的分子結構對其儲氫性能的影響研究[D]. 北京: 中國石油大學(華東), 2019.

[51] 張曉飛, 蔣利軍, 葉建華, 等. 固態儲氫技術的研究進展[J]. 太陽能學報, 2022, 43(6): 345－354.

[52] 嚴銘卿. 燃氣工程設計手冊[M]. 2版. 北京: 中國建築工業出版社, 2019.

[53] ELGOWAINY A, REDDI K, SUTHERLAND E, et al. Tube－trailer consolidation strategy for reducing hydrogen refueling station costs[J]. International Journal of Hydrogen Energy, 2014, 39(35): 20197－20206.

[54] 傅玉敏, 吳竺, 霍超峰. 上海世博會專用燃料電池加氫站系統配置的研究[J]. 上海煤氣, 2010(5): 4－10.

[55] 毛宗強, 毛志明. 氫氣生產及熱化學利用[M]. 北京: 化學工業出版社. 2015.

[56] 楊振中. 氫燃料內燃機燃燒與優化控制方法[M]. 北京: 科學出版社. 2012.

[57] 徐溥言. 氫內燃機 NO_x 生成及控制策略研究[D]. 北京: 北京工業大學, 2020.

[58] 馮光熙. 稀有氣體氫鹼金屬[M]. 北京: 科學出版社. 1984.

[59] 范英杰. 車用氫氣發動機研究進展綜述[J]. 內燃機與配件, 2021(3): 40－42.

[60] 秦鋒, 秦亞迪, 單彤文. 碳中和背景下氫燃料燃氣輪機技術現狀及發展前景[J]. 廣東電力, 2021, 34(10): 10－17.

[61] 李強. 影響燃氣輪機性能的因素[J]. 天津電力技術, 2004(3): 1－2.

[62] KIM Y S, LEE J J, KIM T S, et al. Effects of syngas type on the operation and performance of a gas turbine in integrated gasification combined cycle[J]. Energy Convers Manage, 2011, 52(5): 2262－2271.

[63] 王兆博. 燃氣輪機性能指標主要影響因素及提高性能途徑研究[J]. 城市建設理論研究(電子版), 2012(23): 1－3.

[64] 王維彬, 鞏岩博. 50噸級氫氧火箭發動機的設計與研製[J]. 推進技術, 2021, 42(7): 1458－1465.

[65] 許健, 趙瑩. 50噸氫氧火箭發動機閥門研製技術[C]//中國航天第三專業資訊網第三十八屆技術交流會暨第二屆空天動力聯合會議論文集. 液體推進技術, 2017: 118－122.

[66] 朱森元. 氫氧火箭發動機及其低溫技術[M]. 北京: 中國宇航出版社, 2016.

[67] 鄭大勇, 顏勇, 張衛紅. 氫氧火箭發動機性能敏感性分析[J]. 火箭推進, 2011, 37(4): 18－23.

[68] 鄭孟偉, 岳文龍, 孫紀國, 等. 我國大推力氫氧發動機發展思考[J]. 宇航總體技術, 2019, 3(2): 12－17.

[69] 孫紀國, 岳文龍. 我國大推力補燃氫氧發動機研究進展[J]. 上海航天, 2019, 36(6): 19－23, 68.

[70] 李東, 李平岐, 王玨, 等. 「長征五號」系列運載火箭總體方案與關鍵技術[J]. 深空探測學報(中英文), 2021, 8(4): 333－343.

[71] 李平岐, 李東, 楊虎軍, 等. 長征五號系列運載火箭研製應用分析及未來展望[J]. 導彈與航天運載技術, 2021(2): 5－8, 16.

[72] 毛宗強. 氫能: 21世紀的綠色能源[M]. 北京: 化學工業出版社, 2005.

[73] 氫能協會編, 宋永臣, 寧亞東, 金東旭譯. 氫能技術[M]. 北京: 科學出版社, 2009.

[74] Scott E. Grasman 著, 王青春, 王典譯. 氫能源和車輛系統[M]. 北京: 機械工業出版社, 2014.

[75] 本特·索倫森著, 隋升, 郭雪岩, 李平譯. 氫與燃料電池: 新興的技術及其應用[M]. 2版. 北京:

機械工業出版社，2015.

[76]王艷艷，徐麗，李星國．氫氣儲能與發電開發[M]．北京：化學工業出版社，2017．

[77]黃國勇．氫能與燃料電池[M]．北京：中國石化出版社，2020．

[78]牛志強．燃料電池科學與技術[M]．北京：科學出版社，2021．

[79]孫國香，汪藝寧．化學製藥工藝學[M]．北京：化學工業出版社，2018．

[80]田偉軍，楊春華．合成氨生產[M]．北京：化學工業出版社，2011．

[81]謝克昌，房鼎業．甲醇工藝學[M]．北京：化學工業出版社，2010．

[82]張子鋒，張凡軍．甲醇生產技術[M]．北京：化學工業出版社，2007．

[83]侯祥麟．中國煉油技術[M]．2版．北京：中國石化出版社，2001．

[84]別東生．加氫裂化裝置技術手冊[M]．北京：中國石化出版社，2019．

[85]方向晨，關明華，廖士綱．加氫精製[M]．北京：中國石化出版社，2006．

[86]鄂永勝，劉通．煤化工工藝學[M]．北京：機械工業出版社，2015．

[87]宋永輝，湯潔莉．煤化工工藝學[M]．北京：化學工業出版社，2016．

[88]徐京生．氫氣在半導體工業中的應用[J]．化工新型材料，1987(1)：38－41．

[89]郭學益，陳遠林，田慶華，等．氫冶金理論與方法研究進展[J]．中國有色金屬學報，2021，31(268)：1891－1906．

[90]孫學軍．氫分子生物學[M]．上海：第二軍醫大學出版社，2013．

[91]Marco Ariola，Alfredo Pironti．Magnetic control of tokamak plasmas[M]．Berlin：Springer Publication，2008．

[92]劉永，李強，HL－M研製團隊．中國環流器二號M(HL－2M)托卡馬克主機研製進展[J]．中國核電，2020，13(6)：747－752．

[93]萬元熙．核聚變能源和超導托卡馬克——「九五」重大科學工程EAST通過國家驗收[J]．中國科學院院刊，2007(3)：243－246，264．

[94]宋建剛，趙繼承，劉駟達，等．HT－7U超導托卡馬克核聚變實驗裝置工程綜合施工技術研究報告[J]．安徽建築，2003(2)：25－28．

[95]褚武揚，喬利杰，李金許，等．氫脆和應力腐蝕基礎部分[M]．北京：科學出版社，2013．

[96]中國電動汽車百人會．中國氫能產業發展報告[R]．2020．

[97]蔡體杰．液氫生產中若干固氧爆炸事故分析及防爆方法概述[J]．低溫與特氣，1999(3)：52－57．

氫能概論

編　　　著：	李漢勇，侯燕，張偉，徐超 等	
發 行 人：	黃振庭	
出 版 者：	崧燁文化事業有限公司	
發 行 者：	崧燁文化事業有限公司	
E-mail：	sonbookservice@gmail.com	
粉 絲 頁：	https://www.facebook.com/sonbookss	
網　　　址：	https://sonbook.net/	
地　　　址：	台北市中正區重慶南路一段 61 號 8 樓
	8F., No.61, Sec. 1, Chongqing S. Rd., Zhongzheng Dist., Taipei City 100, Taiwan

電　　　話：	(02)2370-3310	
傳　　　真：	(02)2388-1990	
印　　　刷：	京峯數位服務有限公司	
律師顧問：	廣華律師事務所 張珮琦律師	

- 版權聲明 -
本書版權為中國石化出版社所有授權崧燁文化事業有限公司獨家發行繁體字版電子書及紙本書。若有其他相關權利及授權需求請與本公司聯繫。
未經書面許可，不可複製、發行。

定　　　價：399 元
發行日期：2025 年 01 月第一版
◎本書以 POD 印製

國家圖書館出版品預行編目資料

氫能概論 / 李漢勇，侯燕，張偉，徐超 等編著 .-- 第一版 .-- 臺北市：崧燁文化事業有限公司, 2025.01
面；　公分
POD 版
ISBN 978-626-416-228-9(平裝)
1.CST: 氫 2.CST: 再生能源
446.78　　　　　113020544

電子書購買

爽讀 APP　　　臉書